Photoshop CS2 图像处理基础教程

三　虎　编　著

电子科技大学出版社

内容提要

本教程共分为 12 章，第 1 章讲解了 Photoshop CS2 的基础知识；第 2 章讲解了创建和编辑选区；第 3 章讲解了图像的编辑；第 4 章讲解了图像的绘制与修复；第 5 章讲解了图层应用；第 6 章讲解了图像的色调与色彩的调整；第 7 章讲解了路径的应用；第 8 章讲解了文本编辑与应用；第 9 章讲解了蒙版和通道；第 10 章讲解了神奇的滤镜；第 11 章讲解了动作和批处理图像；第 12 章是综合实例制作。

本教程适合各类职业学校、培训学校、大中专院校相关课程教学使用，也适合于各类相关培训班使用。

图书在版编目（C I P）数据

Photoshop CS 2 图像处理基础教程 / 三虎编著.—成都：电子科技大学出版社，2007.7

ISBN 978-7-81114-484-0

I. P… Ⅱ.三… Ⅲ.图形软件，Photoshop CS 2－教材 Ⅳ.TP391.41

中国版本图书馆 CIP 数据核字（2007）第 116892 号

Photoshop CS2 图像处理基础教程

三 虎 编 著

出　　版：电子科技大学出版社（成都市一环路东一段 159 号电子信息产业大厦　邮编：610051）
责任编辑：罗　雅
发　　行：新华书店经销
印　　刷：成都火炬印务有限公司
成品尺寸：185mm×260mm　　印张 18.5　　字数 473 千字
版　　次：2007 年 9 月第 1 版
印　　次：2007 年 9 月第一次印刷
书　　号：ISBN 978-7-81114-484-0
定　　价：25.00 元

◆ 邮购本书请与本社发行部联系。电话：（028）83202323，83256027

◆ 本书如有缺页、破损、装订错误，请寄回印刷厂调换。

◆ 课件下载在我社主页 www.uestcp.com.cn“下载专区”　电子邮箱：uestcp@uestcp.com.cn

前　言

如今电脑已成为艺术设计领域中不可缺少的工具，平面广告设计、书籍装帧设计、网页设计、效果图设计、机械图形设计、影视编辑与制作等都用电脑来完成，因此，掌握电脑基本操作和电脑平面设计基本技能是现代人们必备的职业素质。为了让读者在较短的时间内迅速掌握最新、最流行的电脑平面设计软件，满足各类专业教学需要，我们组织了一批从事电脑平面设计的专家和电脑教育界的知名讲师，结合正规的电脑应用技术教育的授课需要以及重在应用能力培养的教学要求，推出了这套特色鲜明的电脑设计基础教材。

1．成熟的编写体例

本套教程从内容安排到体例结构上吸取了国际上优秀教材的编写思想，每章内容包括“本章要点”、“基础知识”、“实例解析”、“疑难解答”、“上机实践”、“练习”等模块，内容由浅入深，循序渐进，在注重理论基础的同时，突出动手能力的培养，既方便老师教学，又适合学生自学。

2．优秀的创作群体

本套教程的作者，或是平面设计界的精英，或是实际授课的教师。他们能够传达成熟的设计理念，能够了解学生的实际需要。通过对教学内容的精心编排，将先进的教学理论融入到教材之中。

3．实用的实例讲解

本套教程所选取的实例大都来源于实际运用的领域，包括广告公司的平面设计图、建筑、机械工程的设计图纸、网站的制作范例效果等，因此具有一定的代表性，便于读者借鉴和应用。

Photoshop 是目前图像处理功能最强大的软件之一。Photoshop CS2 是 Photoshop 的最新版本，该版本提供了广告设计人员和数码摄影者最渴望拥有的功能和特性。Adobe Photoshop 在设计人员、摄影者和插画制作人员中非常流行，它能够协助用户去探索创造力，高效地完成高品质的图像处理工作。

本教程共分为 12 章，第 1 章讲解了 Photoshop CS2 的基础知识；第 2 章讲解了创建和编辑选区；第 3 章讲解了图像的编辑；第 4 章讲解了图像的绘制与修复；第 5 章讲解了图层应用；第 6 章讲解了图像的色调与色彩的调整；第 7 章讲解了路径的应用；第 8 章讲解了文本编辑与应用；第 9 章讲解了蒙版和通道；第 10 章讲解了神奇的滤镜；第 11 章讲解了动作和批处理图像；第 12 章是综合实例制作。

本书涉及的实例素材文件可在 www.21pcedu.com 下载。

本教程适合各类职业学校、培训学校、大中专院校相关课程教学使用，也适合于各类相关培训班使用。

在此对参与本教程组稿、编写、排版的人员表示真诚的感谢！限于编者水平有限，错漏之处在所难免，恳请广大读者批评指正。

编　　者

目　录

第 1 章　Photoshop CS2 基础知识

本章要点

- ☑ Photoshop CS2 工作界面
- ☑ 文件的基本操作

1.1　Photoshop CS2 概述及其应用

Photoshop CS2 是 Photoshop 最新版本，也是目前图像处理功能最强大的软件之一。它在图形图像处理领域拥有毋庸置疑的权威。Photoshop 功能实用，如：Photoshop 拥有多种选择工具，极大地方便了用户的不同要求，而且多种选择工具还可以结合起来选择较为复杂的图像；利用 Photoshop 不仅可以制作精美的文字造型，而且还可以对文字进行复杂的变换；Photoshop 拥有多种内置滤镜可供用户选择使用，有着很强的艺术性和实用价值；Photoshop 虽然功能强大，但却易学易用，适应于不同水平的用户。

随着个人电脑的普及，使用 Photoshop 的用户也越来越多。Photoshop 实用功能在日常生活和工作中也体现得淋漓尽致。无论是平面广告设计、室内装潢，还是处理个人照片，Photoshop 都已经成为不可或缺的工具。

1.2　Photoshop CS2 工作界面

Photoshop CS2 的工作界面仍保持了以往 Photoshop 工作界面的传统风格，下面将分别介绍其启动与退出的方法及工作界面的组成。

1.2.1　Photoshop CS2 的启动

要使用 Photoshop CS2 进行图像处理，必须先启动它。启动 Photoshop CS2 的方法主要有如下几种：

- 双击桌面上的 Photoshop CS2 快捷方式图标。
- 选择“开始→所有程序→Adobe Photoshop CS2”命令。
- 双击“我的电脑”中已经存盘的任意一个后缀名为.psd 的文件。
- 若用户已经运行了其他 Adobe 软件（如 ImageReady 9.0），则可通过“Jump to”命令跳转到 Photoshop 9.0 中。
- 单击“开始→运行”命令，在弹出的对话框中输入带有路径的 Photoshop CS2 程序文件，单击“确定”按钮即可。

1.2.2 标题栏

标题栏位于界面的最上方，显示为银色（Windows 默认设置下为蓝色）的区域。其左侧显示的是软件图标和名称，当工作区中的图像窗口显示为最大化状态时，标题栏中还将显示当前编辑文档的名称。其右侧有 3 个按钮，用于控制界面的显示大小和关闭文件。

1.2.3 主菜单与快捷菜单

启动 Photoshop CS2 后，打开一个文件，将出现如图 1-1 所示的工作界面。

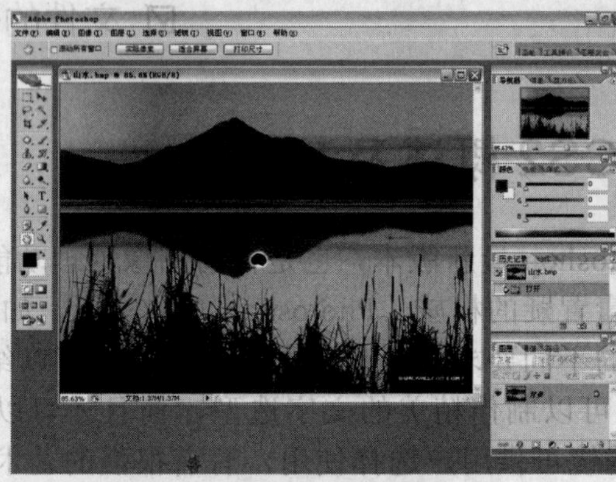

图 1-1 Photoshop CS2 工作界面

1. 主菜单

Photoshop CS2 提供了一个主要功能的主菜单。

菜单栏上共有 9 个主菜单：文件、编辑、图像、图层、选择、滤镜、视图、窗口、帮助。主菜单位于界面的上方，如图 1-2 所示。

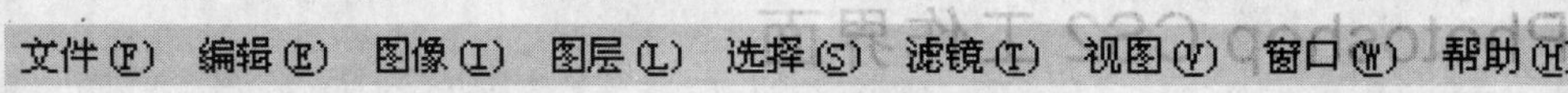

图 1-2 主菜单

要打开某项主菜单，单击此菜单项即可。如图 1-3 所示为打开的图层菜单及其子菜单。

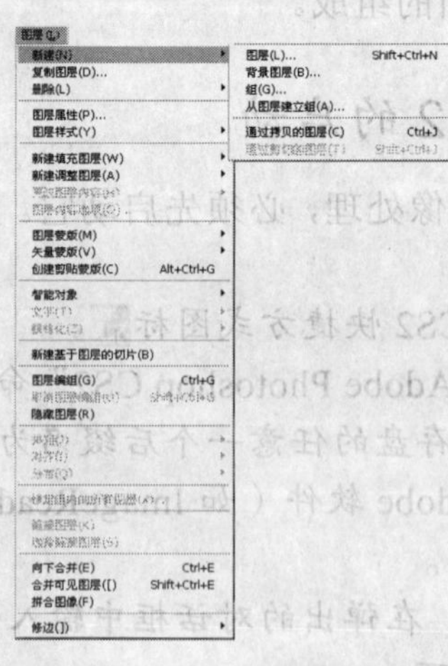

图 1-3 打开主菜单及其子菜单

打开菜单后可直接选择要执行的命令，也可在未打开主菜单的情况下按组合快捷键，如要执行“图层”下的“新建”命令，可按“Shift+Ctrl+N”组合键，即可以执行新建命令。

图 1-3 中暗灰色菜单项表示该命令在当前编辑状态下不可用，可用菜单项会在鼠标移至该处时以高亮显示。某些子菜单项后跟有“▶”符号，说明该菜单项下还有子菜单，鼠标放在该项时其子菜单会自动弹出。如果某菜单项后跟有“…”，表示单击该菜单项将打开一对话框，供用户设置参数，然后才能执行该命令。

2. 快捷菜单

为了方便操作，Photoshop CS2 还提供了另一类菜单，即快捷菜单，它以单击鼠标右键的方式打开。

提　示

使用快捷菜单是在有快捷菜单可用的情况下才能打开。

快捷菜单使用方法如下：

（1）打开一幅图片，如图 1-4 所示。

（2）在图片中单击鼠标右键，将弹出快捷菜单，如图 1-5 所示。

图 1-4　打开图像

图 1-5　快捷菜单

快捷菜单命令的选择和主菜单命令的选择一样。其实，快捷菜单中的大多数命令在主菜单中都能找到。要关闭快捷菜单，可按“Esc”键、“Alt”键、“F10”键或在空白处单击鼠标即可，利用 Photoshop CS2 提供的快捷菜单可以大大提高工作效率。

1.2.4　工具箱与属性工具栏

第一次启动 Photoshop CS2 时，工具箱将出现在屏幕左侧。可通过拖移工具箱的标题栏来移动它。通过执行“窗口→工具”命令，也可以显示或隐藏工具箱。“工具箱”中包含用于绘画选择和编辑图像的基本工具。每一个工具用一个图标来表示。Photoshop CS2 工具箱如图 1-6 所示。

要使用工具箱中的工具时，用鼠标单击要使用的工具即可，如果工具右下角有小三角形◢，单击它，即可打开此工具的子菜单，里面包含了这个工具组的其他工具，用鼠标可以选择任一个所需要的工具。

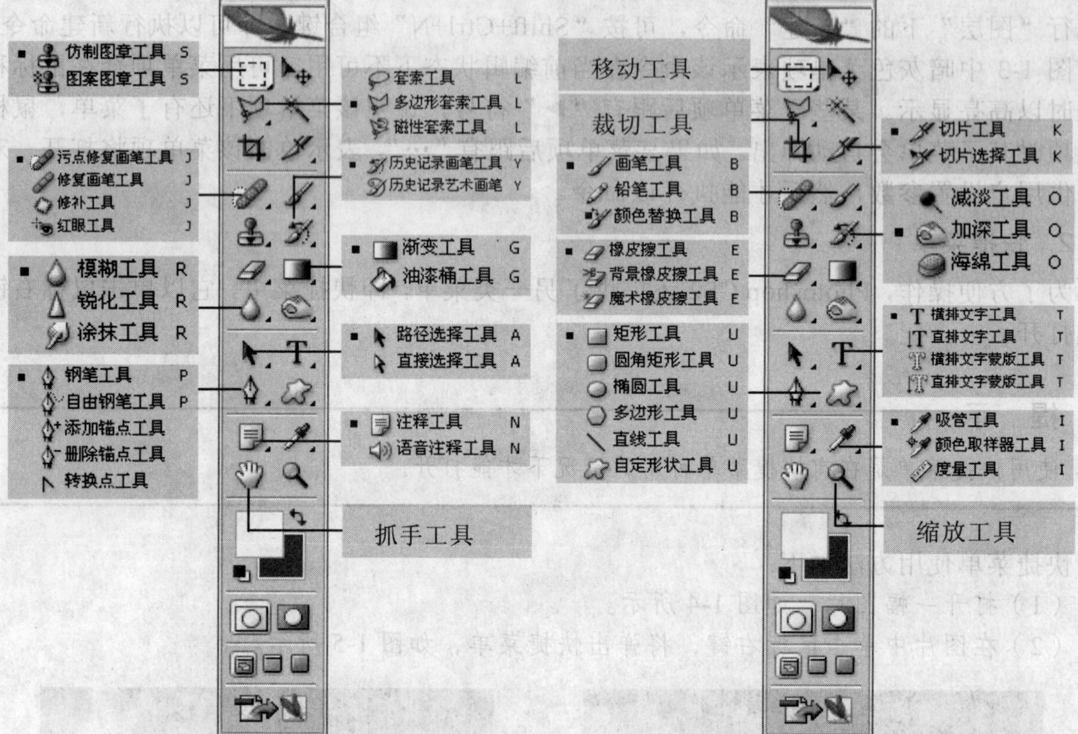

图 1-6　Photoshop CS 工具箱

大部分工具都有它相应的属性工具栏，位于菜单栏的下方，是用于对当前所选工具进行参数设置，属性工具栏会根据当前所选工具而显示相应的控制按钮和选项。如图 1-7 所示为选择矩形选框工具后显示的属性工具栏。

图 1-7　矩形选框工具属性工具栏

1.2.5　图像窗口

图像窗口相当于 Photoshop 的工作区，所有的图像处理操作都是在图像窗口中进行的。图像窗口标题栏中显示了该图像文件的文件名及文件格式、显示比例以及图像色彩模式等信息，如图 1-8 所示。窗口标题栏右侧的 3 个控制按钮用于对当前图像窗口进行最小化、最大化和关闭操作。

图 1-8　图像窗口

1.2.6　状态栏

状态栏主要用于显示当前图像的显示比例、图像文件的大小以及当前工具使用提示等信息，如图 1-9 所示。

图 1-9　状态栏

1.2.7　浮动控制面板

在 Photoshop CS2 中提供了多个浮动面板。在浮动控制面板中可以完成各种图像处理操作和工具的参数设定，是非常重要的辅助作图工具。其主要功能是供用户监视和修改图像。面板会全部浮动在工作窗口中，用户可以根据需要显示或隐藏这些面板，拖拉面板的标题栏就可以改变面板的位置。默认状态下，控制面板分为四组，如图 1-10 所示，它们总是浮动在活动窗口的最上方，供用户随时访问。

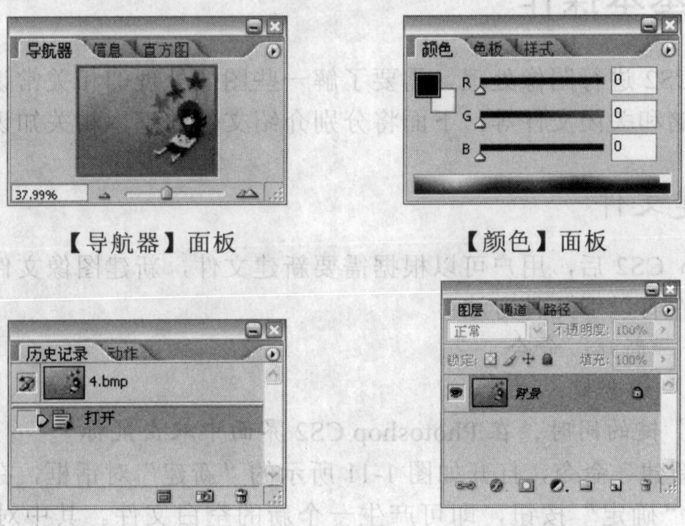

【导航器】面板　【颜色】面板

【历史记录】面板　【图层】面板

图 1-10　Photoshop CS2 中四组面板

下面分别介绍这些面板的用法。

- 【导航器】面板：用于快速查看图像显示任意区域和缩放图片。
- 【信息】面板：用于显示当前图像中鼠标光标的所在区域、图像选定区域的大小以及颜色等信息。使用某种工具进行选取或旋转时，在信息面板上可以显示出选取的大小和旋转的角度等。信息面板还可以配合其他工具同时使用。
- 【直方图】面板：用于查看当前图像的色阶分布。
- 【颜色】面板：用于选择和设置图像的绘制颜色。
- 【色板】面板：用于改变工具箱中的前景色及背景色。
- 【样式】面板：用来快速定义图形的各式属性，样式面板中典型的效果模式可供用户选择应用到图像中。

- 【历史记录】面板：此面板用于记录用户对图像所做编辑和修改操作，只需在浮动面板上单击，即可快速恢复以前的操作步骤。
- 【动作】面板：用于记录一系列的动作，并可通过播放动作，重新执行这些动作。
- 【图层】面板：主要是用来管理图层的操作，在 Photoshop CS2 几乎所有的操作都基于该面板。
- 【通道】面板：用来查看通道、复制或删除通道以及在通道中编辑图像；也可以将蒙版存储在通道中。
- 【路径】面板：用于查看和管理当前图像上的所有路径。可以存储矢量路径类工具描绘的路径，还可以对路径进行填色、扩边或将路径转变为选取等操作。

切换到所需面板时，只需用鼠标单击相应的面板标签名称或选择“窗口”菜单下相应的面板名称命令即可。用户也可根据需要将某面板从面板组中分离出来，方法是拖动该面板的文字标签到另一位置后释放鼠标即可。选择“窗口→工作区→复位调板位置”命令可以将所有面板恢复到系统默认位置及状态。

1.3 文件的基本操作

在 Photoshop CS2 进行图像处理，需要了解一些图像处理的相关常识，比如如何新建和打开文件，怎样存储和关闭文件等，下面将分别介绍文件的基本相关知识。

1.3.1 新建文件

启动 Photoshop CS2 后，用户可以根据需要新建文件，新建图像文件是指新建一个空白图像文件。新建文件有以下几种方法：

- 执行“文件→新建”命令
- 按“Ctrl+N”组合键
- 按住“Ctrl”键的同时，在 Photoshop CS2 界面中双击鼠标

执行“文件→新建”命令，打开如图 1-11 所示的“新建”对话框，在弹出的对话框中可设置各参数后单击“确定”按钮，即可产生一个新的空白文件。其中对话框中各参数含义如下：

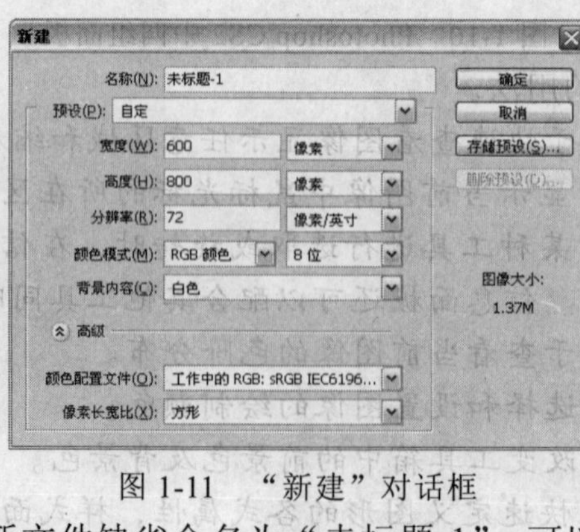

图 1-11 “新建”对话框

【名称】Photoshop 将新文件缺省命名为“未标题-1”，可以现在给新文件命名，也可以

在保存时再给文件命名。

【预设】　单击右侧的⌄按钮，在弹出的下拉列表框中可以选择软件预设的新建文件的大小尺寸。

【宽度】　右边的单位列表框中选择单位，在文字输入框输入图像文件宽度。

【高度】　右边的单位列表框中选择单位，在文字输入框输入图像文件高度。

【分辨率】　右边的单位列表框中选择分辨率单位，在数值输入框中输入新文件的分辨率大小，如果制作图像只用计算机屏幕显示，图像分辨率只需要用 72 像素/英寸或 96 像素/英寸即可。如果制作的图像需要打印输出，那么最好用高分辨率（300 像素/英寸）。

【颜色模式】　在右边的模式对话框中选择需要使用的色彩模式。如果图像文件用于打印输出，可选择 RGB 模式；如果图像用于印刷可将色彩模式设置为 CMYK 模式。

【背景内容】　在此选项中可以选择文件的背景形式。可以选择"白色"、"背景色"或"透明"任意一种背景方式。

提　示

以透明色背景内容建立的图像窗口以灰白相间的网格显示，来区别以白色背景内容建立的图像窗口。

1.3.2　打开文件

在 Photoshop 中提供了打开图像文件的命令来打开已经存在的图像文件。打开图像文件有以下几种方法：

- 执行"文件→打开"命令
- 按"Ctrl+O"组合键
- 在 Photoshop CS2 界面中双击鼠标

执行"文件→打开"命令，打开如图 1-12 所示的对话框，在"查找范围"下拉列表框中选择要打开文件所在路径，选取要打开的图像文件（按"Ctrl"键不放可选取多个文件），单击"打开"按钮或在文件列表中双击要打开的文件，图像文件被打开，单击"取消"按钮，则放弃打开文件。

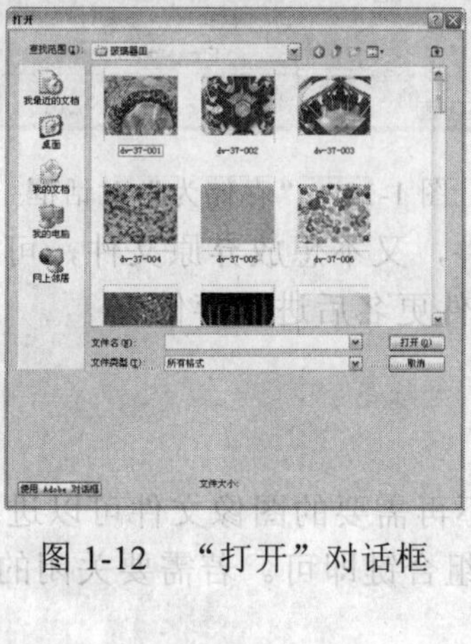

图 1-12　"打开"对话框

在 Photoshop CS2 中还可以使用“打开为”和“最近打开文件”命令，打开图像文件。

执行“文件→最近打开文件”命令，其子菜单里列出了最近打开过的几个文件，如图 1-13 所示，可以从这里直接打开图像文件。

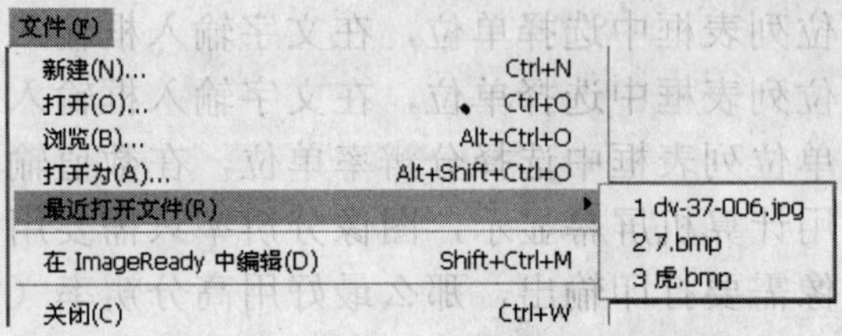

图 1-13　最近打开文件命令

通过文件浏览器也可以打开图像文件，单击工具属性工具栏右侧的按钮或执行“窗口→文件浏览器”命令，即可打开“文件浏览器”窗口选择需要的图像文件。

1.3.3　存储文件

对于新建的图像文件，在创作过程中，可以随时对图像进行保存。存储文件的方法如下：

- 执行“文件→存储”命令
- 按“Ctrl+S”组合键

执行“文件→存储”命令，或按“Ctrl+S”命令，弹出如图 1-14 所示的“存储为”对话框。在弹出的对话框中选择各选项后单击“保存”按钮，即可完成图像保存，单击“取消”按钮则取消图像文件的保存。

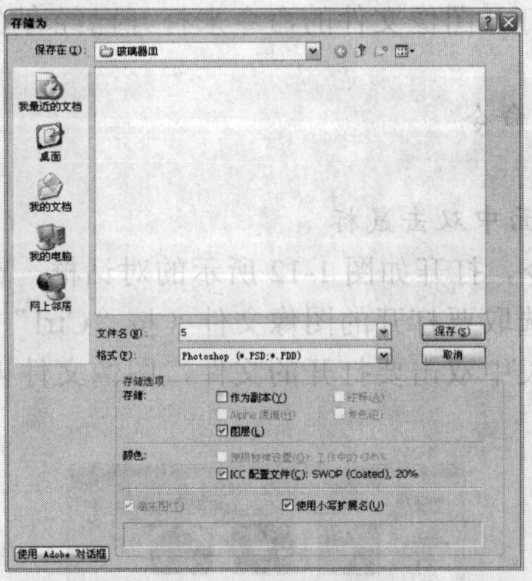

图 1-14　“存储为”对话框

如果要存储修改过的图像文件，又不想放弃原文件，可以执行“文件→存储为”命令，或按“Shift+Ctrl+S”组合键对文件更名后进行存储。

1.3.4　关闭文件

图像文件制作完成后，对于不再需要的图像文件可以进行关闭。其操作方法是，执行“文件→关闭”命令或按“Ctrl+W”组合键即可。若需要关闭的图像文件进行过编辑和处理，则会弹出如图 1-15 所示的提示框，提示用户关闭前是否保存对图像文件的修改。单击“是”按钮，图像被修改的部分也将被存储在关闭后的文件中。单击“否”按钮，图像的修改部分将不被保存。单击“取消”按钮，图像文件将不会被关闭，维持现状。

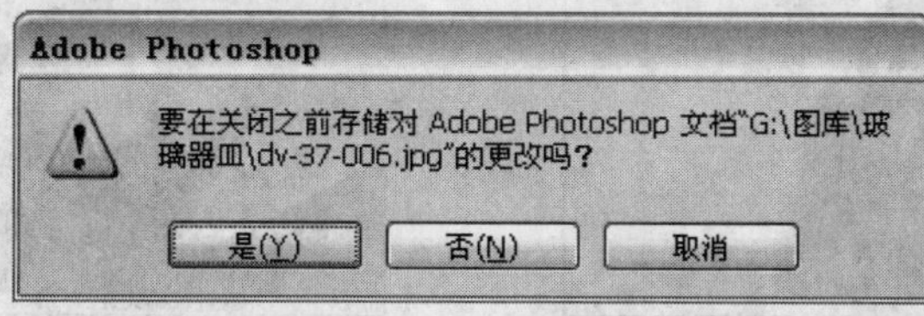

图 1-15　提示框

1.4　图像的显示状态

对图像进行编辑和处理时，常常需要将图像放大或缩小，以便查看图像的各个部分，并更好地进行操作。

1.4.1　放大和缩小图像

工具箱中的缩放工具，可以以不同的缩放比例查看工作区中的图像。双击缩放工具，图像将以 100%的比例显示，如图 1-16 所示。

图 1-16　放大图像示意图

> **提　示**
>
> 缩放工具只改变图像的显示状态，而不改变图像的尺寸。

1.4.2　查看图像

工具箱中的抓手工具可以移动图像。图像放大后，图像窗口的两侧出现可以滚动的滑块时，使用抓手工具可以查看到图像的不同部分，如图 1-17 所示。

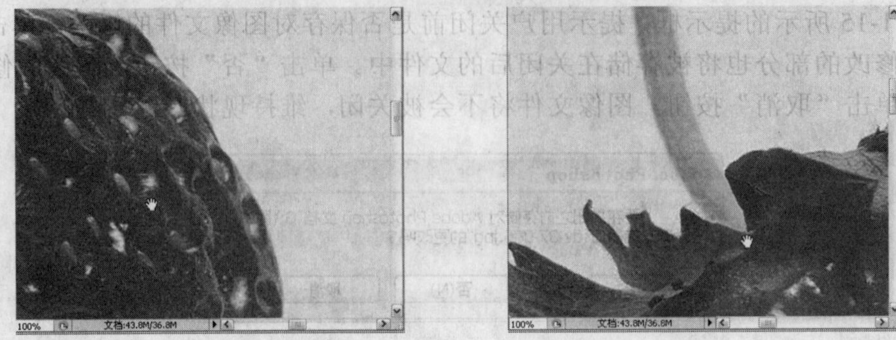

图 1-17　查看图像示意图

> **技　巧**
>
> 双击工具箱中的抓手工具，图像将以适合工作区的尺寸显示。

1.5　颜色的设置

在绘制图像时，会使用到画笔工具、自定形状工具等，对图像进行填充或渐变时，首先要设置填充或渐变的颜色。除了使用系统默认的前景色和背景色之外，在拾色器中可以设置更多的颜色，用颜色面板也可选择合适的颜色对图像进行编辑，还可以根据需要对绘图颜色工具进行设置，这样才能获得所需要的各种颜色，制作出丰富多彩的图像效果。

实例解析——色彩组合

在 Photoshop 中想要绘制图像时，可以随意设置图像颜色，本例将制作效果如图 1-18 所示的图像效果。

图 1-18　最终效果

（1）执行“文件→打开”命令，打开如图 1-19 所示素材图片。

（2）选择工具箱中的椭圆选框工具，在如图 1-20 所示位置创建椭圆选区。

图 1-19 素材图片

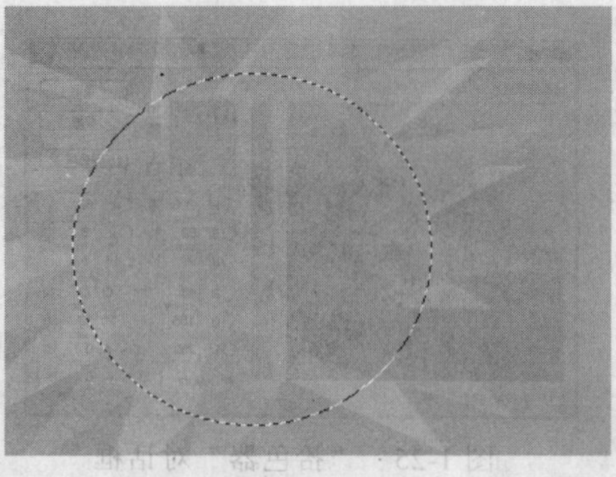

图 1-20 椭圆选区

（3）在 Photoshop 中默认状态下，前景色为黑色，背景色为白色。按“Alt+Delete”组合键用前景色填充选区，效果如图 1-21 所示。按“Ctrl+D”组合键取消选区。

（4）用步骤（2）的方法创建如图 1-22 所示椭圆选区。

图 1-21 用前景色填充选区

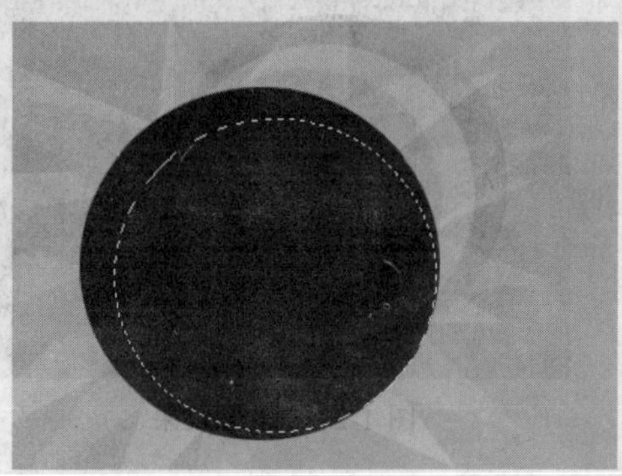

图 1-22 创建椭圆选区

（5）按“Ctrl+Delete”组合键用背景色填充选区，效果如图 1-23 所示。按“Ctrl+D”组合键取消选区。

（6）用步骤（2）的方法创建如图 1-24 所示椭圆选区。

图 1-23 用白色填充选区

图 1-24 创建椭圆选区

（7）双击工具箱中的设置前/背景色按钮，打开“拾色器”对话框，设置前景色（R：46，G：155，B：250），如图 1-25 所示。单击“确定”按钮，前景色设置为蓝色。

（8）按“Alt+Delete”组合键用前景色填充选区，如图 1-26 所示。

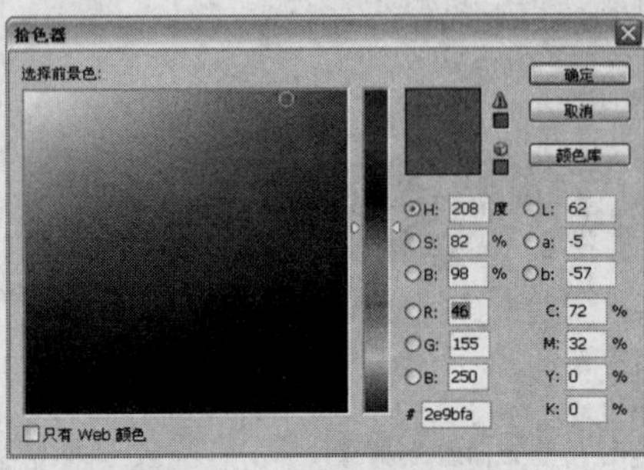

图 1-25 “拾色器”对话框

图 1-26 填充前景色

（9）用类似的方法再创建椭圆选区，填充自定义的颜色，效果如图 1-27 所示。

（10）按“Ctrl+O”组合键打开一张素材图像文件，使用移动工具将其拖放到当前工作界面中，调整好位置，效果完成，如图 1-28 所示。

图 1-27 圆形效果

图 1-28 最终效果

1.6 疑难解答

1．Photoshop 的界面环境可以自定义吗？

在 Photoshop 中可以自定义界面环境，当用户根据需要改变了工作界面环境后，如移动工具箱，移动面板，执行“窗口→工作区→存储工作区”命令即可将当前工作界面自定义自己的工作环境。

2．Photoshop 可以存储为多种格式的图像文件，哪些格式是没有压缩的？哪些格式是 Photoshop 自身生成的并带有图层的？

在 Photoshop 中存储图像文件时，TGA、TIF、PSD 和 PDD 格式是没有经过压缩的，是存储包括通道信息的 RGB 图像的最常用的文件格式，而 Photoshop 自身生成的并带有图层的格式是 PSD 和 PDD 格式，它们能够保存图像数据的细小部分。

3．彩版印刷图像的分辨率一般是多大？是不是越大越好？

彩版印刷图像的分辨率通常设置为 300 像素/英寸，不是设置的分辨率越大输出效果就越好，只有当输出设备和图像分辨率成正比时，才能产生好的效果。

4．新建文件的像素越大，文件所占磁盘空间就越大吗？

新建文件的像素越大，文件量就越大，占用磁盘空间就越大，图像品质也就越好。

5．Photoshop 绘制的图形是矢量图吗？矢量图放大 300 倍后图像边缘会不会出现锯齿呢？

在 Photoshop 绘制的图形是位图，矢量图放大 300 倍后图像边缘是不会出现锯齿的。

6．如何选择合适的文件格式进行图像文件存储？

根据用户自己的需求，图像文件在处理完毕后存储，在存储对话框中可以选择多种文件格式进行存储，但是图像的用途不同，存储的格式也不相同，下面介绍几种存储的格式：

用于 Photoshop 工作：PSD、PDD、TIFF；

用于印刷：TIFF、EPS；

出版物：PDF；

Internet 图像：GIF、JPEG、PNG。

7．填充前景色的方法有哪几种？

填充前景色的方法通常有两种，执行“编辑→填充”命令，可以用当前前景色填充图像，也可以按“Alt+Delete”组合键用前景色填充图像。

1.7　综合练习

1．填空题

（1）使用 Photoshop 可以进行__________、__________，还可以处理个人照片，Photoshop 已经成为不可或缺的图形图像处理工具。

（2）想要启动 Photoshop CS2，可以双击桌面上的 Photoshop CS2 快捷方式图标，还可以选择“__________”命令。

（3）Photoshop CS2 有两种类型的菜单，它们是__________和 __________。

2．选择题

（1）在需要将图像放大进行编辑时可以创建一个（　），以便在新窗口中查看整体效果，而不需要将图像缩小进行查看。

A．“新窗口”　B．“新建”　C．“打开”　D．“存储”

（2）单击 实际像素 按钮，窗口显示比例为（　），与双击缩放工具的功能相同。

A．50%　B．100%　C．70%　D．60%

（3）下面（　）项不是组成 Photoshop CS2 界面环境的组件？

A．工具箱　B．属性栏　C．常用调板　D．智能对象

（4）下面（　）项是属于计算机绘图类型？

A．矢量图　B．黑白图　C．位图　D．灰度图

3．问答题

（1）矢量图和位图的最大区别是什么？

（2）什么是分辨率？

第 2 章　创建和编辑选区

本章要点

☑ 选择的建立
☑ 编辑选区
☑ 填充选区

2.1　创建选区

在 Photoshop 中，创建选区是一个非常重要的操作，Photoshop CS2 中提供了很多建立图像选区的工具，下面我们将依次介绍这些工具建立选区的方法。

在工具箱默认状态下，用鼠标右键单击矩形工具按钮，即可显示出 4 个选框工具，如图 2-1 所示，这 4 个选框工具分别是：矩形选框工具、椭圆选框工具、单行选框工具和单列选框工具。

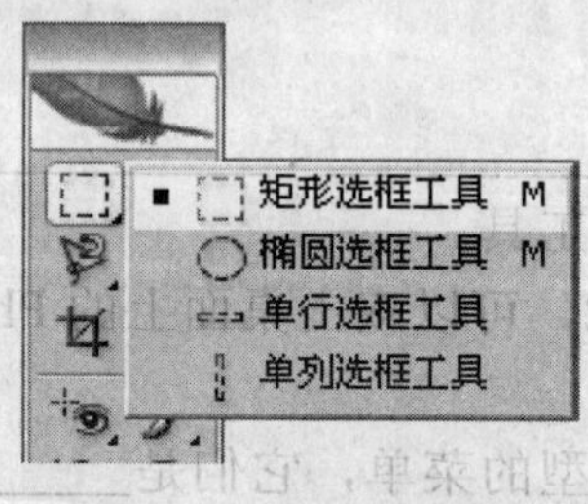

图 2-1　矩形选框工具组

提　示

按住“Alt”键的同时用鼠标单击工具组图标，可以在各选区工具间依次切换。

2.1.1　选框工具组

1．矩形选框工具

矩形选框工具可以在图像中获取矩形选区，在工作箱中选择矩形选框工具，将鼠标移到图像内，在需要获取选区的位置按住鼠标左键拖动，绘制出一个矩形选区，如图 2-2 所示。

按住“Shift”键，在图像中按住鼠标左键拖动，创建出的选区将是一个正方形选区,如图 2-3 所示。

图 2-2　创建矩形选区

图 2-3　创建正方形选区

技　巧

当用户按住“Alt”键不放时，在图像中按下鼠标左键用拖动创建出的矩形选区将是从中心向外选取的矩形选区。

当用户想从正方形中心向外选取正方形区域时，按住“Shift+Alt”组合键不放，然后在图像中按下鼠标左键拖动即可进行绘制。

在创建选区范围后，将鼠标移至选区内，当鼠标光标变为如图 2-4 所示的带虚线小框的箭头状时，按下鼠标左键并拖动鼠标到适当的地方释放，即可将选区移动到需要的位置。

图 2-4　移动选区

当选中矩形工具后，其属性工具栏如图 2-5 所示。下面将分别介绍工具栏中各选项的使用方法：

图 2-5　矩形选框工具属性工具栏

【快捷工具按钮】　单击此按钮可以打开工具箱的快捷菜单。

【图标按钮】　这四个按钮分别表示创建新选区、增加选区、减少选区以及交叉选区。

【羽化】　此选框用于设置选区的羽化属性。羽化选区可以模糊选区边缘的像素，产生过渡效果。羽化宽度越大，则选区的边缘越模糊，选区的直角部分也将变得圆滑，这种模糊会使选定范围边缘上的一些细节丢失。在羽化后面的文本框中可以输入羽化数值设置选区的羽化功能，取值范围在“0~250px 之间”。

【消除锯齿】　勾选中此复选框后，选区边缘的锯齿将消除，此选项在椭圆选区工具中才能使用。

【样式】 此选项用于设置选区的形状。单击右侧的三角按钮，打开下拉列表框，可以选取不同的样式。其中，“正常”选项表示可以创建不同大小和形状的选区；选定“固定长宽比”选项可以设置选区宽度和高度之间的比例，并可在其右侧的“宽度”和“高度”文本框中输入具体的数值；若选择“固定大小”选项，表示将锁定选区的长宽比例及选区大小，并可在右侧的文本框中输入一个数值。

样式下拉列表框仅适用于矩形和椭圆选区工具。

2．椭圆选框工具

椭圆选框工具用于创建椭圆形的选区，在工作箱中选择椭圆选框工具，将鼠标移到图像内，在需要获取选区的位置按住鼠标左键拖动，绘制出一个椭圆选区，如图 2-6 所示。按住“Shift”键，在图像中按住鼠标左键拖动，创建出的选区将是一个正圆选区，如图 2-7 所示。

图 2-6 创建椭圆选区

图 2-7 创建正圆选区

椭圆选框工具的工具属性工具栏中各选项的使用方法和矩形选框工具属性工具栏中各选项的使用方法是相同的。

3．单行选框工具

单行选框工具可以在图像中选取出 1 个像素的横线区域。

4．单列选框工具

单列选框工具可以在图像中选取出 1 个像素的竖线区域。

2.1.2 套索工具组

套索类工具主要用于获取不规则的图像区域。用鼠标右键单击套索工具按钮，即可显示出 3 个套索工具，如图 2-8 所示，这 3 个套索工具分别是：套索工具、多边形套索工具和磁性套索工具。下面将分别介绍这三个套索工具的使用方法：

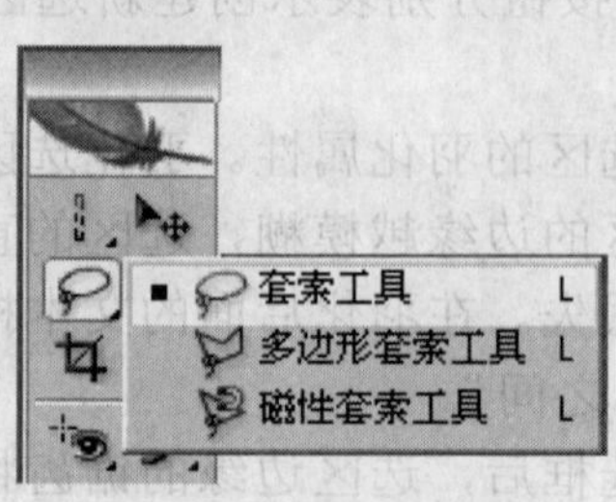

图 2-8 套索工具组

1．套索工具

套索工具可以在图像中获取自由区域或者修补已经存在的选定范围，在工具箱中选择套索工具，按住鼠标左键，沿着需要绘制的图像的边缘拖动鼠标，绘制完成后，释放鼠标左键，选区范围将闭合，如图 2-9 所示。

图 2-9　使用套索工具创建选区

技　巧

在绘制选定区域之前，按住“Alt”键可以临时切换为多边形套索工具。

按住“Shift”键拖运鼠标创建选定范围，可以将新创建的选定范围添加到已经存在的选定范围中。

按住“Alt”键拖动鼠标创建选定范围，可以从已经存在的选定范围中减去与新创建的范围相交的区域。

2．多边形套索工具

多边形套索工具可以在图像中精确地创建复杂轮廓的选定范围。选择工具箱中的多边形套索工具，然后在图像中单击鼠标作为绘制区域的起点，再沿着需要创建选区的图像边缘拖动鼠标产生一条直线段，当再次单击鼠标，Photoshop 将自动产生一个定位点，直线段将连接前后两次单击的点，最后在重合点上单击鼠标，选定区域将闭合，如图 2-10 所示。

提　示

若双击鼠标时鼠标起点和终点不重合，系统将自动用直线将这两点连接。

技　巧

在选取多边形区域时，若按住“Shift”键选取,可以按水平、垂直和 45° 方向选取图像区域，按住“Alt”键可以临时切换为套索工具。

3．磁性套索工具

磁性套索工具可以称为“智能”选定范围绘制工具。此工具用于在被编辑的图像中自动捕捉高对比度边界，选取形状极不规则的区域。选择工具箱中的磁性套索工具，在需要进行选取的图像内，单击鼠标左键确定一个起始点，然后沿着需要选取图像的边缘移动鼠标，系统将自动在设定的宽度内分析图像，从而精确选取图像区域边界，双击鼠标后，选定区域将闭合，如图 2-11 所示。

图 2-10　使用多边形套索工具创建选区

图 2-11　使用磁性套索工具创建选区

技　巧

创建选定范围时，可以按下“[”键将磁性套索宽度减少 1 像素，按下“]”键磁性套索宽度将增加 1 像素。

提　示

在选取过程中，若某个关键点选定的偏差较大，可以单击“Delete”键来删除该点。

提　示

在使用磁性套索工具选取图像时，在颜色相差较大的图像上可通过单击鼠标重新取样后再进行选取，同时若需选取的图像边缘较为明显，可以将“宽度”和“边对比度”的值设置得较大。

2.1.3　魔棒工具

魔棒工具可以对图像中颜色相同的或颜色相近的区域进行选择，其功能相当强大，常常用于物体范围的选取。单击工具箱中的魔棒工具，其属性工具栏如图 2-12 所示。

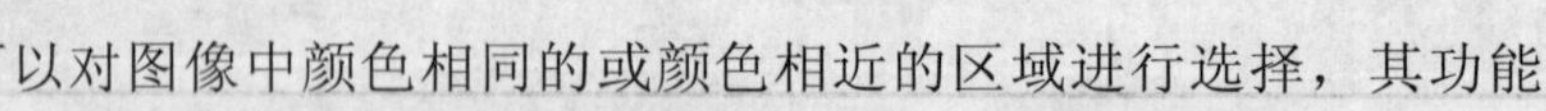

图 2-12　魔棒工具属性工具栏

使用魔棒工具选取图形时，用鼠标单击需要选取图像中的任意一点，附近与它颜色相同或相似的颜色区域将会自动被选取，如图 2-13 所示。

图 2-13　使用魔棒工具创建选区

技 巧

当需要选定的选区建立后，按键盘上的“←”、“→”、“↑”和“↓”方向键，每按一次，系统将以 1 个像素为单位，按所指定的方向键方向使选区移动。当按住“Shift”键的同时按键盘上的“←”、“→”、“↑”和“↓”方向键时，每按一次，系统将以 10 个像素为单位，按所指定的方向键方向使选区移动。

2.1.4 色彩范围

使用“色彩范围”命令可以在整个图像中选择指定的颜色选区，也可以在当前选区中选择指定的颜色选区，它的功能类似于魔棒工具。执行“选择→色彩范围”命令，打开如图 2-14 所示“色彩范围”对话框，其中各选项含义如下：

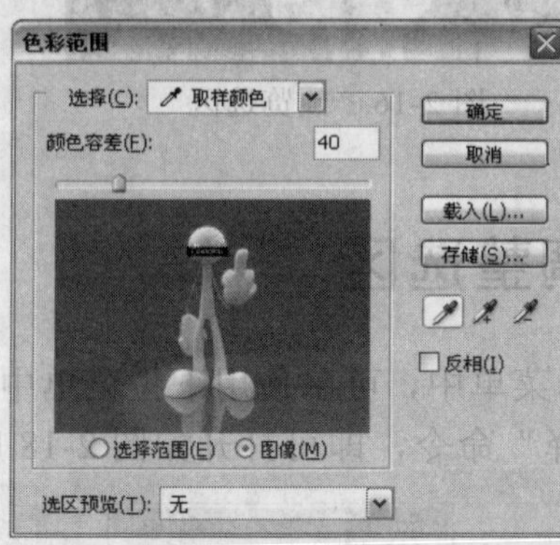

图 2-14 “色彩范围”对话框

【选择】 在其下拉列表框中可以选择一种取样颜色方式。其中，选择“取样颜色”表示可用吸管工具进行取样颜色，这时可将鼠标光标移到图像窗口或预览窗口单击需选取图像上的一点进行取样；选择“溢色”表示可选取某些无法印刷的颜色范围；其他颜色选项分别表示将选取图像中相应的色彩作为取样颜色。

【颜色容差】 用于设置选取相近颜色范围大小。可以直接输入数值或通过拖动滑块来控制值的大小，值越小，能够选择的颜色范围就越小。

【选择范围】单选项 选中该单选项，可在预览窗口内以灰度的形式显示选取范围的预览图像。

【图像】单选项 选中该单选项，将在预览窗口中显示整个图像的状态，以便于用户进行颜色取样。

【选区预览】 用于设置原图像窗口的选区预览方式。其中“无”表示不在原图像窗口显示选区预览；“灰度”表示以灰色调显示未被选择的区域；“黑色杂边”表示以黑色显示未被选择的区域；“白色杂边”表示以白色显示未被选择的区域；“快速蒙版”表示以蒙版颜色显示未被选择的区域。

【反相】复选框 选中该复选框，可以实现选择区域与未被选择区域间相互切换。

：吸管工具用于取样颜色；单击吸管工具后可以在图像窗口中需要添加到取

样颜色的图像上单击，从而可以选取范围更大的图像；单击吸管工具后单击需要从选区范围内减去的颜色范围，从而可以自定义缩小选择范围。

需要选取预览框中除背景色的选区，可以在“选择”列表框中选择“取样颜色”选项，将鼠标移到预览框后，鼠标光标将变为吸管形状，在如图 2-15 所示位置单击，吸取取样颜色。在“选区预览”下拉列表框中选择“灰度”，这时可以观察到图像窗口中的不需要选取的图像是否已全部以灰度颜色显示，如图 2-16 所示。完成后单击“确定”按钮，获得如图 2-17 所示选区。

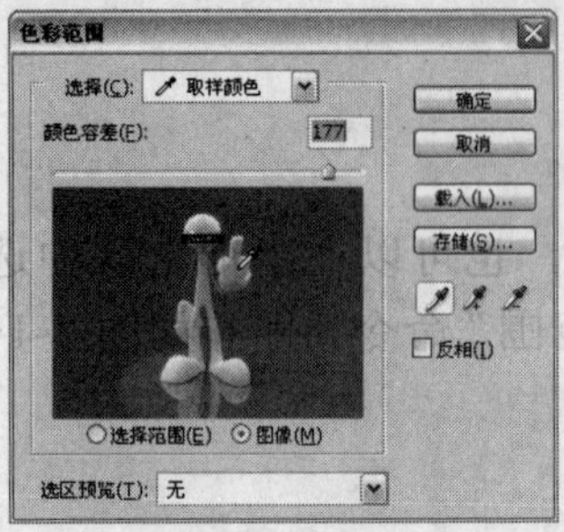

图 2-15　取样颜色

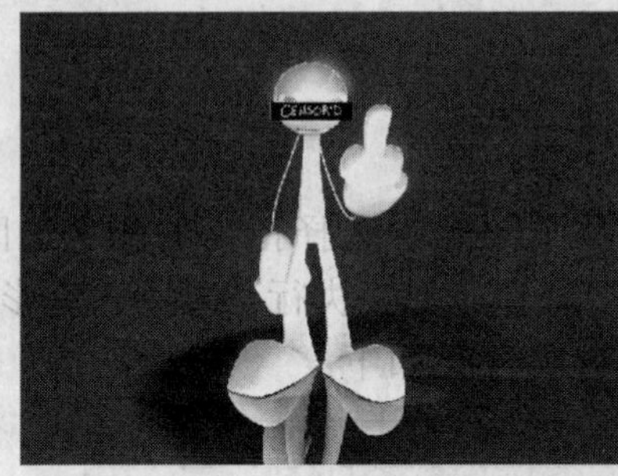

图 2-16　预览选区

图 2-17　获取选区

2.2　使用菜单命令调整选区

在 Photoshop CS2 中的选择菜单中，可以使用下拉菜单中的命令对选区进行反向、羽化、修改、倒换等调整。执行“选择”命令，即可打开如图 2-18 所示下拉菜单。

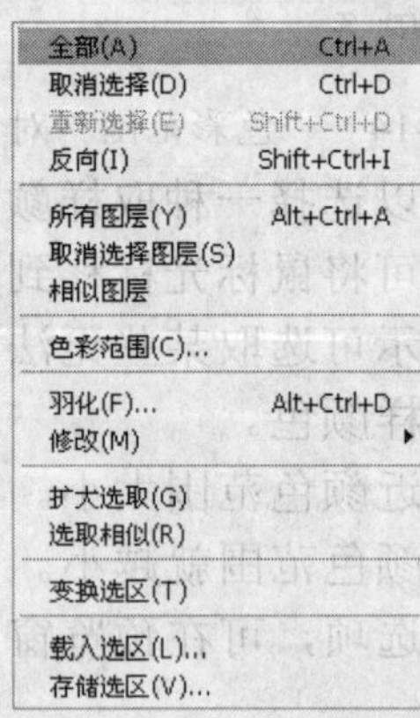

图 2-18　“选择”命令下拉菜单

1．选择全部

如果需要选取整幅图像，可以执行“选择→全选命令”或按“Ctrl+A”组合键就能实现选择全部图像。

2．反向选区

如果图像中已经创建选区，执行“选择→反向选区”命令，可以反选没有选中的区域。按“Ctrl+Shift+I”组合键也可以将选区和非选区进行互换。

提　示

选择纯色背景上的对象常使用反向选区命令。

3．羽化选区

羽化命令可以设置选区范围的羽化属性。羽化后的选区边缘将会产生一种过渡效果，模糊选区的边缘。这种模糊会导致选区边缘上的一些细节丢失掉。执行“选择羽化→选区”命令或按“Alt+Ctrl+D”组合键将弹出“羽化”对话框，设置羽化值后单击“确定”按钮，即可将选区羽化，如图 2-19 所示。

图 2-19　羽化选区示意图

提　示

使用属性工具栏上的羽化功能和羽化命令具有同样的效果，但必须在创建选区前输入羽化值，创建完选区后再输入羽化值是无效的。

4．修改选区

通过“修改”命令，可以对选区进行扩大、缩小、扩边和平滑等修改操作。执行“选择→修改”命令，弹出如图 2-20 所示的子菜单。

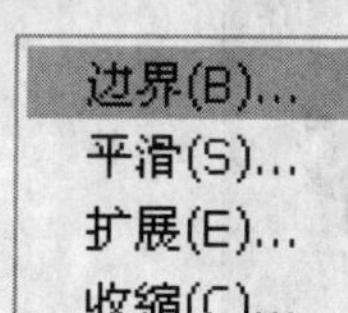

图 2-20　修改命令子菜单

5．变换选区

“变换选区”命令可以对创建的选区进行形状和方向的变换。

实例解析——汽车广告

本例将使用套索工具、移动工具、选区反选以及羽化命令来制作效果如图 2-21 所示的合成图像。

图 2-21　最终效果

（1）执行“文件→打开”命令，或按“Ctrl+O”组合键打开如图 2-22 和图 2-23 所示的素材图片。

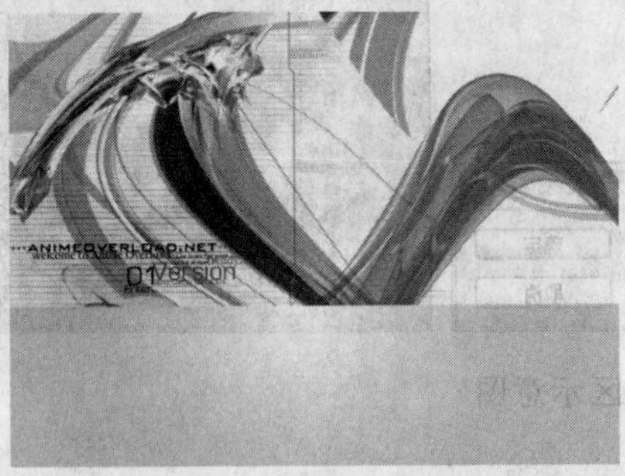

图 2-22　背景素材图片

图 2-23　汽车素材图片

（2）按“Ctrl+A”组合键将整幅图像全选，如图 2-24 所示，按“Ctrl+C”组合键复制选区中的所有图像。

（3）按“Ctrl+V”组合键将复制的图像粘贴到新打开的图像文件中，图层面板如图 2-25 所示。

图 2-24　素材图片

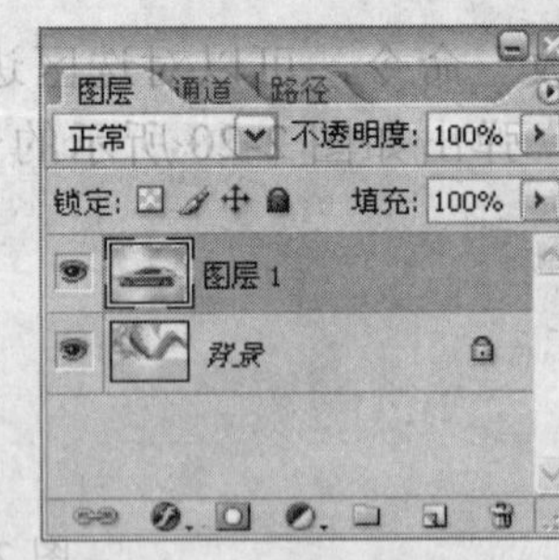

图 2-25　复制图像

（4）选择工具箱中的套索工具，设置属性工具栏参数如图 2-26 所示。

图 2-26　设置属性工具栏参数

（5）在画面中按下鼠标左键拖动，创建如图 2-27 所示的不规则选区。

（6）按“Shift+Ctrl+I”组合键将选区反选，如图 2-28 所示。

图 2-27　创建选区

图 2-28　反选选区

（7）执行“选择→羽化”命令或按“Alt+Ctrl+D”组合键，打开“羽化选区”对话框，设置羽化半径为“20”像素，如图 2-29 所示，单击“确定”按钮，选区如图 2-30 所示。

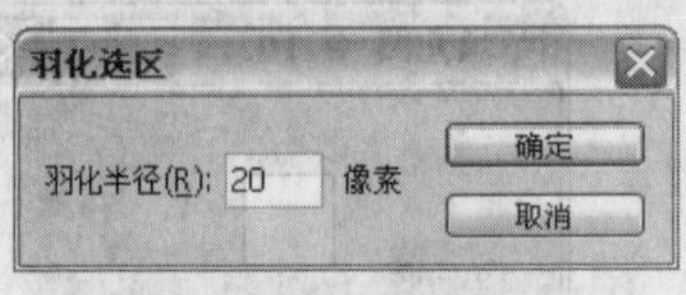

图 2-29　羽化选区对话框

图 2-30　羽化选区

（8）按“Delete”键将选区范围内的图像删除，按“Ctrl+D”组合键取消选区，效果如图 2-31 所示，汽车广告制作完成。

图 2-31　最终效果

2.3　填充选区

在图像中创建选区后，常常需对其进行填充。通过这种简单的操作能更形象地体现图像的形状。下面将分别介绍对选区进行填充的操作步骤。

2.3.1　使用填充命令

使用“填充”命令可以对的图像选定区域使用多种颜色、图案等进行填充。执行“编辑→填充”命令，打开如图 2-32 所示的“填充”对话框。

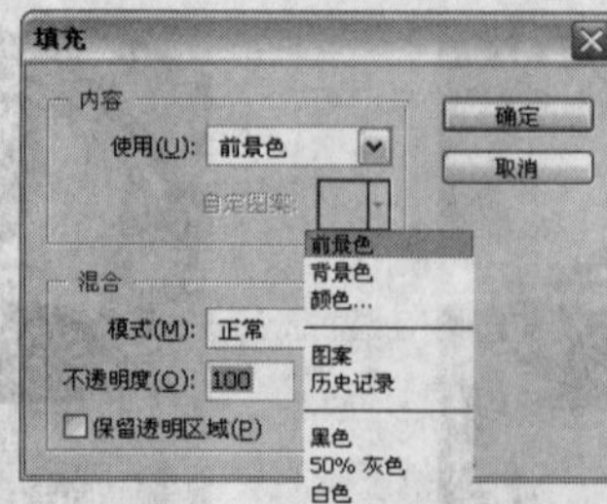

图 2-32 “填充”对话框

使用填充命令填充图像选区或图层时，使用颜色填充和图案填充是最常用的填充方式，下面介绍图案填充的操作步骤：

（1）执行“文件→新建”命令，或按“Ctrl+N”组合键，打开“新建”对话框，设置参数如图 2-33 所示，单击“确定”按钮打开空白图像文件，如图 2-34 所示。

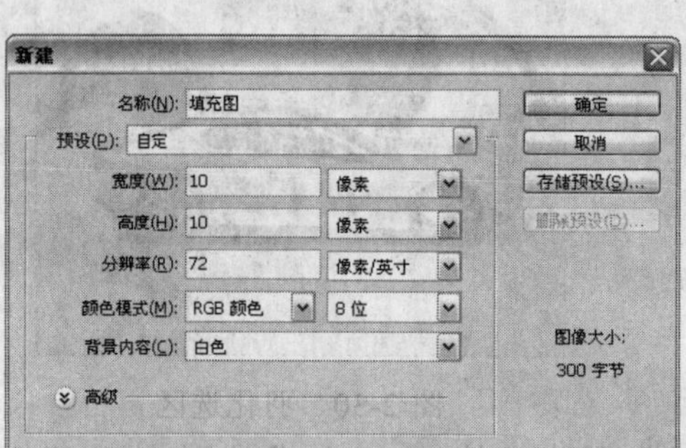

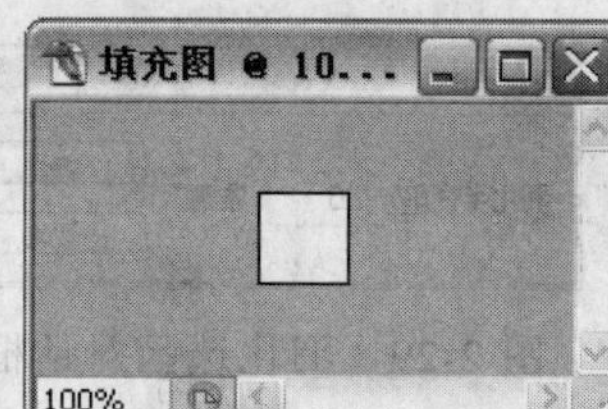

图 2-33 “新建”对话框　　　　图 2-34 空白图像文件

（2）保持前景色为系统默认颜色，选择工具箱中的矩形选框工具⬚，在工作区中创建如图 2-35 所示矩形选区。

（3）按“Alt+Delete”组合键用前景色填充选区，如图 2-36 所示。按“Ctrl+A”组合键将选区全选。

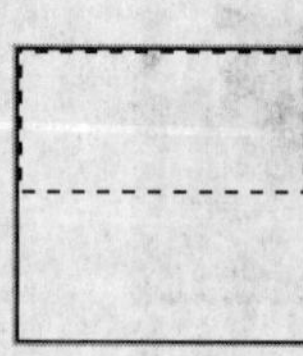

图 2-35 创建选区　　　　图 2-36 填充选区

（4）执行“编辑→定义图案”命令，在弹出的如图 2-37 所示的“图案名称”对话框中输入自定图案名称。

图 2-37 “图案名称”对话框

（5）单击“确定”按钮完成定义图案的操作。

（6）按“Ctrl+O”组合键打开如图 2-38 所示的机器人.jpg 素材图片。

（7）执行“编辑→填充”命令，在弹出的“填充”对话框中单击“使用”选项后面的三角按钮，从打开的下拉列表中选择图案选项，在自定图案下拉列表中选择前面自定义的图案，设置不透明度为“20%”，其他设置如图 2-39 所示。

图 2-38 素材图片

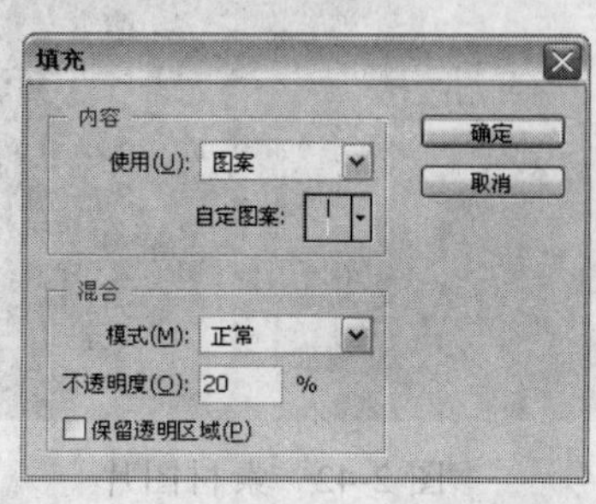

图 2-39 设置“填充”对话框

（8）单击“确定”按钮，定义的图案将填充到图像中，效果如图 2-40 所示。

图 2-40 填充图案

2.3.2 使用油漆桶工具

使用油漆桶工具可使用当前前景色或图案填充图像，用鼠标单击与起点相同或相近的图像区域。单击工具箱中的油漆桶工具，属性工具栏如图 2-41 所示。

图 2-41 油漆桶工具属性工具栏

提 示

用户可以自定义图案后进行填充，方法是用矩形选框工具选取需要定义为图案的图像，然后选择“编辑→定义图案”命令，再在打开的对话框中输入图案名称即可。

使用油漆桶工具填充图像的操作方法很简单，使用油漆桶工具操作步骤如下：

（1）打开如图 2-42 所示的素材图片。

（2）在没有指定填充选区状态下，选择工具箱中的油漆桶工具单击图像，单击处颜色相近的整个区域被前景色填充，如图 2-43 所示。

（3）想要用图案填充图像，单击工具属性栏中“填充”右边的小三角按钮，在打开的下拉列表中选择图案选项，单击旁边的图案缩略图按钮，选择一种需要填充的图案。属性栏设置如图 2-44 所示。

图 2-42　素材图片

图 2-43　填充图像

图 2-44　选择图案填充

（4）单击图像中需要填充的区域，用图案填充，效果如图 2-45 所示。

图 2-45　使用图案填充

2.3.3　使用渐变工具

使用渐变工具可以创建多种渐变效果。单击工具箱中的渐变工具，其工具属性栏如图 2-46 所示。

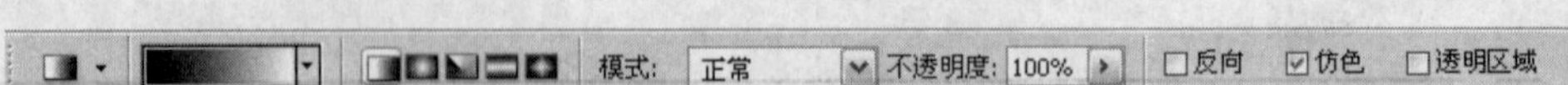

图 2-46　渐变工具属性工具栏

渐变色按钮可以显示当前设定的渐变色。单击该按钮，可以打开渐变编辑框，在此面板中可以设定或管理渐变颜色。单击右侧的按钮，打开渐变拾色器，可以选用已设定的渐变效果。

技　巧

要限制渐变线为直线，可在拖曳鼠标的同时按住“Shift”键。

实例解析——凹凸按钮

本例将使用椭圆选框工具、渐变工具制作具有立体感的凹凸按钮，如图 2-47 所示。

图 2-47　最终效果

（1）执行“文件→新建”命令，或按“Ctrl+N”组合键，打开“新建”对话框，设置名称为“凹凸按钮”，设置宽度为“300 像素”，高度为“300 像素”，分辨率为“300 像素/英寸”，其他参数设置如图 2-48 所示，单击“确定”按钮。

（2）选择工具箱中的椭圆选框工具，按住“Shift”键拖动鼠标，创建如图 2-49 所示圆选区。

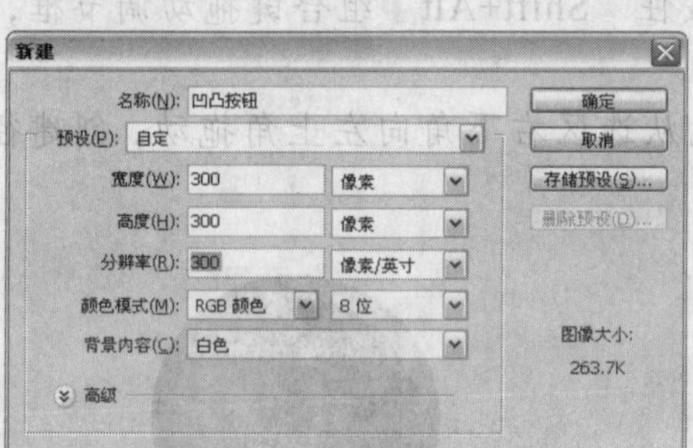

图 2-48　“新建”对话框

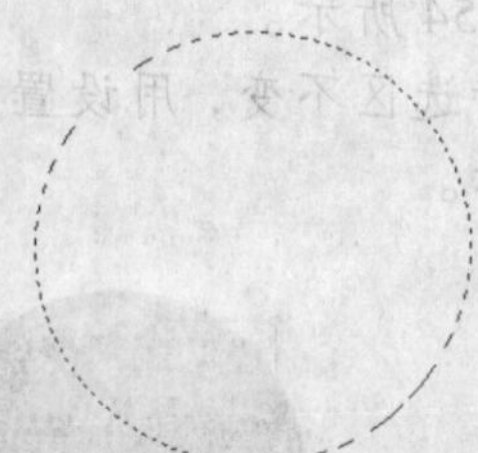

图 2-49　创建圆选区

（3）选择渐变填充工具，单击其属性工具栏中的渐变条，打开渐变编辑器，设置渐变参数如图 2-50 所示，其中色标位置及颜色：

位置 0，颜色为（R：175，G：204，B：247）。

位置 100，颜色为（R：13，G：26，B：156）。

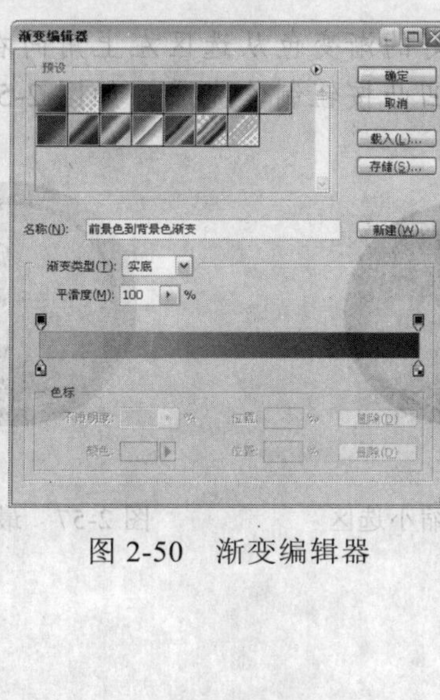

图 2-50　渐变编辑器

（4）单击“确定”按钮，在其属性工具栏中按下“径向渐变”按钮，其他参数设置如图 2-51 所示。

图 2-51　渐变属性工具栏

（5）用鼠标从选区左上角向右下角拖动，如图 2-52 所示，释放鼠标，创建如图 2-53 所示渐变效果。

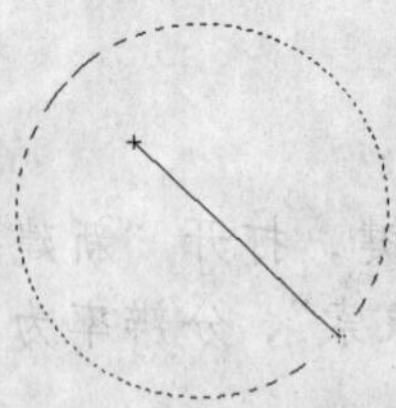

图 2-52　拖动鼠标

图 2-53　创建径向渐变

（6）执行“选择→变换选区”命令，按住“Shift+Alt”组合键拖动调节框，等比例缩小选区，如图 2-54 所示。

（7）保持选区不变，用设置好的渐变色从选区右下角向左上角拖动，创建径向渐变效果如图 2-55 所示。

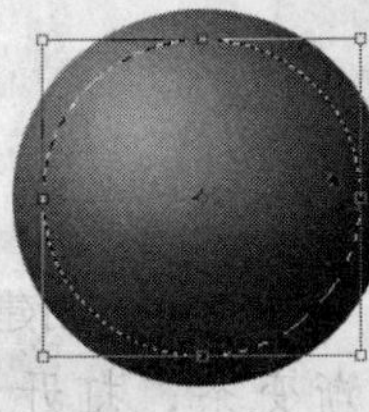

图 2-54　缩小选区

图 2-55　创建径向渐变

（8）执行“选择→变换选区”命令，按住“Shift+Alt”组合键拖动调节框，等比例缩小选区，如图 2-56 所示。

（9）保持选区不变，用设置好的渐变色从选区左上角向右下角拖动，创建径向渐变效果，按“Ctrl+D”组合键取消选区，凹凸按钮制作完成，如图 2-57 所示。

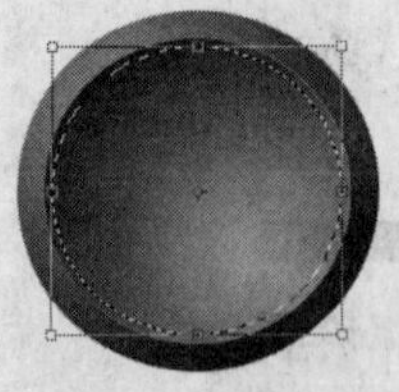

图 2-56　缩小选区

图 2-57　最终效果

2.4　描边选区

使用“描边”命令可以使用设置的颜色填充选区的边缘。执行“编辑→描边”命令，打开如图 2-58 所示的“描边”对话框，其中各选项含义如下：

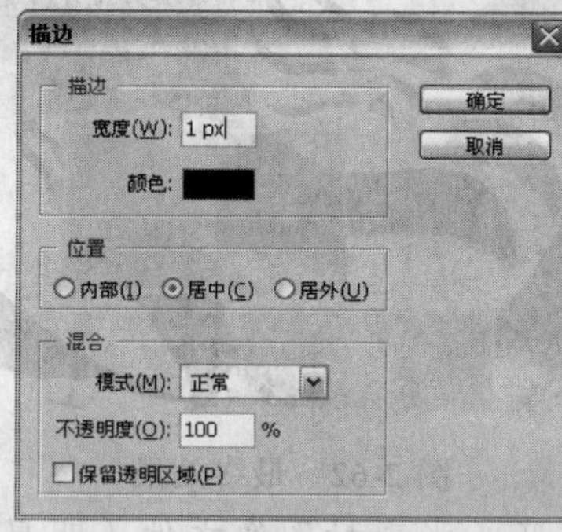

图 2-58　“描边”选区对话框

对选区进行描边的操作步骤如下：

（1）在图像中创建需要描边的选区，如图 2-59 所示。

（2）执行“编辑→描边”命令，打开“描边”对话框，设置参数如图 2-60 所示。

图 2-59　创建选区

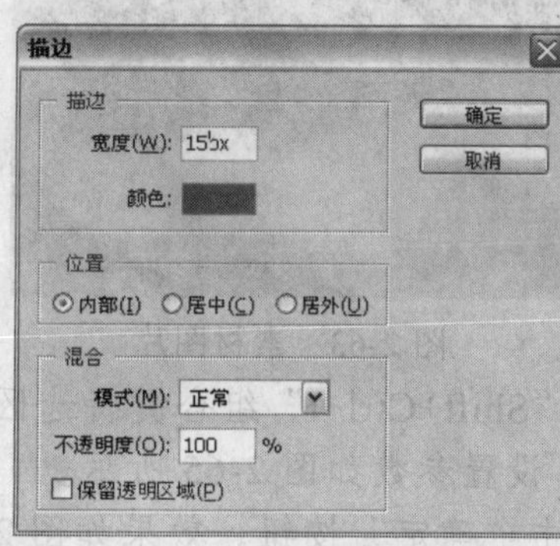

图 2-60　设置描边参数

（3）完成“描边”对话框中各选项参数设置后，单击“确定”按钮，按“Ctrl+D”组合键取消选区，描边效果如图 2-61 所示。

图 2-61　描边效果

实例解析——处理数码照片

本例将使用矩形选框工具、描边命令及阈值命令处理数码照片，效果如图 2-62 所示。

图 2-62　最终效果

（1）按“Ctrl+O”组合键打开一张素材图像文件（明星.bmp），如图 2-63 所示。

（2）选择矩形选框工具创建如图 2-64 所示矩形选区。

图 2-63　素材图片

图 2-64　创建矩形选区

（3）按“Shift+Ctrl+I”组合键将选区反选，执行“图像→调整→阈值”命令，弹出“阈值”对话框，设置参数如图 2-65 所示。

（4）单击“确定”按钮，效果如图 2-66 所示。

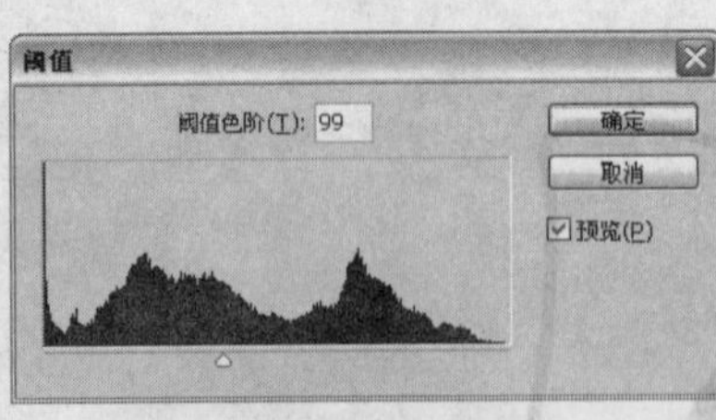

图 2-65　设置阈值

图 2-66　阈值效果

（5）按“Shift+Ctrl+I”组合键将选区反选，执行“编辑→描边”命令，弹出“描边”对话框，设置颜色为灰色，其他参数设置如图 2-67 所示。

（6）单击“确定”按钮，描边效果应用到选区中，按“Ctrl+D”组合键取消选区，描边效果如图 2-68 所示。

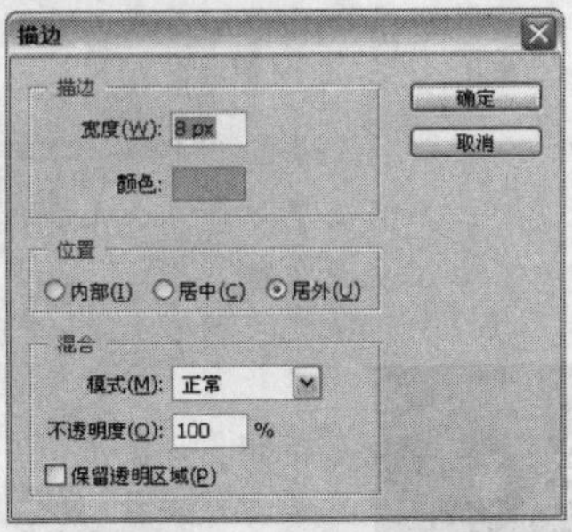

图 2-67　设置描边参数

图 2-68　最终效果

2.5　疑难解答

1. 如何使用选区工具选取不同的图像选区？

在进行简单的选择区域时，使用选框工具组中的矩形选框工具、椭圆选框工具、单行选框工具和单列选框工具等四个基本选框工具可以实现简单选区的创建及图像区域的选取；使用套索工具组中套索工具、多边形套索工具及弹性套索工具可以在图像中进行精确选取；使用魔棒工具可以一次性选择相似颜色的图像区域；使用色彩范围命令可以对指定颜色进行选取。

2. 如何快速制作多种颜色的效果？

在 Photoshop CS2 中，有多种方法对图像进行填充颜色。渐变工具是最好的填充颜色工具，它能快速地创建出很多颜色的填充效果，可以从前景色到背景色进行渐变效果的填充，也可以创建任意颜色进行渐变效果填充，还可以根据需要使用不同的渐变填充方式创建出特殊效果的渐变填充。

3. 增加选区的方法有几种？

在图像中创建选区后，想要增加选区可以按住“Shift”键再创建一个新选区；按下属性栏上的增加选区按钮可以在选定范围添加新的选区。

4. 用哪些工具可以建立选区？

用矩形选框工具、椭圆选框工具、单行和单列选框工具可以创建简单的选区；套索工具获取不规则的图像选区；魔术棒工具可以将图像中颜色相同的或颜色相近的区域选取，色彩范围命令可以在整个图像中选择指定的颜色选区也可以在当前选区中选择指定的颜色选区。

2.6　上机实践

通过本章的学习，相信大家对选区的创建与编辑相关基础知识有了初步的认识和了解，下面通过上机操作来进一步巩固所学知识，达到举一反三的学习效果。

2.6.1 水果宣传海报

练习目的

本例制作效果如图 2-69 所示的水果宣传海报。

图 2-69 最终效果

解题思路

选择需要的图像，使用自定义图案进行保存。

使用填充命令在图片中使用自定义的图案。

操作步骤提示

（1）按“Ctrl+O”组合键打开一张素材图像文件：西红柿.png，使用矩形选框工具创建选区，如图 2-70 所示。

（2）执行“编辑→自定义图案”命令，把选区中的图像定义为图案。

（3）打开如图 2-71 所示素材图片。

图 2-70 选择图像区域

图 2-71 素材图片

（4）使用魔棒工具获取如图 2-72 所示选区。

（5）执行“编辑→填充”命令，选择自定义的图案，如图 2-73 所示。

图 2-72 获取选区

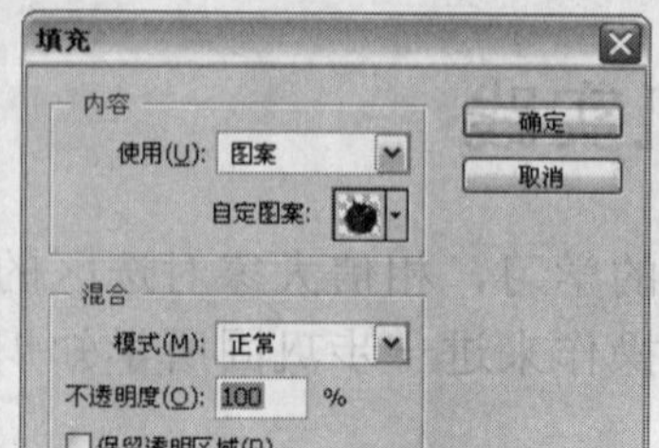

图 2-73 “填充”对话框

（6）自定义图案填充到图像中，如图 2-74 所示。

（7）最后添加素材图片及文字，水果宣传海报制作完成，如图 2-75 所示。

图 2-74　填充效果

图 2-75　最终效果

2.6.2　制作光盘

练习目的

本例将制作效果如图 2-76 所示的光盘。

图 2-76　最终效果

解题思路

使用椭圆选框工具创建选区，使用渐变填充工具制作光盘盘面。

使用描边命令对光盘制作边缘效果，使用填充命令填充羽化选区制作阴影效果。

操作步骤提示

（1）新建一个空白图像文件，使用椭圆选框工具创建一个圆选区，如图 2-77 所示。

（2）打开渐变编辑器，使用随机化按钮设置一个渐变色，如图 2-78 所示。

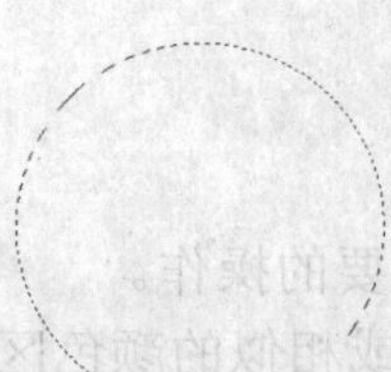
图 2-77　创建圆选区

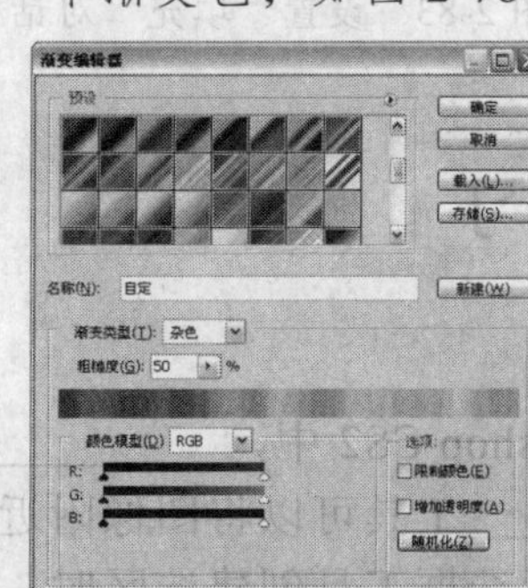

图 2-78　设置渐变色

（3）在选区中创建角度渐变，效果如图 2-79 所示。

（4）执行“编辑→描边”命令，设置描边参数如图 2-80 所示，对选区进行描边。

图 2-79　创建角度渐变效果

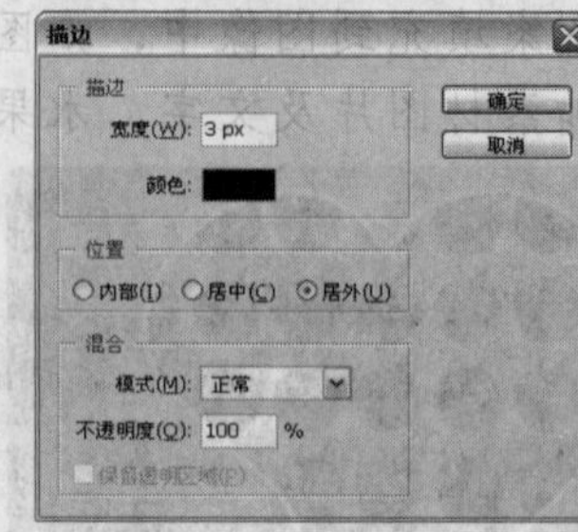

图 2-80　设置“描边”对话框

（5）使用变换选区命令缩小选区，如图 2-81 所示。

（6）对选区进行描边，如图 2-82 所示。

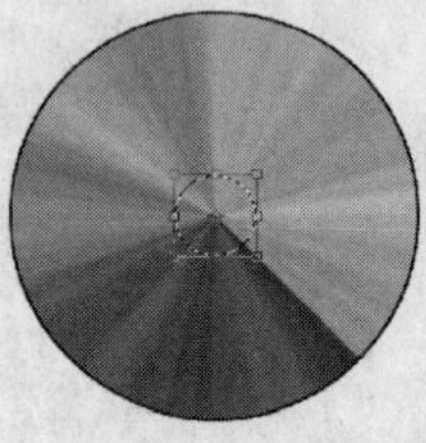

图 2-81　缩小选区

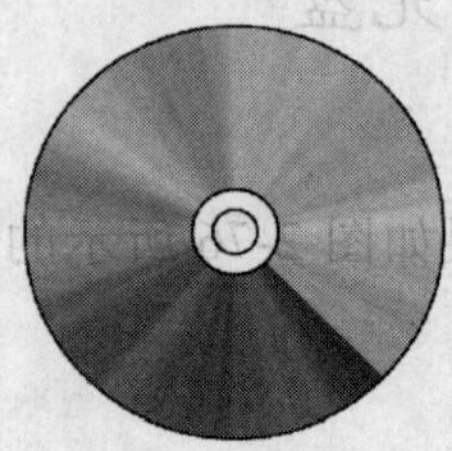

图 2-82　描边选区

（7）使用羽化选区命令羽化选区，设置填充对话框，如图 2-83 所示，用填充选区制作阴影效果，光盘最终效果如图 2-84 所示。

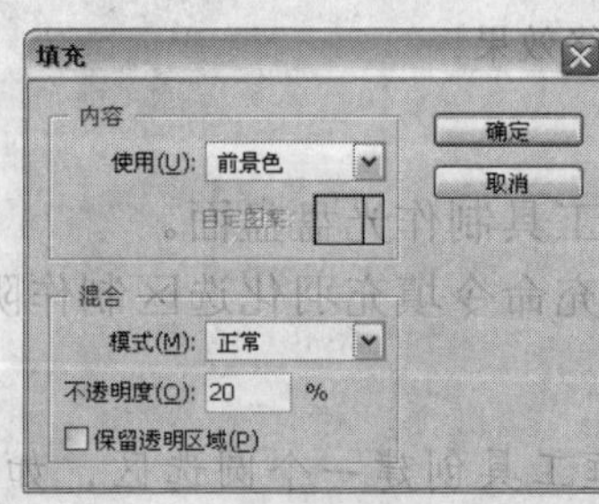

图 2-83　设置“填充”对话框

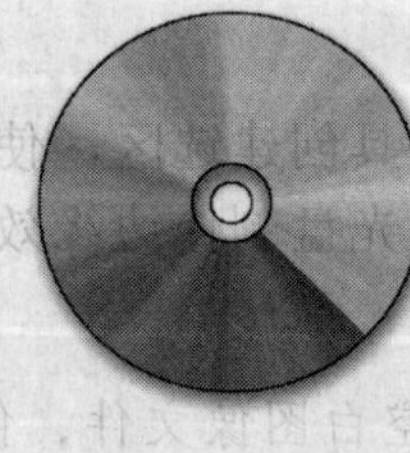

图 2-84　最终效果

2.7　综合练习

1. 填空题

（1）在 Photoshop CS2 中，__________是一个非常重要的操作。

（2）__________工具可以将图像附近与它颜色相同或相似的颜色区域自动选取。

（3）使用矩形选框工具创建选区时，按下________键，可以创建正方形选区。

2．选择题

（1）矩形或椭圆选框工具用于创建外形为矩形或椭圆（　）的选区。

A．规则　　B．不规则

C．单一　　D．羽化

（2）填充命令可以对选区进行（　）或（　）填充。

A．图案　　B．渐变色

C．颜色　　D．色彩范围

（3）使用矩形选框工具创建选区时，按下（　）键，可以创建正方形选区。

A．“Ctrl”　　B．“Alt”

C．“C”　　D．“Shift”

第 3 章　编 辑 图 像

本章要点

- ☑ 剪切、拷贝、粘贴图像
- ☑ 移动、裁切、变换图像
- ☑ 调整图像和画面大小

3.1　图像的剪切、清除、拷贝和粘贴

在 Photoshop 编辑菜单命令中，有剪切、拷贝和粘贴命令供用户使用，通过这些操作，能够将需要的图像剪切，也可以将图像内容拷贝并粘贴到另外的图像中，快速完成图像制作。

3.1.1　剪切和清除图像

在图像中创建选区后，执行“编辑→剪切”命令或者执行“清除”命令，选区范围中的图像都会被删除，删除后的选区范围以背景色填充，如图 3-1 所示。

图 3-1　剪切或清除图像示意图

剪切命令在删除图像的同时，将选区范围内的图像复制到了剪贴板中，可以使用粘贴命令将图像粘贴到新的图像中使用；而清除命令将会永久性删除掉选区范围中的图像。

技　巧

按“Ctrl+X”组合键可以执行剪切命令；按“Delete”键可以清除图像内容。

3.1.2　拷贝和粘贴图像

在图像中创建选区后，拷贝和粘贴选区中的图像是最常用的操作方式。执行“编辑→拷贝”命令，可以将图像拷贝。执行“编辑→粘贴”命令，可以将拷贝的图像粘贴到新的图像中。

> **技　巧**
>
> 按“Ctrl+C”组合键完成拷贝命令；按“Ctrl+V”组合键完成粘贴命令。

实例解析——飞舞的蝴蝶

本例将使用选择命令、拷贝和粘贴命令完成图像合成，合成后的效果如图 3-2 所示。

图 3-2　合成图像

（1）执行“文件→打开”命令，或按“Ctrl+O”组合键打开图 3-3 所示的素材图片。

（2）选择工具箱中的魔棒工具，单击白色背景部分，获取如图 3-4 所示背景选区。

图 3-3　素材图片

图 3-4　获取背景选区

（3）按“Shift+Ctrl+I”组合键将选区反选，将蝴蝶选择出来，如图 3-5 所示。

（4）执行“编辑→剪切”命令，或执行“编辑→拷贝”命令，将蝴蝶保存到剪贴板中。

（5）按“Ctrl+O”组合键打开图 3-6 所示的素材图片。

图 3-5　获取蝴蝶选区

图 3-6　素材图片

（6）执行“编辑→粘贴”命令，剪切的蝴蝶图像就被粘贴到此图像中，效果如图 3-7 所示。

图 3-7　最终效果

3.2　图像的移动、裁切和变换

Photoshop 中编辑图像，可以将不需要的图像裁切掉，可以随意移动图像，还可以对图像进行各种变换。

3.2.1　移动工具

使用移动工具，可以将选区内容的图像随意移动到新的位置。单击工具箱中的移动工具，就可显示出移动工具属性工具栏，如图 3-8 所示，属性参数含义如下：

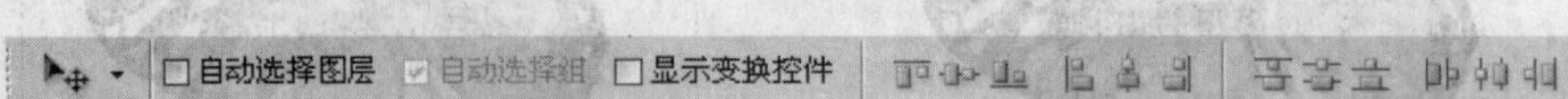

图 3-8　移动工具属性工具栏

【自动选择图层】　选择此选项，在具有多个图层的图像上单击鼠标，将自动选中鼠标单击位置所在的图层。

【显示变换控件】　选择此选项，选定范围四周将出现控制点，可以方便地调整选定范围中的图像尺寸。

在图像中创建选区后，选择工具箱中的移动工具，将鼠标移动至选区范围内，按住鼠标左键并拖动，可以将选区内容随意移动，如图 3-9 所示。

图 3-9　移动选区内容

使用移动工具也可以将选区内的图像移动到另一个图像中，相当于完成了拷贝和粘贴的操作，如图 3-10 所示。

图 3-10　移动图像示意图

技　巧

按住“Alt”键使用移动工具移动图像，可以为图像创建副本，如图 3-11 所示。

图 3-11　创建图像副本

技　巧

选中工具箱中的移动工具后，按键盘上的“→”、“←”、“↑”或“↓”方向键，可以以 1 个像素为单位，按照指定的方向移动图像。按住“Shift”的同时按这些方向键，可以 10 个像素为单位移动图像。

3.2.2 裁切图像

使用裁切工具可以从整个图像中提取需要的部分，可以将图像中需要部分图像部分保留下来，将其余部分多余的图像裁切掉。裁切图像时还可以进行旋转等操作。

选择工具箱中的裁切工具，在图像中拖动，选择需要的部分，如图 3-12 所示，按下“Enter”键或双击选择区域内部就可以裁切掉选择区域以外的图像部分，如图 3-13 所示。

图 3-12 选择裁切区域

图 3-13 裁切后图像

3.2.3 变换图像

在 Photoshop CS2 里，可以通过使用变换控件框和“变换”命令使图像产生缩放、旋转、扭曲、斜切和透视等多种变形效果。下面讲解通过调整变换控件框使图像变形的方法。

（1）打开一幅图像文件，如图 3-14 所示。在工具箱中选择移动工具，在其属性工具栏中将“显示变换控件”复选框选中，如图 3-15 所示。

图 3-14 原图

图 3-15 选择“显示变换控件”选项

（2）当前图层中的图像被变换控件框框住，如图 3-16 所示。鼠标指针移至变换控件框边线单击，变换控件框由虚线变成实线，单击鼠标右键，会弹出变换子菜单，如图 3-17 所示。

> **提 示**
>
> 可以说，使用变换控件框变换图像等同于使用“编辑\变换”命令变换图像，二者具有相同的命令选项供选择。

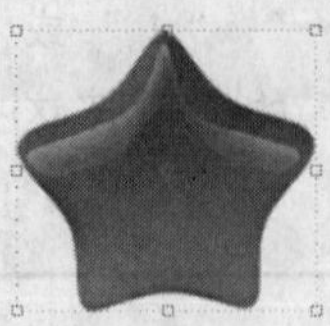

图 3-16 显示变换控件框

图 3-17 变换子菜单

（3）分别选择各命令，调整控制点后的效果如图 3-18 所示。

（a）缩放　（b）旋转　（c）斜切

（d）扭曲　（e）透视　（f）变形

（g）旋转 180 度　（h）旋转 90 度（顺时针）　（i）旋转 90 度（逆时针）

（j）水平翻转　（k）垂直翻转

图 3-18 各种变换效果

3.2.4 自由变换

执行“编辑→自由变换”命令或者按“Ctrl+T”组合键可开启自由变换调节框。要对图像进行缩放，可以直接拖曳控制点。同时按住“Shift”键拖曳手柄可按比例缩放图像。要将图像通过拖曳进行旋转，将鼠标指针移动到变换控件框外部，若指针变为弯曲的双向箭头时即可旋转。同时按住“Shift”键可将旋转限制为按“15°”增量进行。在使用自由变换命令旋转图像时，将旋转中心点移动，旋转对象将以移动后的中心点旋转。

完成“自由变换”操作后，按下“Enter”键或者是单击属性工具栏中的按钮，或者在变换选框内单击两次，确定图像的变形。取消操作按“Esc”键，或是单击属性工具栏中的按钮。

技 巧

当在图像上显示变换控件框后，可按住某些快捷键调整控制点对图像进行变形，调整方法与执行“编辑→变换”命令的方法相同。各快捷键对应命令如下：

- 按住“Ctrl”键调整控制点，可使图像产生扭曲效果。
- 按住“Ctrl+Shift”组合键调整控制点，可使图像产生斜切效果。
- 按住“Ctrl+Shift+Alt”组合键调整控制点，可使图像产生透视效果。
- 按住“Alt+Shift”组合键调整控制点，可使图像从中心按比例缩放图像。

实例解析——校正倾斜照片

本例将主要使用剪切命令来校正倾斜的照片，完成后的效果如图 3-19 所示。

图 3-19　校正照片

（1）按“Ctrl+O”组合键打开一张照片，如图 3-20 所示。

（2）选择工具箱中的裁切工具，在照片中拖动鼠标，选择需要调整的照片区域，如图 3-21 所示。

图 3-20　素材图片

图 3-21　选择裁切区域

（3）将鼠标放置调整框外进行旋转，如图 3-22 所示。

（4）单击“Enter”键确认，调整后照片效果如图 3-23 所示。

图 3-22　旋转角度

图 3-23　裁切效果

（5）再次使用裁切工具在照片中拖动，选择需要多余的照片区域，如图 3-24 所示。

（6）单击“Enter”键确认，倾斜照片调整后的效果如图 3-25 所示。

图 3-24　选区裁切区域

图 3-25　最终效果

3.3　使用历史记录面板

历史记录面板用于记录图像处于所操作的任何一步编辑里的状态。每对图像进行一次操作，图像的新状态就被记录到了历史记录面板中，从而方便了用户在实际应用过程中可以通过它来查看不同状态下的图像效果。

单击工作界面中的“历史记录”标签或执行“窗口→历史记录”命令，即可打开历史记录面板，其中记录自打开所进行的操作记录，如图 3-26 所示。面板最上方显示了当前图像的缩略图和文件名，面板下方的 3 个按钮的作用如下：

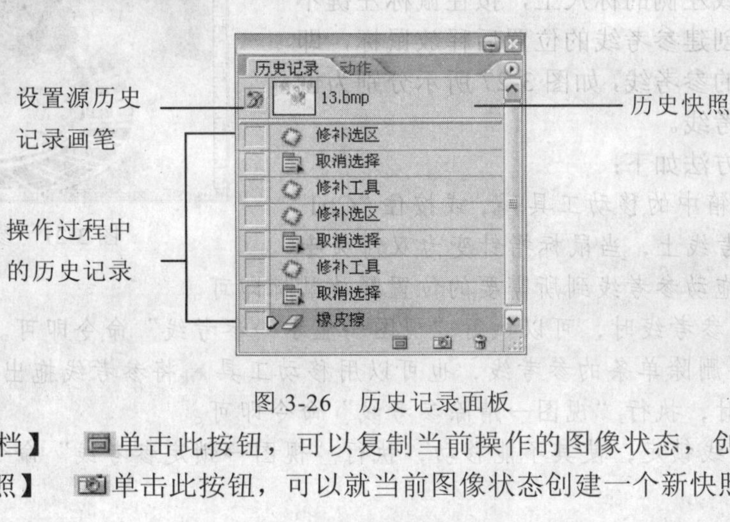

图 3-26　历史记录面板

【创建新文档】　单击此按钮，可以复制当前操作的图像状态，创建一个副本。

【创建新快照】　单击此按钮，可以就当前图像状态创建一个新快照内容，并显示在面板上方。单击相应的快照可以在操作中快速恢复到该操作状态下。

【删除当前状态】 单击选取某一历史记录步骤，按住鼠标不放将其拖动到该按钮上后释放鼠标，可以删除该历史记录。需要注意的是删除历史记录并不会改变当前图像效果，同时由于历史记录面板只能记录 20 条历史记录（默认值），当超出 20 条后最前面的历史记录将自动被抹掉。

选中历史记录面板上的任何一条历史记录，图像将恢复到当前记录的状态。

3.4 图像编辑辅助工具

Photoshop CS2 提供了很多辅助用户编辑图像的工具，如标尺、网格、参考线和度量工具等，这些工具对图像不起任何编辑作用，但可以精确定位图像位置，提高工作效率。

3.4.1 标尺

标尺显示在要显示出标尺打开的图像文件的左侧边缘和顶部，执行“视图→标尺”命令或者按“Ctrl+R”组合键，即可打开标尺。通过标尺内的标记可显示出当前鼠标指针移动时的坐标位置，也可通过标尺查看图像的宽度和高度。

技 巧

用鼠标双击标尺也可以打开“首选项”对话框，用鼠标右键单击标尺可以直接设置标尺单位。

3.4.2 参考线

参考线是浮动在图像窗口上的直线，不会被打印输出。用户可以随意删除、移动或锁定参考。创建参考线前必须先将标尺显示出来，然后将鼠标指针置于窗口顶部的标尺上或左侧的标尺上，按住鼠标左键不放拖动至图像中要创建参考线的位置后释放鼠标，即可创建水平或垂直的参考线，如图 3-27 所示分别为创建的水平和垂直参考线。

图 3-27 参考线

使用参考线的方法如下：

（1）单击工具箱中的移动工具，或按住“Ctrl”键，将鼠标放在参考线上，当鼠标指针变为双箭头时，按下鼠标左键拖动参考线到所需要的位置释放鼠标即可。

（2）需要隐藏参考线时，可以执行“视图→显示→参考线”命令即可。

（3）如果需要删除单条的参考线，也可以用移动工具将参考线拖出图像窗口之外，要删除所有参考线时，执行“视图→清除参考线”命令即可。

（4）要将参考线锁定，使其不能移动，执行“视图→锁定参考线”命令即可。

技 巧

按住“Alt”键后用鼠标单击参考线，可以使参考线在水平显示和垂直显示之间互相切换。

3.4.3 使用网格

在默认状态下，网格显示为非打印直线。网格是由直线相互交叉后形成的不可打印的网点，常用于布置各个图像间的分布和排列。执行“视图→显示→网格”命令，即可在图像窗口中显示网格，如图3-28所示。显示出网格后选择“视图→对齐网格”命令可以使移动对象自动对齐网格或在创建选择区域时自动沿网格位置进行定位选取。

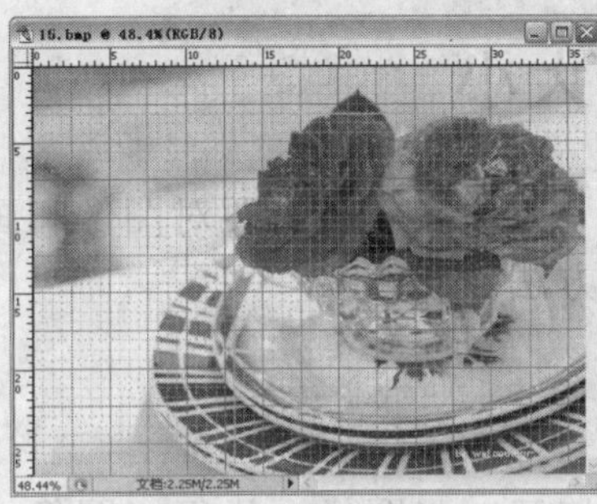

图3-28 显示网格

3.4.4 设置参考线和网格

通过“首选项”对话框，可以设置参考线和网格的颜色、线型以及网格线的密度等。执行“编辑→首选项→参考线、网格和切片”命令，打开如图3-29所示对话框。

参考线设置如下：在参考线项目下，打开颜色文本框右侧的下拉列表框可以选择参考线的颜色。单击右边的颜色框，可以打开“拾色器”对话框，如图3-30所示，在拾色器里可以随意选择参考线颜色。在参考线样式下拉列表中可以选择两种线型：直线和虚线。

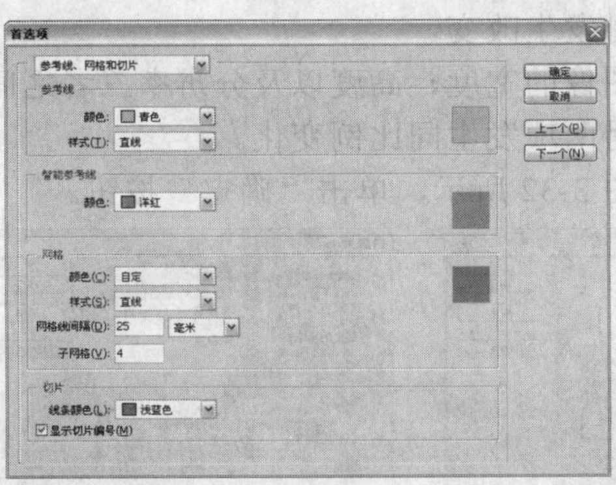

图3-29 “首选项”对话框

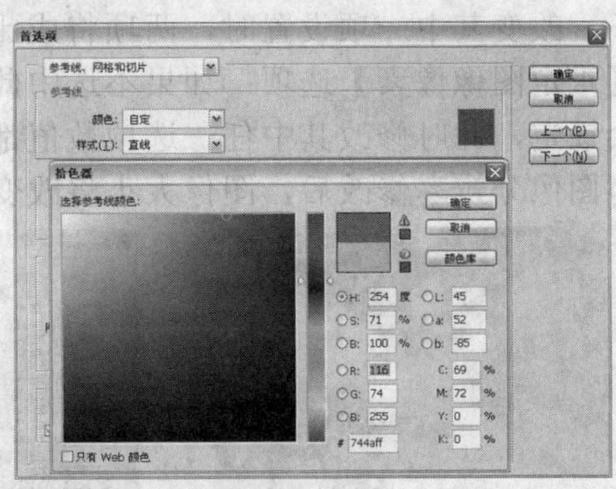

图3-30 设置参考线颜色

网格的设置如下：在“首选项”对话框中可以对网格线的颜色、线形、网格线间以及子网格进行设置。设置颜色和线型同参考线的设置是相同的，网格多了一种网点线型供用户选择。在“网格线间隔”右侧的文本框中输入数值，单击右侧的三角按钮打开下拉列表选择单位，可以设置网格线间隔的大小。在“子网格”文本框中可以更改两网格线之间的子网格大小，在文本框中输入的数值为“1~100”之间。

3.4.5 度量工具

度量工具可以非常方便地测量图像中两点之间的距离或物体的角度，单击工具箱中的度量工具，其属性工具栏如图 3-31 所示。

图 3-31 度量工具属性工具栏

3.5 调整图像和画布大小

在平面设计过程中，有时为了方便操作，需要对图像和画布尺寸重新进行调整，下面将讲解如何调整图像和画布尺寸的方法。

3.5.1 调整图像大小

图像尺寸的调整方法如下：打开一张图像，执行“图像→图像大小”命令，打开“图像大小”对话框。其中各选项含义如下：

【像素大小】选项：通过改变宽度和高度的数值，改变图像在屏幕上显示的大小，图像的尺寸也相应改变。

【文档大小】选项：通过改变宽度、高度和分辨率的数值，改变图像的文档大小，图像的尺寸也相应改变。

【缩放样式】选项：选中此复选框，可以保持图像中的样式（图层样式等）按比例进行改变。

【约束比例】选项：选中此复选框，在宽度和高度的选项后将出现链接图标，在链接状态下，改变其中一项设置时，两项将成比例同时发生改变。

【重定图像像素】选项：如果不选中此项，图像的宽度、高度以及分辨率三者之间的比例就会锁定，此时修改其中任一选项数值都会使另两项发生同比例变化。

将图像分辨率修改后，图像大小将改变，如图 3-32 所示，单击“确定”按钮。

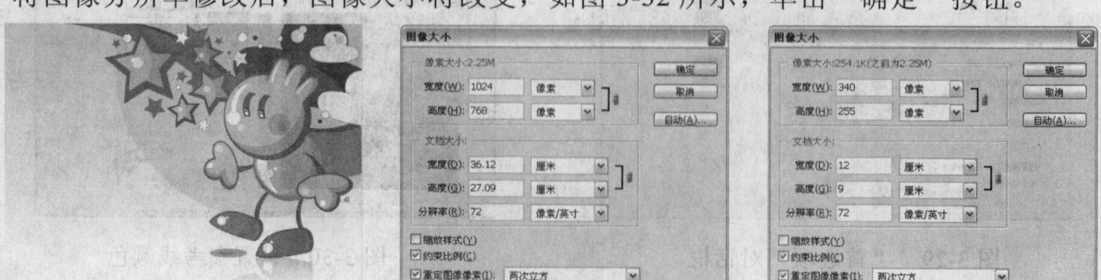

（a）原图像　（b）原图像大小　（c）调整图像大小

图 3-32 调整图像分辨率后的文件大小变化

3.5.2　调整画布大小

在 Photoshop 中编辑图像，就像在一张画布上作画一样。通过“画布大小”命令，可以自由增加或减少现有图像画布的尺寸，但图像的大小将保持不变。其操作方法如下：

（1）打开如图 3-33 所示的素材图像，然后执行“图像→画布大小”命令，打开“画布大小”对话框，图 3-34 所示。

图 3-33　打开图像

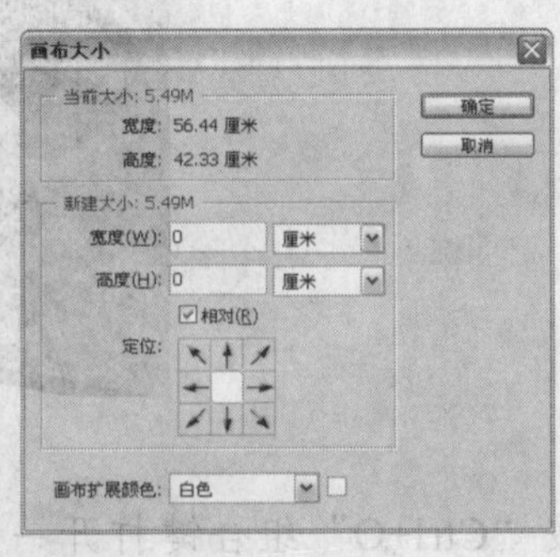

图 3-34　“画布大小”对话框

（2）将宽度和高度各增加“2”厘米，单击“确定”按钮，增加的部分向四个方向进行扩展，并以背景色填充扩展的部分，效果如图 3-35 所示。

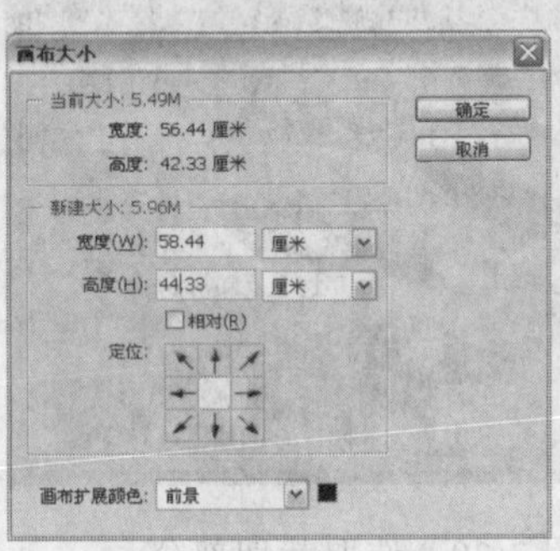

（a）增加画布

（b）增加后效果

图 3-35　扩大画布

（3）将宽度和高度各增加“3”厘米，在“定位”选项中点击←按钮，单击“确定”按钮，新增的区域位于右侧，效果如图 3-36 所示。

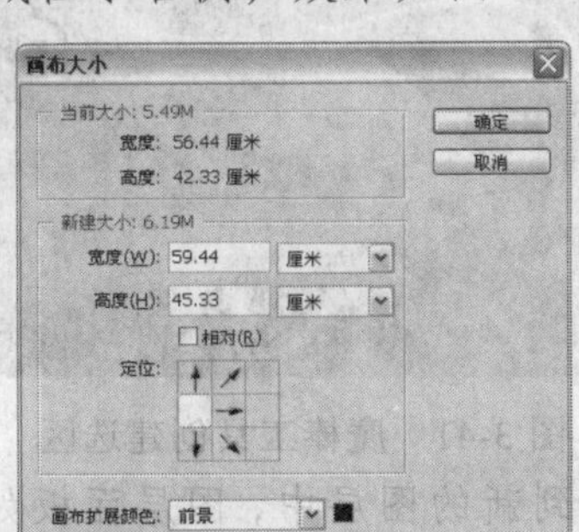

（a）定位增加画布

（b）定位增加画布后

图 3-36　定位增加画布

实例解析——跳出画框

本例将使用剪切命令、魔棒工具、复制并粘贴命令、套索工具、描边命令以及橡皮擦工具制作一幅蜥蜴跳出画框的图像特效，效果如图 3-37 所示。

图 3-37 最终效果

（1）按“Ctrl+O”组合键打开一张素材图像文件，如图 3-38 所示。

（2）选择工具箱中的裁切工具，在图像中拖动，选择需要裁切的图像部分，如图 3-39 所示。

图 3-38 素材图片

图 3-39 选取裁切部分

（3）单击“Enter”键，确认裁切，效果如图 3-40 所示。

（4）选择工具箱中的魔棒工具，沿着蜥蜴上半身部分创建选区，如图 3-41 所示。

图 3-40 裁切后图像

图 3-41 魔棒工具创建选区

（5）按“Ctrl+J”组合键将选区内容复制并粘贴到新的图层中，图层面板如图 3-42 所示。

（6）选择工具箱中的多边形套索工具，在背景图层创建如图 3-43 所示选区。

图 3-42　图层面板

图 3-43　多边形套索工具创建选区

（7）按“Ctrl+J”组合键将选区内容复制并粘贴到新的图层中，图层面板如图 3-44 所示。

（8）单击图层面板下方的创建新层按钮，在背景层上新建“图层 3”，用白色将“图层 3”填充，效果如图 3-45 所示。

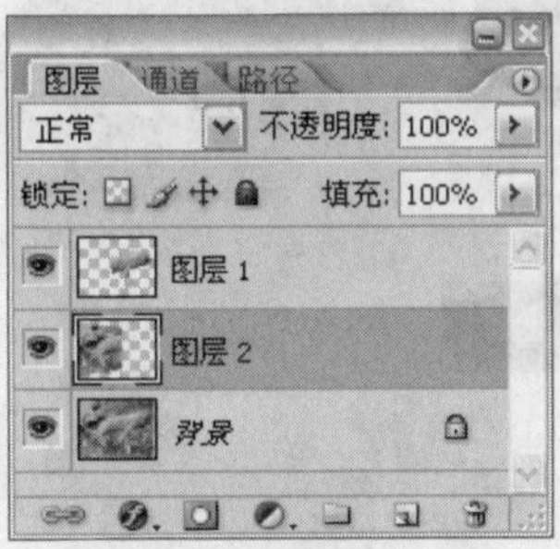

图 3-44　图层面板

图 3-45　填充图层

（9）选择“图层 2”，按住“Ctrl”键单击此层，将其选区浮出，执行“编辑→描边”命令，在弹出的描边对话框中设置参数如图 3-46 所示。

（10）单击“确定”按钮，按“Ctrl+D”组合键取消选区，描边效果如图 3-47 所示。

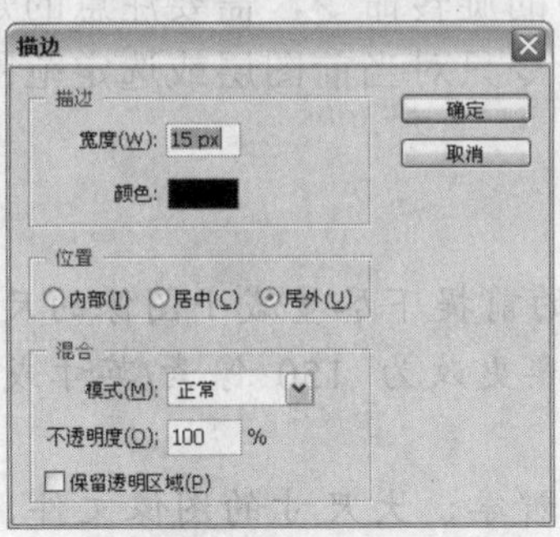

图 3-46　“描边”对话框

图 3-47　描边效果

（11）选择工具箱中的橡皮擦工具，将“图层 1”中图像多余边缘擦掉，效果如图 3-48 所示。

（12）选择工具箱中的套索工具，在背景层中创建如图 3-49 所示选区。

图 3-48　擦除多余区域

图 3-49　创建选区

（13）按“Ctrl+J”组合键将选区内容复制并粘贴到新的图层中，跳出画框效果制作完成，如图 3-50 所示。

图 3-50　最终效果

3.6　疑难解答

1．变换图像命令和变换命令的区别是什么？

变换图像命令子菜单中也有旋转画布命令子菜单中的旋转命令，需要注意的是，旋转画布命令是对整个图像（包括图层）进行旋转，而变换命令只对当前图层或选定范围中的图像进行旋转。

2．在什么情况下需要使用调整图像尺寸大小？

- 图像准备发布于网上时，要满足网页图像效果的前提下尽量减小图像的尺寸。
- 图像用于印刷时，需要根据要求将图片的分辨率更改为 150 像素/英寸或 300 像素/英寸。
- 图像用于屏幕显示时，如果使用的素材是高分辨率、大尺寸的图像文件，将其用于屏幕显示时，就必须缩小图像的尺寸和分辨率，以便能在屏幕上完整显示。
- 如果要将相片制作成相片 VCD，为了保证相片不产生变形，就根据需要将相片尺寸调整为标准的 VCD 尺寸“352×288”。

3．在制作图像时使用了参考线，会影响打印效果吗？

不会，在图像中使用了参考线，在打印时是不会显示出来的。

4．图像的显示比例是图像的实际尺寸比例吗？

图像的显示比例不是图像的实例尺寸比例，而是指图像上的像素与屏幕上的一个光点的比例关系。

3.7　上机实践

通过本章的学习，相信大家对图像编辑相关基础知识有了初步的认识和了解，下面通过上机操作来进一步巩固所学知识，达到举一反三的学习效果。

3.7.1　包装盒

练习目的

本例将练习使用学习到的知识制作效果如图 3-51 所示包装盒。

图 3-51　制作背景

解题思路

（1）使用矩形选框工具创建图像选区。
（2）使用复制和粘贴命令复制图像。
（3）使用变换命令变换图像制作包装盒立体效果。
（4）使用多边形套索工具创建选区。
（5）使用填充命令制作包装盒阴影效果。

操作步骤提示

（1）打开素材图片，如图 3-52 所示。
（2）使用矩形选框工具创建选区，并将选区复制、粘贴到新的图层中，如图 3-53 所示。

图 3-52　素材

图 3-53　粘贴图像到新层

（3）使用变换命令制作包装盒立体效果，如图 3-54 所示。

（4）使用套索工具创建选区，并填充黑色制作阴影效果，如图 3-55 所示。

图 3-54　变换命令制作包装盒立体效果

图 3-55　制作阴影效果

（5）使用渐变填充工具制作阴影和背景效果，完成制作，如图 3-56 所示。

图 3-56　最终效果

3.7.2　四色图

练习目的

本例将制作四色图效果，如图 3-57 所示。

图 3-57　四色图效果

解题思路

（1）使用标尺、参考线和网格辅助矩形选框工具创建选区。

（2）使用填充命令填充选区。

（3）用魔棒工具选择所需图像，使用移动工具移动选区图像完成四色图效果。

操作步骤提示

（1）新建文件，显示标尺和创建参考线，如图 3-58 所示。

（2）使用矩形选框工具创建选区，设置颜色并填充选区，如图 3-59 所示。

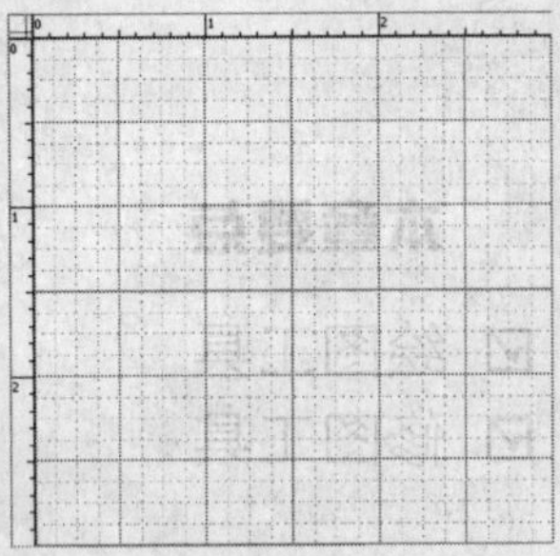

图 3-58　创建参考线和显示网格

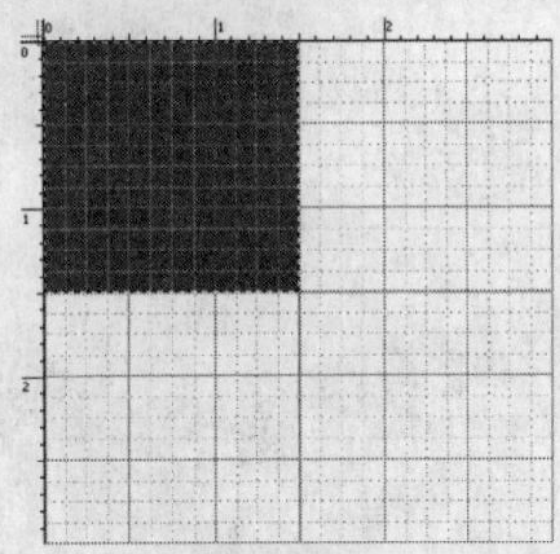

图 3-59　填充选区

（3）打开素材图片，如图 3-60 所示。移动图像，四色图制作完成，如图 3-61 所示。

图 3-60　素材图片

图 3-61　最终效果

3.8 综合练习

1. 填空题

（1）在 Photoshop CS2 中，__________工具可以移动图像。

（2）__________命令可以使图像产生缩放、旋转、扭曲、斜切和透视等多种变形效果。

（3）__________、__________、__________和度量工具等，这些工具对图像不起任何编辑作用，但可以精确定位图像位置，提高工作效率。

2. 选择题

（1）执行“编辑→拷贝”命令，可以将图像拷贝，按（　）组合键也可以完成拷贝命令。

A．“Ctrl+V”　　B．“Ctrl+C”

C．“Alt+V”　　D．“Shift+C”

（2）执行“编辑→自由变换”命令或者按（　）组合键可开启自由变换调节框。

A．“Shift+A”　　B．“Ctrl+T”

C．“Alt+C”　　D．“Ctrl+ Alt”

第 4 章　图像的绘制与修复

本章要点

☑ 绘图工具

☑ 修图工具

4.1　画笔调板

“画笔”调板用于选择预设画笔和自定义画笔。不同的画笔决定了绘图和修图工具的笔触大小和形状的不同，它直接影响到图像处理的最终效果。掌握好画笔的使用对学好 Photoshop CS2 是十分重要的，会使用户创作出很多意想不到的特殊效果。

“画笔”调板用于选择预设画笔和自定义画笔。不同的画笔决定了绘图和修图工具的笔触大小和形状的不同，它直接影响到图像处理的最终效果。掌握好画笔的使用对学好 Photoshop CS2 是十分重要的，会使用户创作出很多意想不到的特殊效果。

4.1.1　调板的选项设置

“画笔”调板位于画笔工具的属性工具栏右侧，单击▤按钮可以打开“画笔”调板，如图 4-1 所示。选择预设画笔的方法如下：单击调板左侧的“画笔预设”，从右边的列表框中选择预设画笔，在下方的预览窗口中可以看到画笔绘制的效果。拖曳“主直径”上的滑块，可以设定画笔的大小。

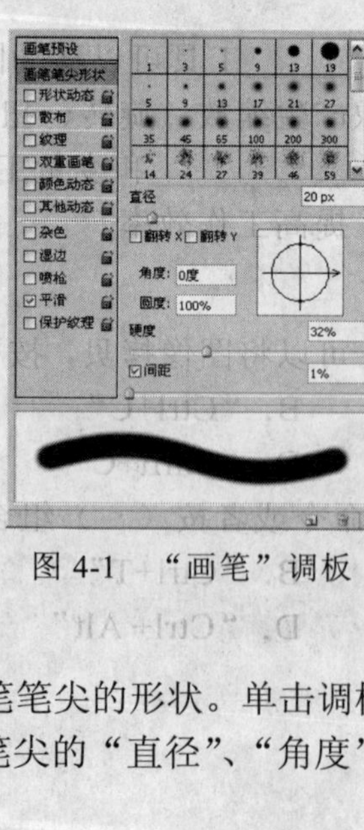

图 4-1　“画笔”调板

1．定义画笔笔尖

在“画笔”调板中可以定制画笔笔尖的形状。单击调板左侧的“画笔笔尖形状”，从右上部的列表中选择预设画笔。可以设定笔尖的“直径”、“角度”、“间距”等参数，如图 4-2 所示。

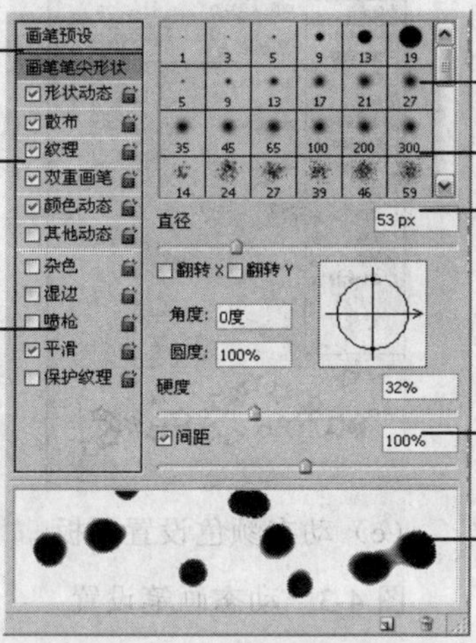

图 4-2 “画笔笔尖形状”设置面板

【直径】：调整画笔大小，以“像素”为单位。

［使用取样大小］：当对预设画笔的直径进行调整后，单击此按钮，可使画笔复位到它的原始直径。

【角度】：指定椭圆画笔或样本画笔的长轴从水平方向旋转的角度。

【圆度】：指定画笔短轴和长轴的比率。“100%”表示圆形画笔，“0%”表示线性画笔，介于两者之间的值表示椭圆画笔。

【间距】：控制描边中两个画笔笔迹之间的距离，是画笔直径的百分比值。当选择此复选框时，可设置间距值。

技 巧

使用预设画笔时，按下“[”键减小画笔宽度，按下“]”键增加画笔宽度。对于实边圆、柔边圆和书法画笔，按下“Shift+[”组合键减小画笔硬度；按下“Shift+]”组合键增加画笔硬度。

2. 设置动态画笔

在“画笔”调板中经过设置后，可使画笔在绘图过程中发生动态变化。例如，可以在描边路径中改变画笔笔迹的大小、颜色和不透明度等。动态画笔的各个设置面板如图 4-3 所示。

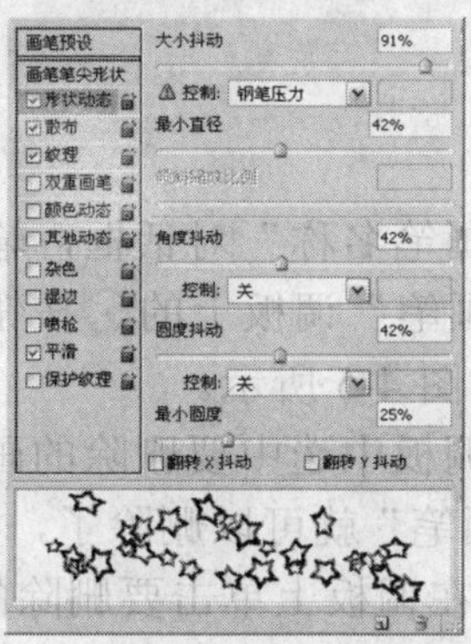

（a）动态形状设置面板

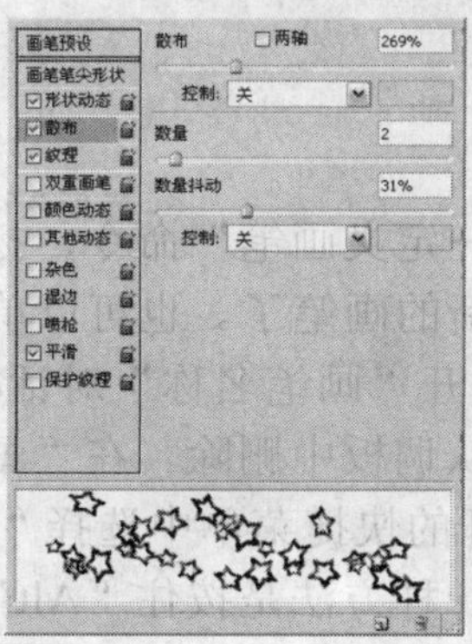

（b）散布设置面板

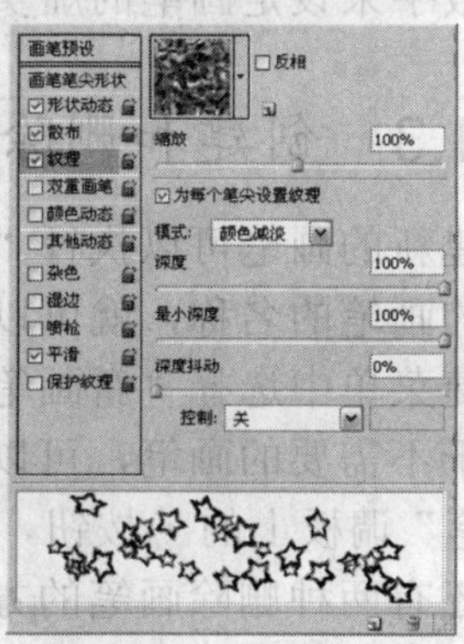

（c）纹理设置面板

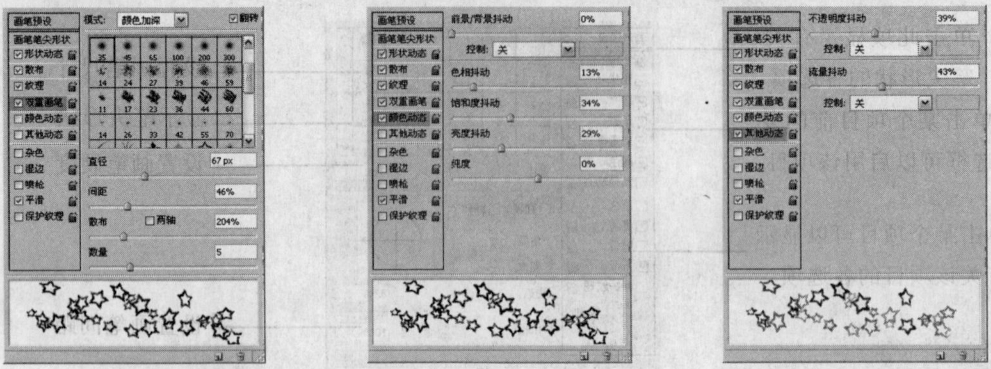

（d）双重画笔设置面板　　（e）动态颜色设置面板　　（f）其他动态设置面板

图 4-3　动态画笔设置

4.1.2　载入画笔库

单击画笔工具属性工具栏的按钮，打开画笔设置面板，如图 4-4 所示。Photoshop CS2 中的所有画笔都出现在画笔设置面板，如果在操作时，系统自带的画笔中没有合适的画笔，用户可以自定义和保存新的画笔。画笔设置面板主要用于设定绘图工具的画笔大小、形状和画笔边缘的软硬程度。

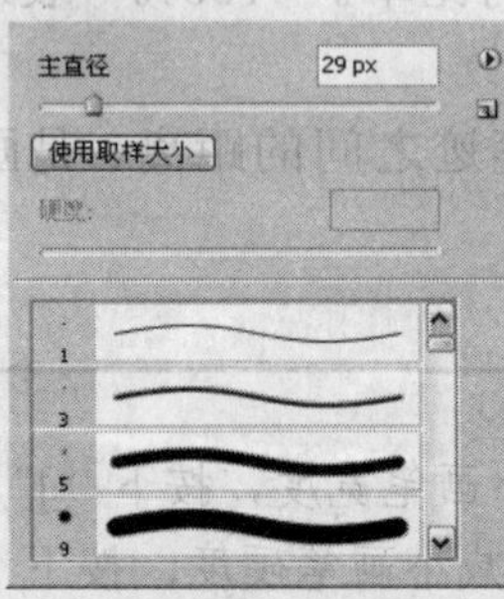

图 4-4　画笔设置面板

在调板的最上端有一个“主直径”设置栏，可以拖动滑块进行调节，数字范围是“1～500”像素；也可以在主直径后面的文本框中直接输入数字来设定画笔的大小。在主直径下面是“硬度”设置栏，拖动滑块进行调整，可控制画笔的虚实程度，也可以在硬度后面的文本框中直接输入数字来设定画笔的虚实程度。

4.1.3　创建和删除画笔

创建新的画笔可以执行“编辑→定义画笔”命令，打开“画笔名称”对话框，输入已经创建好的画笔的名称，就可以定义新的画笔了。也可以单击“画笔”调板上的按钮，在弹出的快捷菜单中选择“新画笔”，打开“画笔名称”对话框，如图 4-5 所示。

对于不需要的画笔，可以将它从调板中删除。在“画笔”调板中选中要删除的画笔，单击“画笔”调板上的按钮，在打开的快捷菜单中选择“删除画笔”就可以删除了，如图 4-6 所示。还有两种删除画笔的方法：一种方法是按住“Alt”键，在调板上单击要删除的画笔；另一种方法是直接将需要删除的画笔拖到调板底部的按钮上。

图 4-5 “画笔名称”对话框

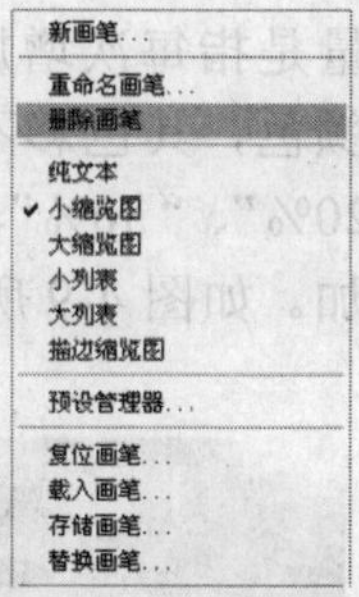

图 4-6 删除画笔

执行“编辑→预设管理器”命令可以打开“预设管理器”对话框，在此对话框中可以同时完成保存、载入、重命名和删除画笔的各项操作。

4.2 绘图工具

Photoshop CS2 提供的绘图工具有：画笔工具、铅笔工具、橡皮擦工具、油漆桶工具和渐变工具等。

4.2.1 画笔工具

利用画笔工具可以创建较柔和或果断、坚硬的笔触。画笔工具的使用方法是：在工具箱中选择画笔工具，按下鼠标左键在图像窗口中拖曳即可绘制出所需要的图形，在光标经过处会以前景色着色。若要绘制直线可在图像中点击确定起点，然后按住“Shift”键点击确定终点。画笔工具的属性工具栏如图 4-7 所示。

图 4-7 画笔工具的属性工具栏

【画笔】：此选项用于选择预设画笔。

【模式】：用于选择混合模式，使用喷枪工具时，将产生丰富的效果。

【不透明度】：调整绘画工具的不透明程度。它的设置范围是“1%~100%”之间，不透明度为“100%”时完全不透明，如图 4-8 所示的图像上的两条黑线，分别设置不透明度为“50%”和“100%”的对比效果。

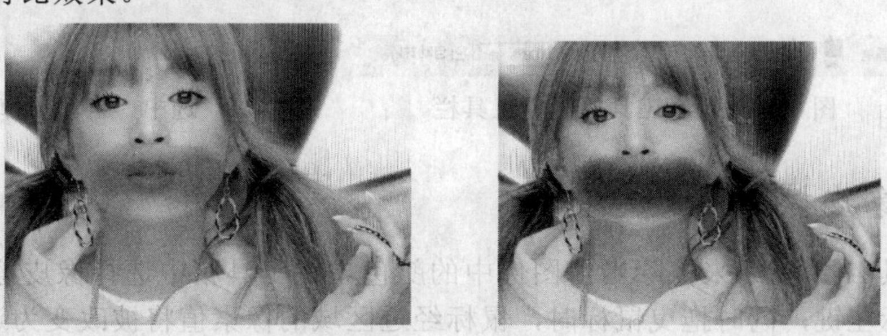

图 4-8 不同不透明度设置效果对比

【流量】：用于设置画笔的绘制浓度。它与不透明度是有区别的，不透明度是指整体的不透明度，而流量是指每次增加的颜色浓度。例如：设置不透明度为“90%”，流量为“10%”，单击鼠标喷出颜色，其色彩不透明度为“10%”，而拖动鼠标继续绘制时，颜色的不透明度将依次增加为“20%”、“30%”、“40%”……直到达到设置的不透明度数值“90%”以后，不透明度不会再增加。如图 4-9 所示的图像上的两条黑线，分别设置流量为“30%”时和“100%”的效果。

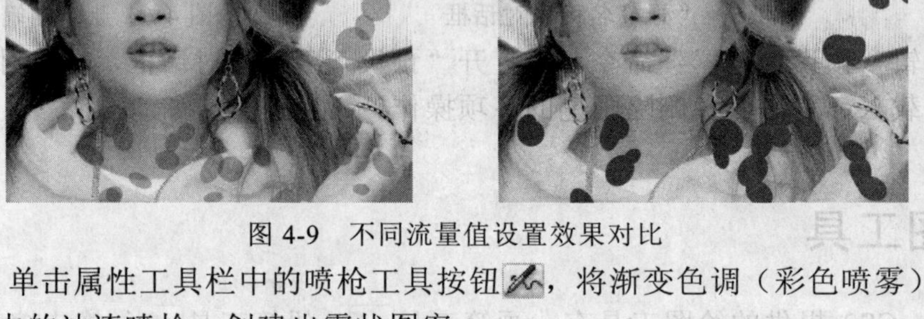

图 4-9　不同流量值设置效果对比

【喷枪】：单击属性工具栏中的喷枪工具按钮，将渐变色调（彩色喷雾）应用到图像，模拟现实生活中的油漆喷枪，创建出雾状图案。

提　示

将画笔工具用作喷枪时，如果按住鼠标左键不拖曳，持续一段时间，则可以增大颜色量。

4.2.2　铅笔工具

使用铅笔工具可绘制硬边的直线或曲线。选择工具箱中的铅笔工具，其属性工具栏如图 4-10 所示。其中，除了“自动抹掉”复选框外，其余各选项参数与画笔工具完全相同。

【自动抹掉】用于实现擦除的功能，选中此项后可将铅笔工具当橡皮使用。当用户在与前景色颜色相同的图像区域内描绘时，会自动擦除前景色颜色而填入背景色的颜色。图 4-11 所示是选择“自动抹掉”的效果。

图 4-10　铅笔工具的属性工具栏

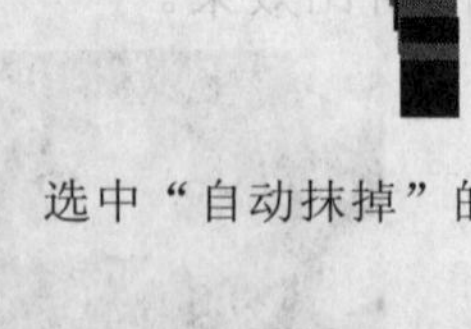

图 4-11　选中“自动抹掉”的效果

4.2.3　橡皮擦工具

橡皮擦工具主要用来擦除当前图像中的颜色。在工具箱中选择橡皮擦工具，当在图像中按住鼠标左键，同时拖曳鼠标时，鼠标经过区域的像素值将被改变为透明色或者背景色，如图 4-12 所示。

（a）原图　　　　　　　　　　　　（b）擦除后

图 4-12 橡皮擦擦除图像的效果

从属性工具栏中选择“抹到历史记录”复选框，则可将受影响的区域恢复到“历史记录”调板中所选的状态，而不是透明色。

提　示

在图像中按住鼠标左键，然后按住“Alt”键的同时拖曳鼠标，这样可在不选中“抹到历史记录”选项的情况下，达到同样的效果。

4.2.4 背景色橡皮擦工具

与橡皮擦工具相比，使用背景色橡皮擦工具可以将图像擦除到透明色，它的属性工具栏如图 4-13 所示。如图 4-14 所示应用不同背景色橡皮擦工具设置的擦除背景效果。

图 4-13 背景色橡皮擦工具的属性工具栏

（a）原图　　（b）限制为“查找边缘”,“容差”为 50%，“取样”为“一次”　　（c）限制为“连续”,“容差”为 50%，“取样”为“连续”

图 4-14 应用不同背景色橡皮擦工具设置的擦除效果

4.2.5 魔术橡皮擦工具

魔术橡皮擦工具是魔术棒工具与背景色橡皮擦工具的综合。它是一种根据像素颜色来擦除图像的工具，用魔术橡皮擦工具在图层中点击时，所有相似的颜色区域被擦掉而变成透明的区域。其属性工具栏如图 4-15 所示。

图 4-15　魔术橡皮擦工具的属性工具栏

选取魔术橡皮擦工具，参数设为默认值，在背景处单击鼠标左键，则背景色将被擦去，效果如图 4-16 所示，不选中“连续”选项擦除图像效果如图 4-17 所示。

图 4-16　用魔术橡皮擦工具擦除后的效果

图 4-17　不选中“连续”

实例解析——手绘雪景

本例将使用渐变填充命令、羽化命令、橡皮擦工具、画笔工具以及自定形状工具等制作一幅雪景图画，完成后的最终效果如图 4-18 所示。

图 4-18　最终效果

（1）按“Ctrl+N”组合键，打开“新建”对话框，参数设置如图 4-19 所示，单击“确定”按钮。

（2）单击图层面板下方的创建新层按钮，在背景层上新建“图层 1”，使用矩形选框工具创建一个矩形选区。

（3）设置前景色为（R：51，G：79，B：95），设置背景色为（R：166，G：175，B：172），选择工具箱中的渐变填充工具，在选区中由上至下垂直拖动，创建线性渐变，效果如图 4-20 所示。

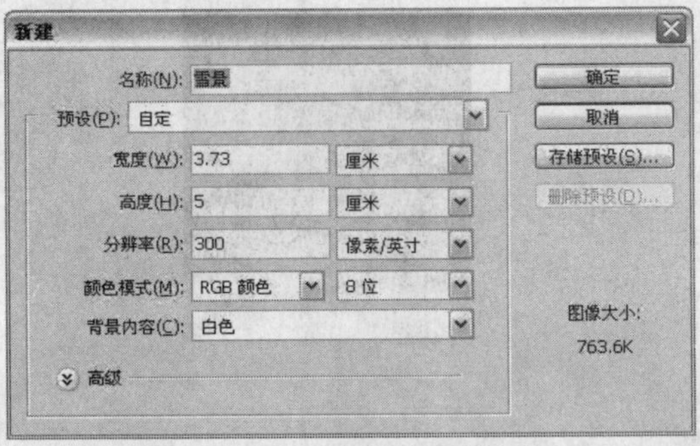

图 4-19 “新建”对话框

图 4-20 填充渐变

（4）保持选区不变，设置前景色为（R：1，G：95，B：99），设置背景色为（R：135，G：172，B：174），选择工具箱中的渐变填充工具，创建如图 4-21 所示线性渐变。

（5）选择工具箱中的矩形选框工具，在如图 4-22 所示位置创建一个矩形选区。

（6）执行“选择→羽化选区”命令，在弹出的“羽化选区”对话框中设置参数如图 4-23 所示。

图 4-21 填充渐变

图 4-22 创建选区

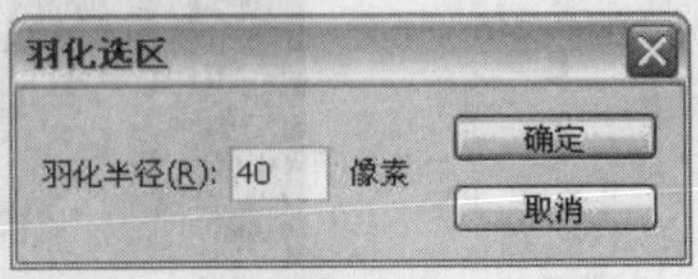

图 4-23 “羽化选区”对话框

（7）按“Delete”键删除“图层 2”选区内容，效果如图 4-24 所示。

（8）按“Delete”键删除“图层 1”选区内容，按“Ctrl+D”组合键取消选区，效果如图 4-25 所示。

图 4-24 删除选区内容

图 4-25 删除选区内容

（9）选择工具箱上的橡皮擦工具，单击属性栏中的切换画笔调板按钮，在打开的调板中设置画笔笔尖形状参数如图 4-26 所示。

（10）使用设置好的橡皮擦工具在“图层 2”中涂抹，擦除效果如图 4-27 所示。

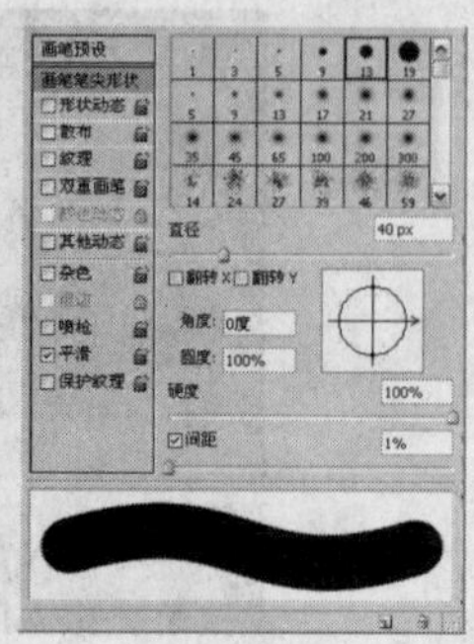

图 4-26　设置画笔笔尖形状　　　　图 4-27　擦除图像效果

（11）选择工具箱中的画笔工具，设置其属性工具栏如图 4-28 所示。

图 4-28　设置画笔属性工具栏

（12）设置前景色为白色，使用画笔工具绘制如图 4-29 所示效果。

（13）选择工具箱上的画笔工具，单击属性栏中的切换画笔调板按钮，在打开的调板中设置画笔笔尖形状参数如图 4-30 所示。

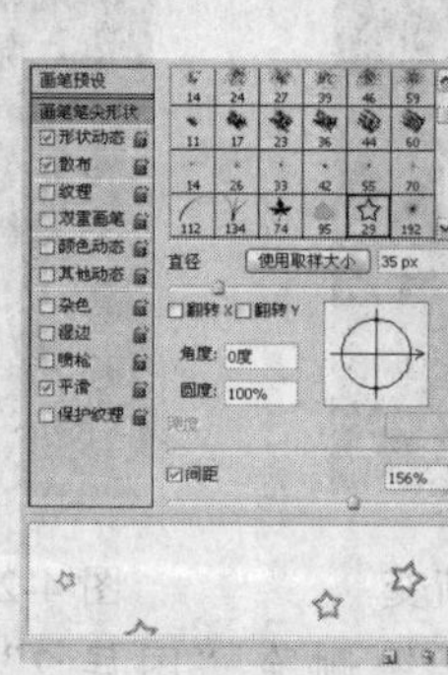

图 4-29　画笔绘制效果　　　　图 4-30　设置画笔笔尖形状

（14）设置画笔形状动态参数如图 4-31 所示。

（15）设置画笔散步参数如图 4-32 所示。

（16）使用设置好的画笔绘制如图 4-33 所示效果。

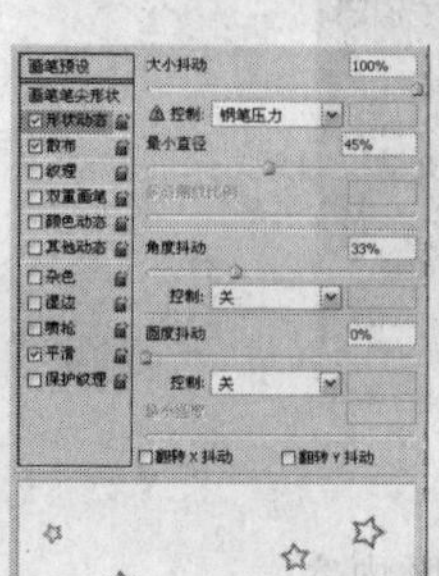

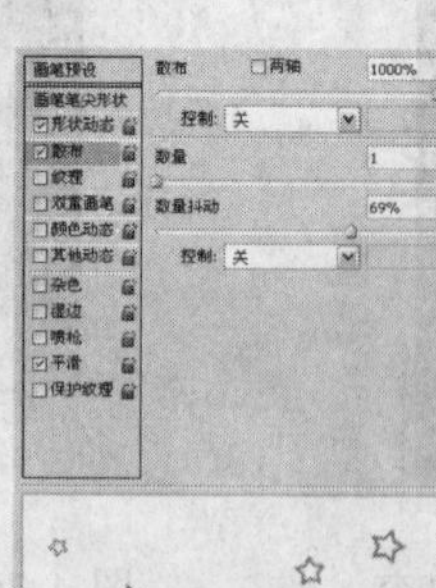

图 4-31　设置形状动态　　　图 4-32　设置散步参数　　　图 4-33　绘制效果

（17）选择工具箱中的自定形状工具，在其属性工具栏中选择树形状，新建图层，创建如图 4-34 所示树路径。

（18）按“Ctrl+Enter”组合键将路径转换为选区，用白色填充选区，取消选区，将此图层的不透明度设置为 41%，得到如图 4-35 所示效果。

（19）按住“Shift+Alt”组合键将树形状拖动，水平复制一个副本，效果如图 4-36 所示。

图 4-34　创建树路径

图 4-35　树形状

图 4-36　复制树

（20）新建图层，选择画笔工具，设置前景色为白色，绘制如图 4-37 所示的圆形作为雪人的头部。

（21）将画笔笔触调整大一些，在画笔面板中调整画笔圆度为“90%”，绘制如图 4-38 所示的雪人身体。

（22）分别用小一些的画笔绘制雪人的眼睛、嘴和纽扣，效果如图 4-39 所示。

图 4-37　绘制雪人头部

图 4-38　绘制雪人身体

图 4-39　绘制雪人完成

（23）将雪人复制两个副本，并调整小一些，得到如图 4-40 所示效果。

（24）选择画笔工具的杜娟花串样式，在图像的右下角位置绘制杜娟花，雪景效果完成，如图 4-41 所示。

图 4-40　复制雪人

图 4-41　最终效果

4.3 修图工具

修图工具包括图像修补工具和图像修饰工具，在日常生活中如果图片的质量不好，比如老照片有折痕、污渍或发黄，就要使用修图工具进行修复。下面就来学习修图工具的使用和方法。

4.3.1 仿制图章工具

仿制图章工具一般用于合成特技效果。它可以准确复制图像的一部分或全部从而产生部分或全部的拷贝，它是修补图像时经常用到的。仿制图章工具属性工具栏如图 4-42 所示，可以设置【画笔】、【混合模式】、【不透明度】等。

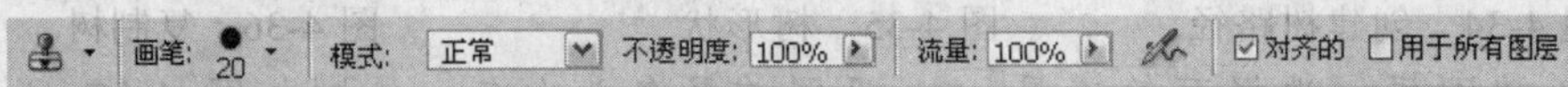

图 4-42　仿制图章工具的属性工具栏

在工具箱中选择仿制图章工具，然后按下“Alt”键，此时光标变成在中心带有十字准心的圆圈，单击图像中的选定的位置，即在原图像中确定要复制的参考点。选定参考点后，光标变成空心圆圈。将光标移动到图像的其他位置单击，此单击点就对应了前面定义的参考点。反复拖曳，可以将参考点周围的图像复制到单击点周围。如图 4-43 所示。

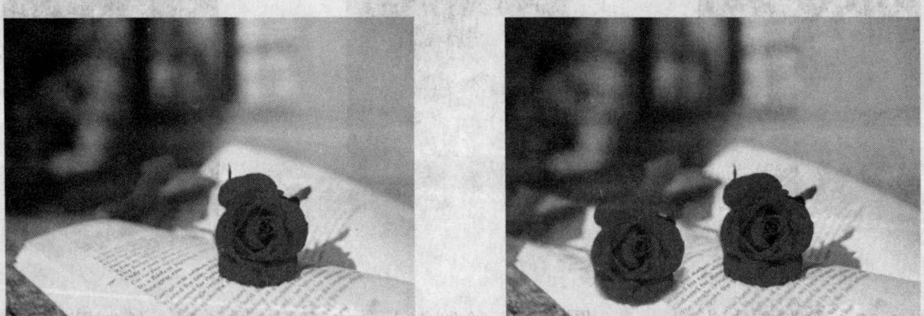

（a）原图　　（b）用仿制图章工具后的效果

图 4-43　仿制图章效果

4.3.2 图案图章工具

图案图章工具是以预先定义的图案为复制对象复制到图像中。其属性工具栏如图 4-44 所示。

图 4-44　图案图章工具的属性工具栏

在工具箱中选择图案图章工具，在属性工具栏中选中了“印象派效果”复选框，效果如图 4-45 所示。

图 4-45　印象派效果

4.3.3　污点修复画笔工具

污点修复画笔可以快速移去照片中的污点和其他不理想的部分，其属性工具栏如图 4-46 所示。

图 4-46　污点修复画笔工具的属性工具栏

从工具箱中选择污点修复画笔工具，在属性工具栏中设置画笔大小（比要修复的区域稍大一点的画笔最为适合，这样，只需点击一次即可覆盖整个区域）。点击要修复的区域，或在较大的区域上拖移即可。修复前后的效果如图 4-47 所示。

（a）原图像　　（b）点击需要修复部分　　（c）修复后

图 4-47　使用污点修复画笔工具清除部分图像

4.3.4　修复画笔工具

修复画笔工具可用于校正瑕疵，使它们消失在周围的图像中。与仿制工具一样，使用修复画笔工具可以利用图像或图案中的样本像素来绘画。修复画笔工具还可以将样本像素的纹理、光照和阴影与源像素进行匹配，从而使修复后的像素不留痕迹地融入图像的其余部分。

修复画笔的属性工具栏如图 4-48 所示。

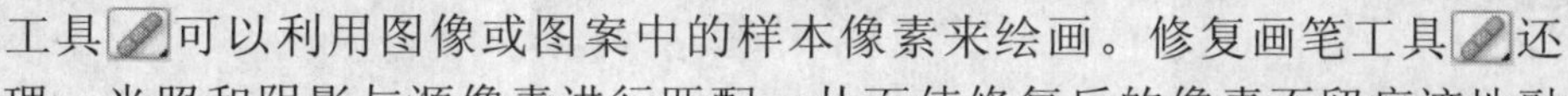

图 4-48　修复画笔工具的属性工具栏

修复画笔工具的使用方法和仿制工具类似，设置画笔属性如图 4-49 所示，修复后图像效果如图 4-50 所示。

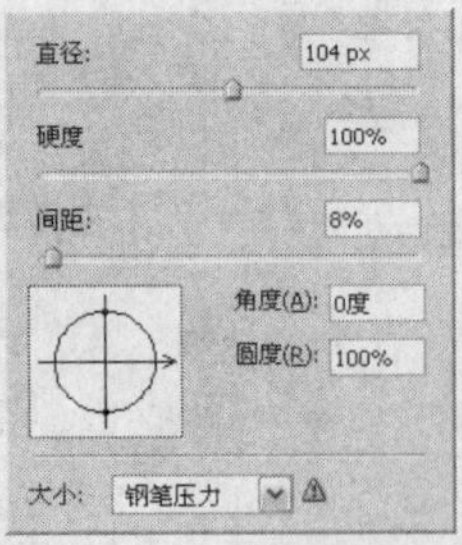

图 4-49　设置修复画笔

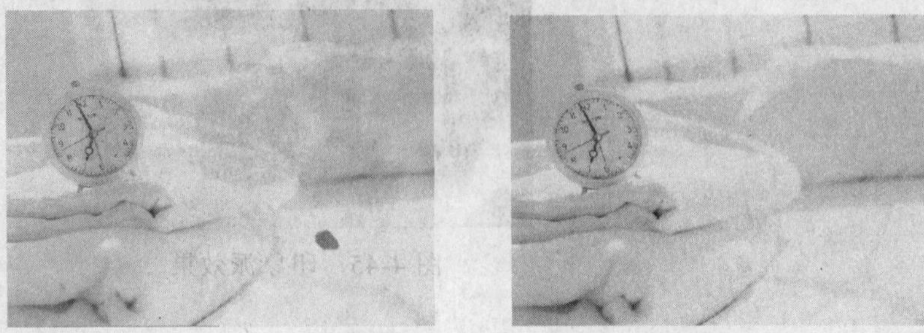

（a）原图　　（b）修改后的图像

图 4-50　修复画笔效果

4.3.5　修补工具

修补工具可以用其他区域或图案中的像素来修复选中的区域。与修复画笔工具一样，修补画笔会将样本像素的纹理、光照和阴影与源像素进行匹配。其属性工具栏如图 4-51 所示，可设置如下选项：

图 4-51　修补工具的属性工具栏

【修补】　设置修补的对象。选择“源”，则将选区定义为想要修复的区域。选择“目标”，则将选区定义为进行取样的区域。

使用图案　单击此按钮，则会使用当前选中的图案对选区进行修复。

在工具箱中选择修补工具，在图像中进行拖移，定义一个区域。将鼠标放到选区中，按住鼠标左键，拖动选区。如果修补设置为“源”，则拖动选区到用来进行取样的区域；如设置为“目标”，则拖动选区到要进行修补的区域。松开鼠标，图像会自动进行调整，并与周围像素混合。修复效果如图 4-52 所示。

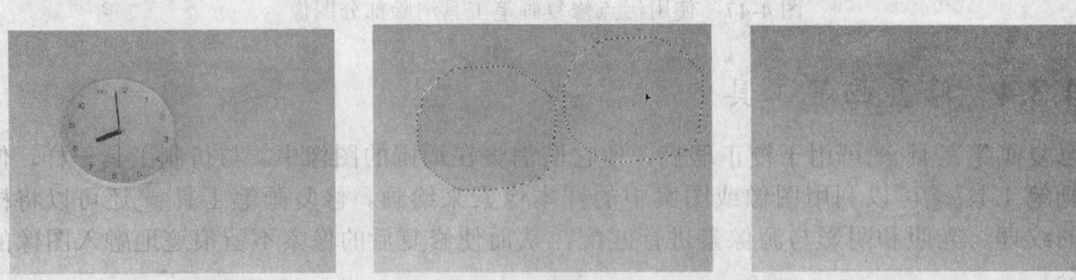

（a）原图　　（b）绘制选区　　（c）进行修补

图 4-52　使用修补工具

4.3.6　红眼画笔工具

红眼画笔工具可以置换图像中的特殊颜色。红眼画笔属性工具栏如图 4-53 所示。此工具在位图、索引或是多通道色彩模式的图像中不起作用。如图 4-54 所示为使用红眼画笔工具绘制前后的效果。该工具一般用于修改照片中的红眼。

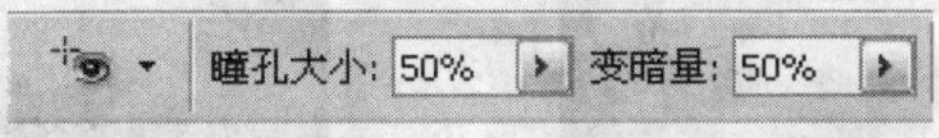

图 4-53　红眼画笔工具的属性工具栏

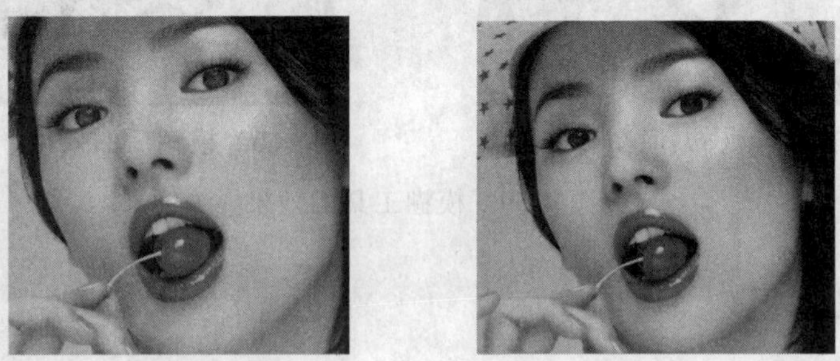

（a）原图　　（b）修补后图像的效果

图 4-54　使用红眼画笔工具的效果

4.3.7　颜色替换工具

颜色替换工具可以改变指定部分的颜色。其属性工具栏如图 4-55 所示。选择该工具，将前景色设置为蓝色，右键单击图像显示画笔设置窗口，设置画笔如图 4-56 所示大小，拖曳鼠标在图像上涂抹眼珠的部分，瞳孔颜色将变为蓝色，如图 4-57 所示。

图 4-55　颜色替换工具的属性工具栏

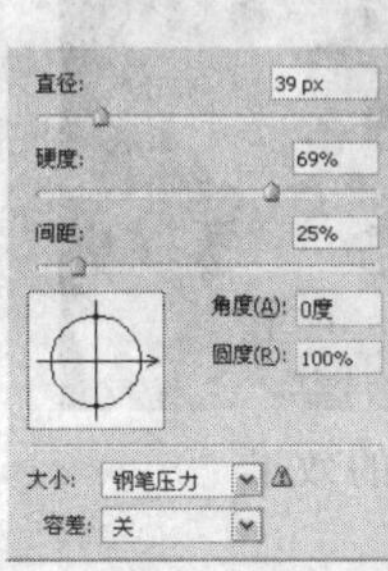

图 4-56　设置画笔大小

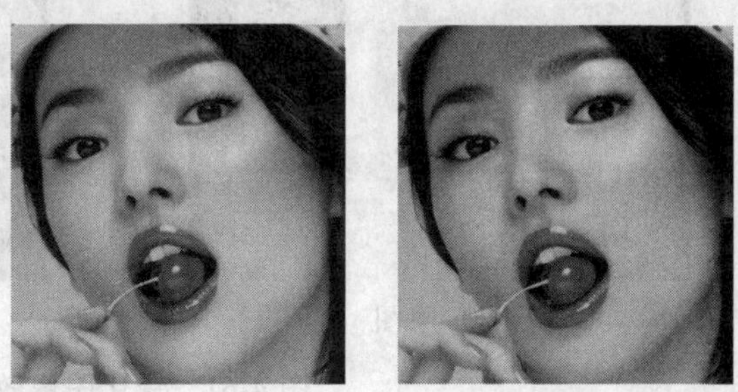

图 4-57　使用颜色替换工具的效果

4.3.8　模糊工具

使用模糊工具通过将突出的色彩分解，使得僵硬的边界变得柔和，颜色过渡变平缓，起到一种模糊图像局部的效果。其属性工具栏如图 4-58 所示。

图 4-58　模糊工具的属性工具栏

在工具箱中选择模糊工具，在图像中要进行模糊处理的区域按住鼠标左键来回拖曳，效果如图 4-59 所示。

（a）原图　　（b）模糊后的效果

图 4-59　模糊工具的效果

4.3.9　锐化工具

锐化工具与模糊工具相反，它通过增加颜色的强度，使得颜色柔和的边界或区域变得清晰、锐利，可以增加图像的对比度，使图像变得更清晰。但是绝不能认为进行模糊操作的图像再经过锐化处理就能恢复到原始状态。

锐化工具的属性工具栏如图 4-60 所示，可以看到各选项与模糊工具完全相同。在工具箱中选择锐化工具，在图像中要进行锐化处理的区域按住鼠标左键来回拖曳，效果如图 4-61 所示。

图 4-60　锐化工具的属性工具栏

（a）原图　　（b）锐化后的效果

图 4-61　锐化图像效果

4.3.10　涂抹工具

涂抹工具可模拟在未干的绘画纸上拖动手指的动作。如果图像在颜色与颜色之间的边界生硬，或颜色与颜色之间的过渡不好，可以使用涂抹工具，将过渡颜色柔和化。

涂抹工具的属性工具栏如图 4-62 所示。对图像进行涂抹的效果如图 4-63 所示。

图 4-62　涂抹工具的属性工具栏

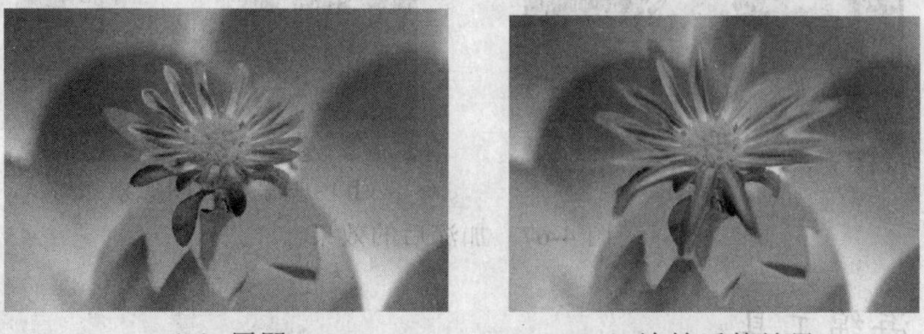

（a）原图　　（b）涂抹后的效果

图 4-63　涂抹工具的效果图

4.3.11　减淡工具

减淡工具又称为加亮工具，它是传统的暗室工具。使用它可以加亮图像的某一部分，使之达到强调或突出表现的目的，同时对图像的颜色进行减淡。

在工具箱中选择减淡工具，其属性工具栏如图 4-64 所示。图 4-65 所示是使用减淡工具后的效果。

图 4-64　减淡工具的属性工具栏

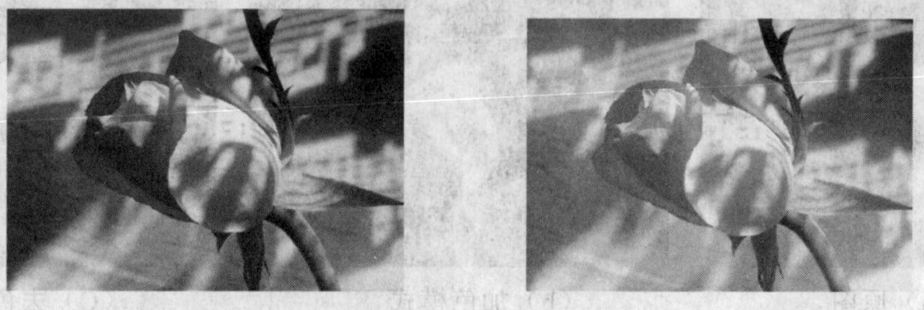

（a）原图　　（b）减淡后的图像

图 4-65　减淡工具的效果

4.3.12　加深工具

加深工具与减淡工具相反，可成为加暗工具，它通过使图像变暗来加深图像的颜色。加深工具通常用来加深图像的阴影或对图像中有高光的部分进行暗化处理。

加深工具的属性工具栏如图 4-66 所示，与减淡工具完全相同，不过作用的效果恰好相反。使用方法与减淡工具完全相同。

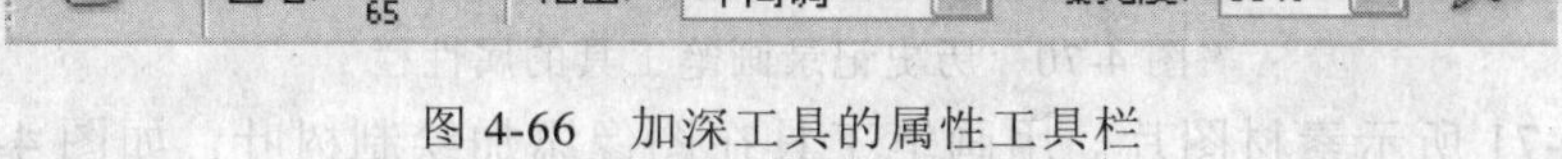

图 4-66　加深工具的属性工具栏

使用加深工具处理图像的前后效果对比如图 4-67 所示。

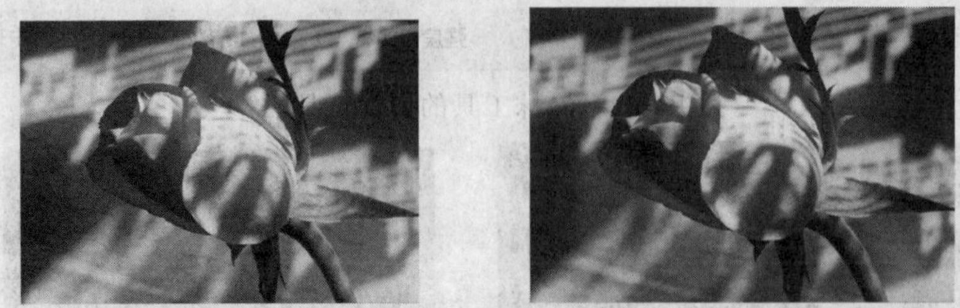

（a）原图　　　　（b）加深后的图像效果

图 4-67　加深后的效果

4.3.13　海绵工具

使用海绵工具能精细地改变某一区域的色彩饱和度，故对黑白图像处理的效果很不明显。在灰度模式中海绵工具通过将灰色色阶远离或移到中灰色来增加或降低对比度。

海绵工具的属性工具栏如图 4-68 所示。在模式中，可以设置海绵工具是进行去色还是加色。选择“去色”可以降低图像颜色的饱和度，一般用它来表现比较阴沉、昏暗的效果。选择“加色”可以增加图像颜色的饱和度。设定不同的流量值来控制“加色”和“去色”的程度，效果如图 4-69 所示。

图 4-68　海绵工具的属性工具栏

（a）原图　　　　（b）加色模式　　　　（C）去色模式

图 4-69　海绵工具的效果

4.3.14　历史记录画笔工具

历史记录画笔工具必须和“历史记录”调板配合使用。它可用于恢复操作，但它不是将整个图像都恢复到以前的状态，而是对图像的部分区域进行恢复，因而可以对图像进行更加细微的控制。历史记录画笔工具的属性栏如图 4-70 所示。它能够依照“历史记录”调板中的快照和某个状态，将图像的局部或全部还原到以前的状态。

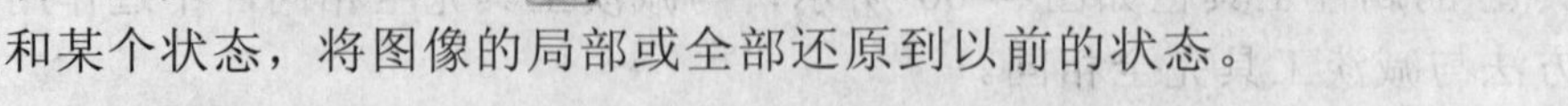

图 4-70　历史记录画笔工具的属性栏

打开如图 4-71 所示素材图片。用画笔工具在图像添加绘制树叶，如图 4-72 所示。此时，“历史记录”调板中的状态如图 4-73 所示，操作过程被记录了下来。

图 4-71　原图

图 4-72　绘制后的图像

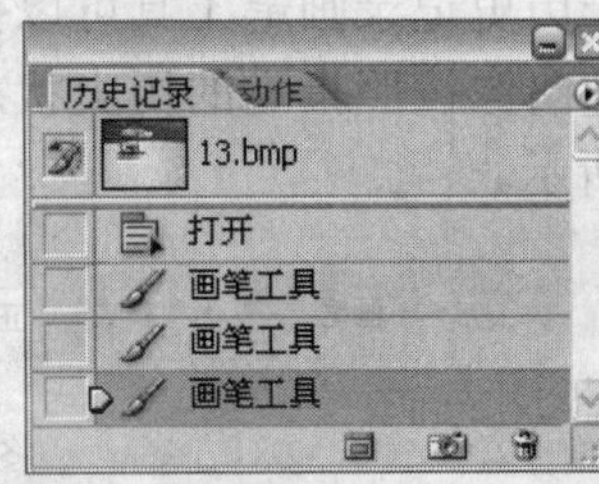

图 4-73　“历史记录”调板

在“历史记录”调板的“画笔工具”历史记录左侧方格中单击鼠标左键，指定该历史记录为历史记录画笔的来源，这时在方格中将出现一个历史记录画笔的图标，如图 4-74 所示。

在工具箱中执行历史记录画笔工具，并在其属性栏中设置画笔，如图 4-75 所示。在图像中进行涂抹，如图 4-76 所示。在画笔涂抹过的地方，图像恢复到“画笔工具”操作执行之后的状态。

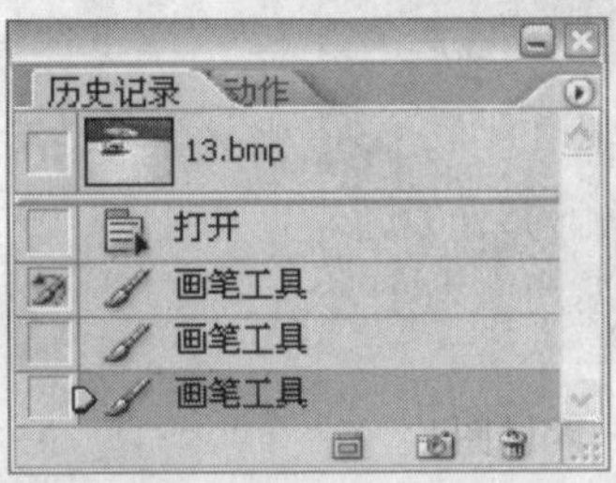

图 4-74　设置历史记录画笔

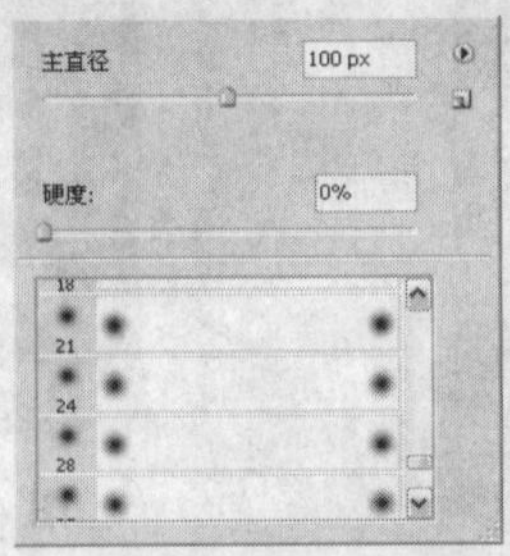

图 4-75　设置历史记录画笔

图 4-76　恢复操作

将“打开”设置为历史记录画笔的源，如图 4-77 所示。再次执行历史记录画笔工具在图像中进行涂抹，如图 4-78 所示。画笔涂抹过的位置就恢复到“打开”历史记录的状态。

可以继续在图像中进行涂抹，将图像的其他部分恢复到原始状态。

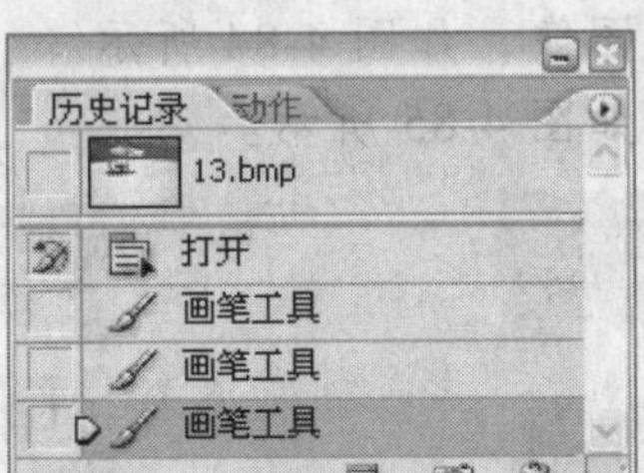

图 4-77　恢复到开启操作

图 4-78　涂抹后的效果

提　示

历史记录橡皮擦和历史记录画笔工具的功能类似，也可以将图像的部分区域恢复到历史记录中的任意一个状态。

4.3.15　历史记录艺术画笔工具

历史记录艺术画笔的功能与历史记录画笔工具的功能类似，操作方法也非常接近，不同点在于历史记录画笔工具可以把局部图像恢复到指定的某一步操作，而历史记录艺术画笔则可以将局部图像按照指定的历史状态转换成手绘图的效果。历史记录艺术画笔工具的属性工具栏如图4-79 所示。

图 4-79　历史记录艺术画笔工具的属性栏

实例解析——双胞胎

本例将练习图案图章工具制作双胞胎效果，完成后的效果如图 4-80 所示。

（1）按“Ctrl+O”组合键打开一张素材图像文件，如图 4-81 所示。

图 4-80　双胞胎效果

图 4-81　素材图片

（2）选择工具箱中的图案图章工具，设置其属性工具栏参数如图 4-82 所示。

图 4-82　设置属性工具栏

（3）按住“Alt”键使用图案图章工具在如图 4-83 所示位置获取采样点。

（4）用鼠标在需要复制的图像位置涂抹，复制图像，如图 4-84 所示。

（5）使用图案图章工具制作完成双胞胎效果，如图 4-85 所示。

图 4-83　获取采样点

图 4-84　复制图像

图 4-85　最终效果

4.4　其他工具

在 Photoshop CS2 的工具箱中还包括下列工具：切片工具、切片选取工具、注释工具、语音注释工具等供用户使用。

4.4.1　切片工具

使用切片工具，可以将一个完整的图像切割成几部分。切片工具主要用于分割图像。

选取工具箱中的切片工具，将鼠标光标移动到图像文件中进行拖曳，然后释放鼠标，即在图像文件中创建了切片，如图 4-86 所示。

此时，将光标放置到选择切片的任一边缘位置，当显示为双向箭头时按下鼠标并拖曳，可调整切片的大小。将光标移动到选择的切片内，按下鼠标左键并拖曳，可调整切片的位置。释放鼠标后，图像文件中将产生新的切片效果。

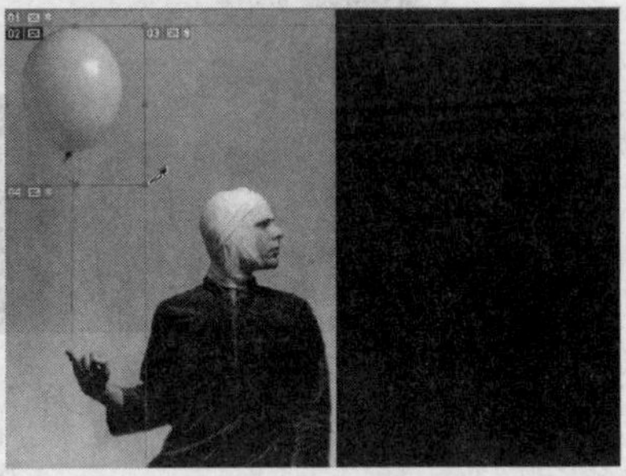

图 4-86　创建切片

4.4.2　注释工具

注释工具可以在图像上添加注释，作为图像文件的说明，从而起到提示作用。在工具箱中选择注释工具，然后将光标移动到弹出的图像文件中单击或拖曳鼠标创建一个矩形注释框，输入要说明的文字即可，它的属性工具栏如图 4-87 所示。使用注释工具效果如图 4-88 所示。

图 4-87　注释工具的属性工具栏

图 4-88　使用注释工具效果

4.4.3　语音注释工具

语音注释工具可以在图像上添加语音注释作为图像文件的说明，从而起到提示作用，其属性工具栏如图 4-89 所示。

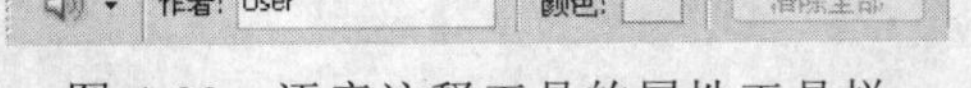

图 4-89　语音注释工具的属性工具栏

单击工具箱中的语音注释工具按钮，在弹出的图像文件中单击鼠标，弹出“语音注释”对话框，如图 4-90 所示。此时，单击开始(S)...按钮，便可以通过麦克风录制语音信息。录制完成后，单击停止(T)按钮，可以停止录音工作，并关闭“语音注释”对话框。

（a）“语音注释”对话框

（b）出现语音注释图标

图 4-90　“语音注释”对话框

播放语音注释：在图像文件中设置语音注释后，双击语音注释图标，即可播放语音注释。

提　示

当我们在文件中添加了注释或语音注释后，如果要保存文件，同时也将这些注释保存，所有的文件格式必须选择 PSD、PDF 或 TIF 格式，并在“存储为”对话框中勾选“注释”选项。

4.5　疑难解答

1．如何灵活地运用画笔工具和图像修饰工具？

在 Photoshop 中，绘图工具和修图工具看似很多，用户学起来也许觉得无从开头，其实，只要掌握好各种工具的属性设置和使用技巧，根据需要设置好画笔大小及颜色等属性，就能在以后的创作过程中灵活运用画笔工具和图像修饰工具了。

2．在修图时，如何区别仿制图章工具和修复画笔工具？

通过本章学习可以知道，仿制图章工具和修复画笔工具其使用方法相似，都是先在其属性工具栏中设置其大小及其他属性，再在图像中按住“Alt”键单击鼠标获取取样点，再将鼠标移到需要的修复的位置单击。但仿制图章工具是通过复制图像而达到修复效果，而修复画笔工具则是将样本像素的纹理、光照和阴影与源像素进行匹配，从而使修复后的像素不留痕迹地融入图像的其余部分。

3．画笔工具和铅笔工具有什么不同？

画笔工具主要可以创建较柔和或果断、坚硬的笔触效果，而铅笔工具可绘制硬边的直线或曲线。

4．如何在 Photoshop 中将图片淡化？可以用什么工具？

可用减淡工具进行涂抹以淡化图像效果。

4.6　上机实践

通过本章的学习，相信大家对图像的绘制与修饰相关基础知识有了初步的认识和了解，下面通过上机操作来进一步巩固所学知识，达到举一反三的学习效果。

4.6.1　制作邮票

练习目的

本例将利用前面所学知识制作效果如图 4-91 所示的邮票效果。

图 4-91　邮票效果

解题思路

本例将使用全选命令、粘贴命令、橡皮擦工具制作邮票效果。

操作步骤提示

（1）新建一个空白文件，打开素材图片，按“Ctrl+A”组合键将图片全选，如图 4-92 所示。

（2）按“Ctrl+C”组合键将选区图像复制，按“Ctrl+V”组合键将图像粘贴到空白文件中，如图 4-93 所示。

图 4-92　全选图像

图 4-93　粘贴图像

（3）选择橡皮擦工具，打开画笔面板，设置画笔笔尖形状参数如图 4-94 所示。

（4）按住“Shift”键用设置好的橡皮擦工具在图中水平拖动，擦除效果如图 4-95 所示。

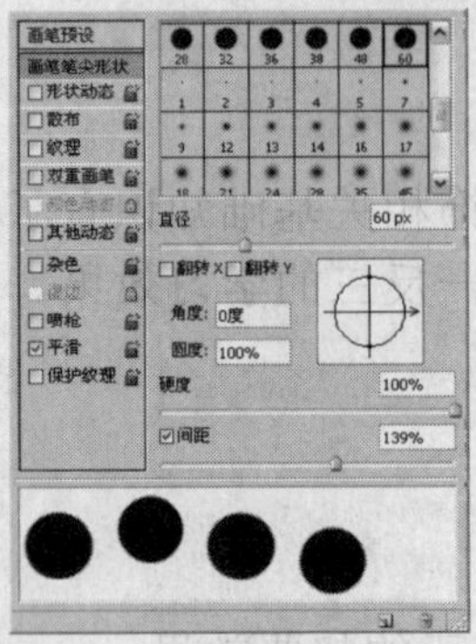

图 4-94　设置画笔属性

图 4-95　水平擦除图像边缘

（5）擦除图像边缘呈锯齿状，如图 4-96 所示。

（6）添加进文字，完成后的效果如图 4-97 所示。

图 4-96　擦除边缘效果

图 4-97　最终效果

4.6.2　艺术图像

练习目的

一幅漂亮的图片，经过画笔点睛，会成为带有艺术色彩的图像效果。本例将制作效果如图 4-98 所示的艺术图像。

图 4-98　艺术图像

解题思路

本例将使用海绵工具去除图像颜色，再使用历史画笔恢复部分图像颜色，完成艺术图像效果。

操作步骤提示

（1）打开如图 4-99 所示素材图片。

（2）使用海绵工具去除图像颜色如图 4-100 所示效果。

（3）使用历史画笔工具恢复花朵颜色，艺术图像效果完成，如图 4-101 所示。

图 4-99　素材图片

图 4-100　去除颜色

图 4-101　最终效果

4.7　综合练习

1．填空题

（1）使用画笔时，按下________键可减小画笔宽度。

（2）__________可以置换图像中的特殊颜色。

（3）打开一张图片，__________工具可以将预先定义的图案作为复制对象复制到图像中。

2．选择题

（1）在“画笔”调板中可以定制画笔笔尖的形状。“画笔笔尖形状”选项可以设定笔尖的（　）等参数。

A．“直径”　　B．“间距”　　C．“动态形状”　　D．“角度”

（2）（　）工具又称为加亮工具，它是传统的暗室工具？

A．减淡工具　　B．模糊工具　　C．加深工具　　D．锐化工具

第 5 章　图　　层

本章要点

- ☑ 图层基本操作
- ☑ 图层样式
- ☑ 填充图层和调整图层

5.1　图层的概念

图层，是 Photoshop CS2 最重要的功能之一。自从 Photoshop 引入了图层的概念后，图像的编辑就变得极为方便。图层是创作各种合成效果的重要途径。可以将不同的图像放在不同的图层上进行独立操作而对其他图层没有影响。默认情况下，图层中灰白相间的方格表示该区域没有像素，能保存透明区域是图层的特点。

图层可以形象地理解为叠放在一起的胶片。在每张胶片中绘制图像，然后重叠放置这些胶片，从最上面的图片开始依次重叠显示，如图 5-1 所示。

（a）所有图层均可见的效果　　（b）“图层”调板　　（c）各层的图像

图 5-1　图层说明

5.2　图层的基本操作

图层的基本操作包括新建、复制、删除、合并图层以及图层顺序调整等，这些操作都可以通过执行“图层”菜单中的相应命令或在“图层”调板中完成。

5.2.1 新建图层

新建的图层一般位于当前图层的最上方，采用正常模式和“100%”的不透明度，并且依照建立的次序命名，如图层 1、图层 2……

使用下列任意一种方法均可创建新图层。

- 单击“图层”调板中的按钮在当前图层的上方创建新图层，如图 5-2 所示。
- 通过“图层”调板的快捷菜单命令创建新图层。
- 使用文字工具自动生成新图层。
- 通过执行“图层→新建→图层”命令创建新图层。可在弹出的“新建图层”对话框中进行图层名称、模式、不透明度等设置，如图 5-3 所示。

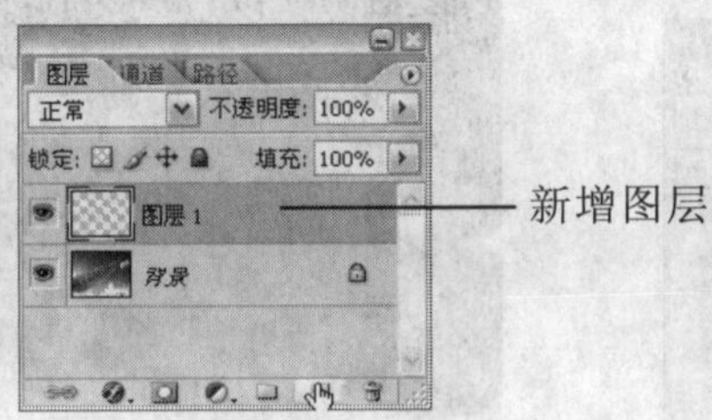

图 5-2 新建图层

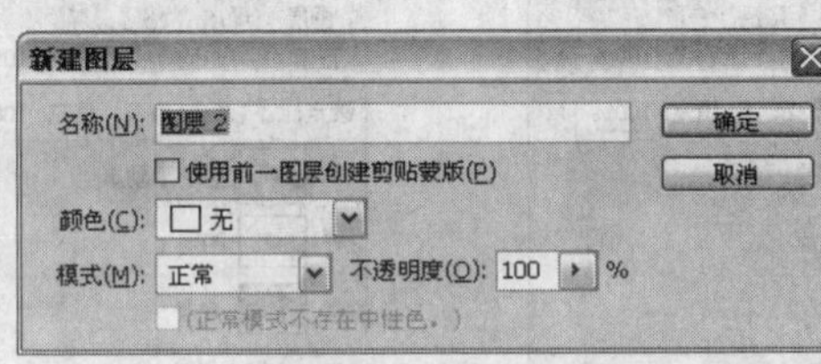

图 5-3 “新建图层”对话框

- 在两个文件之间通过拷贝和粘贴命令来创建新图层。
- 选择移动工具，拖动图像到另一个文件上创建新图层。
- 执行“图层→新建→背景图层”命令，将背景图层转换为新图层。
- 执行“图层→新建→通过拷贝的图层”命令或“图层→新建→通过剪切的图层”命令将选取的图像粘贴到新图层，如图 5-4 所示。

技 巧

“通过拷贝的图层”命令的快捷键是“Ctrl+J”，“通过剪切的图层”命令的快捷键是“Shift+Ctrl+J”。

（a）选择一个图像　　（b）复制图像到一个新图层

图 5-4 执行“通过拷贝的图层”命令的效果

5.2.2 复制图层

从复制图层后的图像效果来看，复制图层可分为同位复制和异位复制。同位复制是复制的图层和原图层相互重叠，不发生错位；异位复制是复制后的图层中的图像与原图像产生错位。

1．原位复制

将“图层”调板中当前选中的图层拖曳到按钮上，当前图层上面会增加一个和选中图层相同的重叠图层，图层的名称会加上“副本”字样加以区别，执行“编辑→自由变换”命令，将副本图层缩小并旋转，设置过程及图像效果如图 5-5 所示。

单击“图层”调板右上角的按钮，在弹出的快捷菜单中选择“复制图层”命令，打开“复制图层”对话框，在“为”文本框中输入图层名，默认名称为当前图层名副本，单击“确定”按钮，在“图层”调板中得到复制的图层，设置过程如图 5-6 所示。

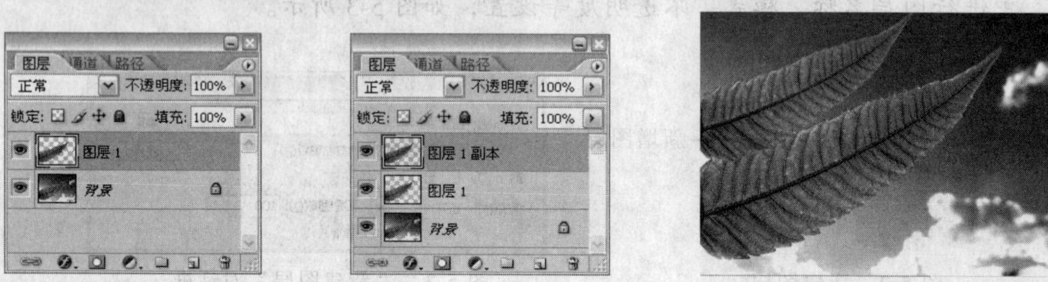

（a）原来的“图层”调板　　（b）复制后的“图层”调板　　（c）复制图层后缩小并旋转

图 5-5　执行“复制图层”命令

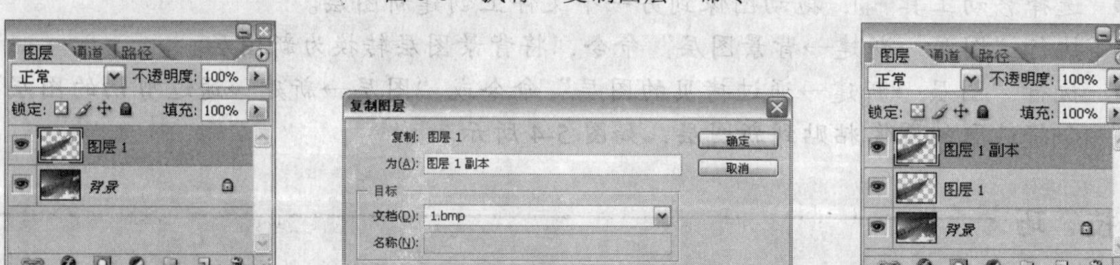

（a）原来的“图层”调板　　（b）“复制图层”对话框　　（c）建立图层副本

图 5-6　“复制图层”对话框

若在“复制图层”对话框的“文档”下拉列表中选择“新建”选项，在“名称”文本框中输入新建文档的名称（如“绿叶”），如图 5-7 所示，单击“确定”按钮，可以生成一个包含当前选中图层的新文件，原文件不消失，如图 5-8 所示。

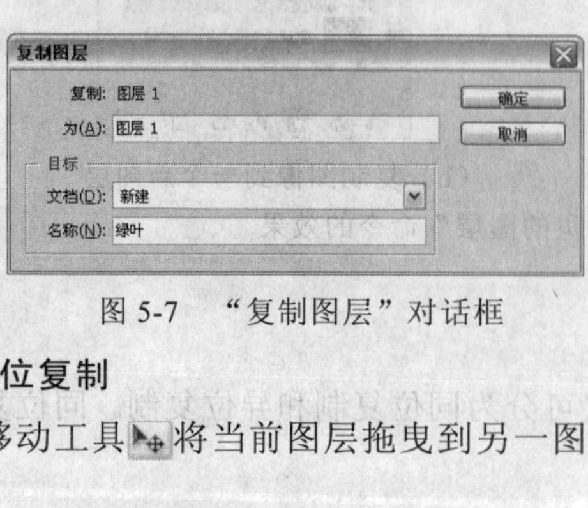

图 5-7　“复制图层”对话框

图 5-8　建立的新文件

2．异位复制

使用移动工具将当前图层拖曳到另一图像文件中，可以在另一图像文件中产生当前图层的拷贝，如图 5-9 所示。

（a）移动花所在图层　（b）将花移动到背景图像中　（c）“图层”调板产生树叶图层

图 5-9　“复制图层”对话框

> **技　巧**
>
> 可以先选择移动工具，然后按住“Alt”键，当光标变成双箭头时，拖动要复制的图像即可实现复制，这时的“图层”调板会自动添加一个副本。

5.2.3　删除图层

为了减小图像的存储大小，可以将已经失去利用价值的图层删除。删除图层的方法是：选择需要删除的图层，直接拖曳到调板的按钮上，可删除图层。

5.2.4　调整图层的顺序

图层在 Photoshop CS2 中是按类似堆栈的形式放置，先建立的图层在下，后建立的图层在上。图层的叠放顺序会直接影响图像显示的效果。上面的图层总是会遮盖下面的图层，我们可以通过改变图层的顺序来编辑图像的效果。使用鼠标，直接在“图层”调板拖动图层也可改变图层的顺序，如图 5-10 所示。

（a）调整前　（b）调整后

图 5-10　调整图层的顺序

5.2.5　链接图层

链接图层的作用是固定当前图层和链接图层，以使对当前图层所作的变换、颜色调整、滤镜变换等操作也能同时应用到链接图层上，还可以对不相邻图层进行合并。

打开一张多图层的图像文件，在“图层”调板上选中某层作为当前层。按住“Ctrl”键单击需要链接的图层，单击“图层”调板下方的按钮，当选中的图层名称后面出现图标时，表示选中的图层链接在了一起。可以对链接在一起的图层进行整体移动、缩放和旋转等操作，如图 5-11 所示，是对链接图层进行旋转的效果。单击链接按钮便可取消图层的链接。

（a）选择图层　　（b）链接图层　　（c）同时旋转两个图层中的图像

图 5-11　整体旋转链接图层

5.2.6 合并图层

图像制作过程中，一般都会产生过多的图层，这会使图像变大，处理速度变慢，因此就需要将一些图层合并或拼合起来，以节省磁盘空间，同时也可以提高操作速度。

Photoshop CS2 提供的合并图层的方法有 3 种，这 3 个命令位于“图层”菜单下，如图 5-12 所示。

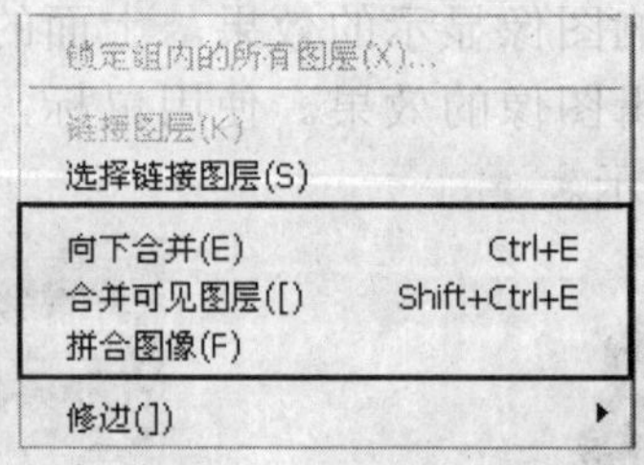

图 5-12　合并图层的命令

【向下合并】　将当前图层与其下一图层的图像进行合并，其他图层保持不变。合并图层时，需要将当前图层的下一图层图像设置为显示状态。如果当前图层设有多图层链接，则“向下合并”命令变为“合并链接图层”命令，单击该命令合并所有链接图层。按下“Ctrl+E”组合键也可以执行“向下合并”命令。

【合并可见图层】　将当前所有显示的图层合并。

【拼合图层】　将图像中所有可见图层合并，并在合并过程中删除隐藏的图层。按下“Ctrl+Shift+E”组合键也可以执行“拼合图层”命令。

5.2.7 普通图层与背景图层的转换

“PSD”格式的文件，大多都具有多个普通图层和一个背景图层。普通图层和背景图层是可以根据需要进行转换的。

背景图层在一幅图像中最多只能有一个，它位于“图层”调板的底部。在默认状态下，背景图层是锁定的，不能移动或更改背景图层的叠放顺序。若要改变背景图层的顺序，就需要将背景图层转换为普通图层。

1．将背景图层转换为普通图层

在 Photoshop CS2 中打开一个文件，“图层”调板上的最下方有一个带🔒标志的图层通常就是背景图层。当我们需要对背景图层进行某些操作时（例如添加图层样式），就需要将背景图层转换为普通图层才能完成操作。选择背景图层，执行“图层→新建→背景图层”命令，或双击“图层”调板上的背景图层打开“新建图层”对话框，在对话框中可以设置图层名称、显示颜色、混合模式和不透明度，单击“确定”按钮即可将背景图层转换为普通图层，如图 5-13 所示。

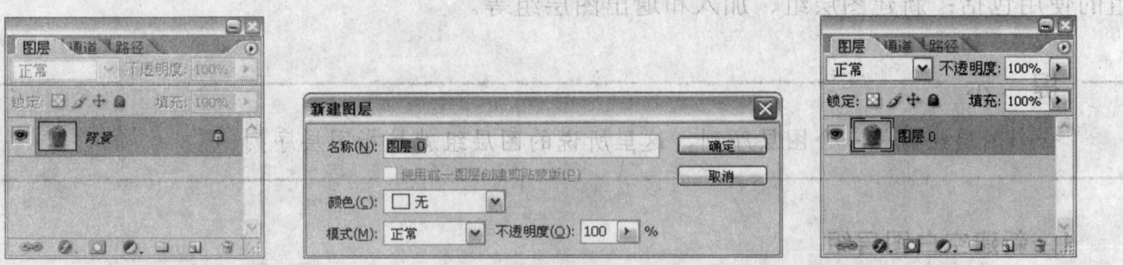

（a）“新建图层”对话框　　（b）转换前　　（c）转换后

图 5-13　将背景图层转换为普通图层

2．将普通图层转换为背景图层

若当前图像中没有背景图层，可将普通图层转换为背景图层。首先选择想要转换为背景的图层，然后执行“图层→新建→图层背景”命令，该图层的位置将被移到“图层”调板的最底层。如果此图层图像是半透明的，则图层原本透明的部分将被填入工具箱中当前设置的背景色，如图 5-14 所示。

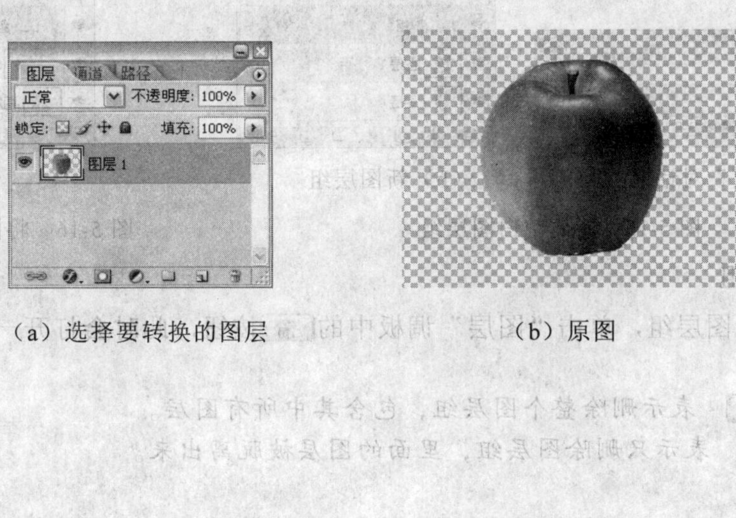

（a）选择要转换的图层　　（b）原图

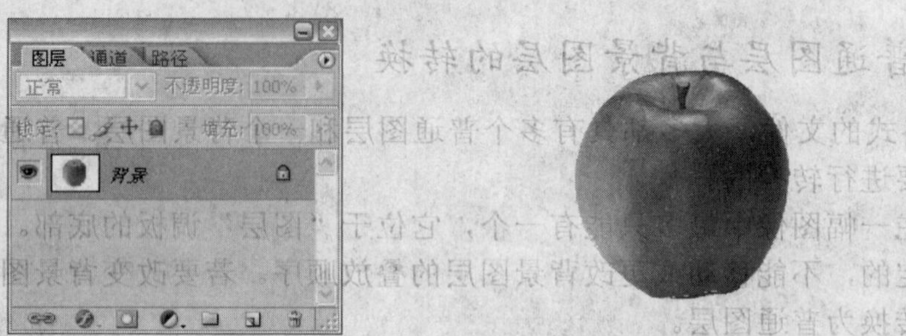

（c）转换后的“图层”调板　　（d）软件自动在透明部分填充背景色

图 5-14　将普通图层转换为背景图层

5.3　图层组

在 Photoshop CS2 中使用图层组来管理图层，以使调板变得有条不紊，方便操作。图层组的使用包括：新建图层组、加入和退出图层组等。

> **提　示**
>
> 一个图层组就是一个图层序列，这里所说的图层组就是指图层序列。

1．新建空白图层组

执行“图层→新建→组”命令，或在“图层”调板上单击按钮，弹出“新建组”对话框，如图 5-15（a）所示，可以分别设置图层组的名称、颜色、模式和不透明度，单击“确定”按钮，即可在调板上增加一个空白的图层组，如图 5-15（b）所示。建立新的图层组后，可以用鼠标拖动其他图层放在图层组上，拖入的层都将作为图层组的子层放于图层组之下，如图 5-16 所示。

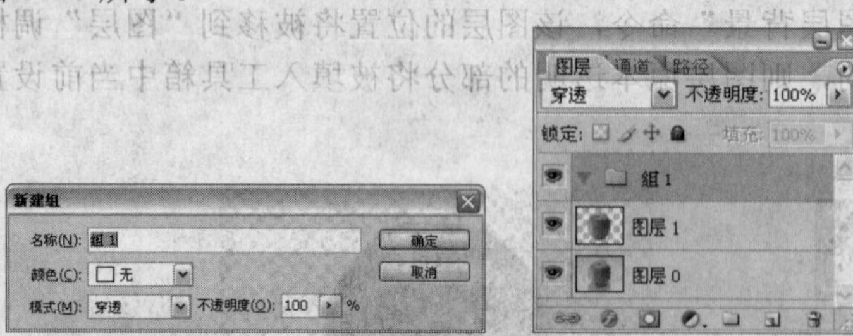

（a）“新建组”对话框　　（b）新图层组

图 5-15　新建空白图层组

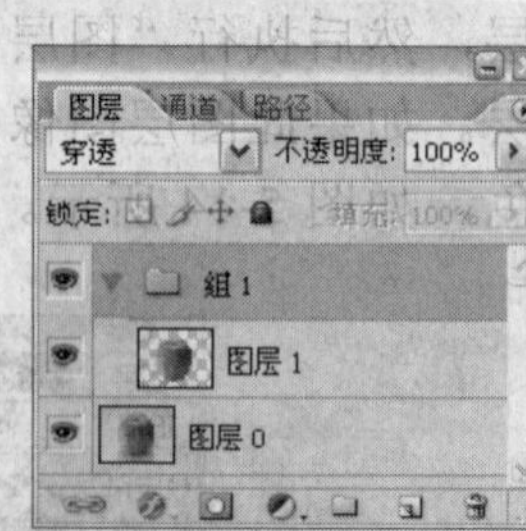

图 5-16　将图层拖入图层组

2．删除图层组

选择要删除的图层组，单击“图层”调板中的按钮，此时会打开一个对话框，如图 5-17 所示。

- 组和内容(S)　表示删除整个图层组，包含其中所有图层。
- 仅组(O)　表示只删除图层组，里面的图层被脱离出来。

● 取消(C) 表示取消本次操作。

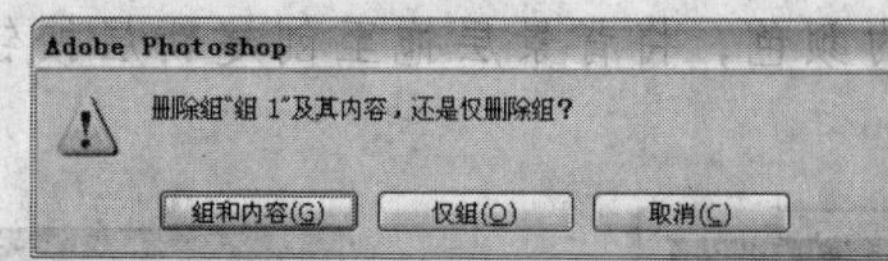

图 5-17　删除图层组时出现的对话框

5.4　图层混合模式

图层混合模式是当图像叠加时，上面图层与下面图层的像素进行混合，从而得到另外一种图像效果。Photoshop CS2 提供了二十多种不同的色彩混合模式方式，不同的色彩混合模式可以产生不同的效果。

单击"图层"调板 正常 处的 按钮，在弹出的下拉列表中可以进行各种模式的混合，如图 5-18 所示。

（a）"图层"调板　　（b）图层混合模式下拉列表

图 5-18　图层混合模式下拉列表

实例解析——光滑肌肤

本例将使用图层混合模式将粗糙的皮肤变得光滑，完成后的效果如图 5-19 所示。

图 5-19　滤色效果

（1）按“Ctrl+O”组合键打开一张素材图像文件，如图 5-20 所示。

（2）为了不破坏原图像的颜色，将背景层拖至创建新层按钮 上，复制一个“背景副本”层，如图 5-21 所示。

图 5-20　素材图片

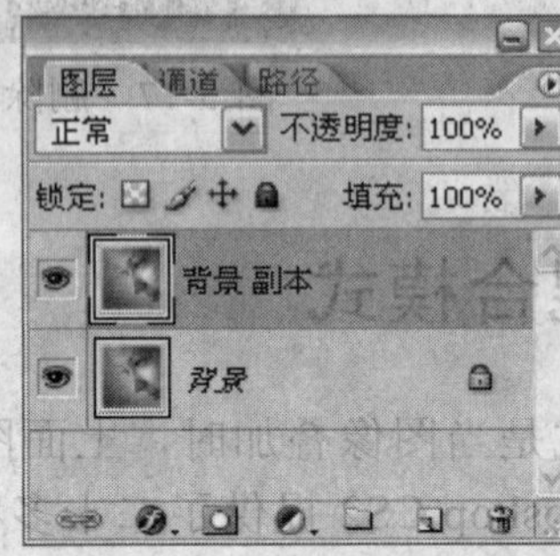

图 5-21　复制背景层

（3）使用模糊工具在图像中均匀涂抹，让图像变得模糊，如图 5-22 所示。

（4）将背景副本层图层混合模式为“柔光”，效果如图 5-23 所示。

（5）复制背景副本层，设置图层混合模式为“滤色”，调整不透明度为“72%”，完成后的效果如图 5-24 所示。

图 5-22　模糊图像

图 5-23　柔光效果

图 5-24　最终效果

5.5　图层样式

图层样式是一些特殊图层效果的集合。在“图层样式”对话框中可以为图层添加投影、内阴影、外发光、内发光、斜面和浮雕、光泽、颜色叠加等。用户可以通过在“图层样式”对话框中同时对图层应用多种样式效果。

如果经常需要使用到具有“斜面和浮雕”、“投影”、“图案叠加”效果的文字，就可以创建一个包含这三种效果的图层样式，无需每次都重新定义各种效果。使用“图层样式”可以增加工作效率。

5.5.1　样式调板

Photoshop CS2 提供了“样式”调板，可以对“样式”进行管理，如图 5-25 所示。

“样式”调板实际上是由许许多多图层效果组成的集合，单击调板右上方的三角形按钮选择一个图层样式，会弹出如图 5-26 所示的快捷菜单。选择一个样式后将出现提示对话框，如图 5-27 所示。

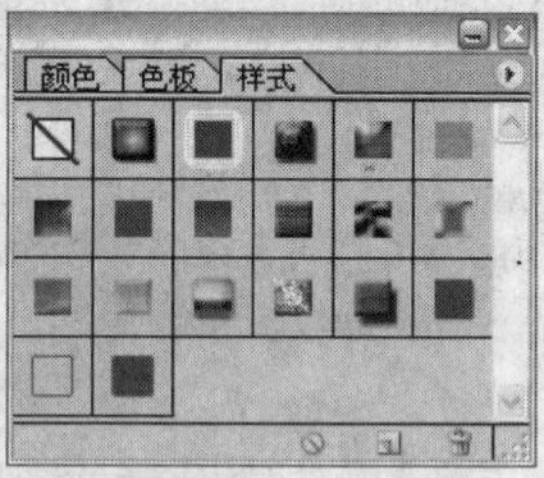

图 5-25 “样式”调板

图 5-26 快捷菜单

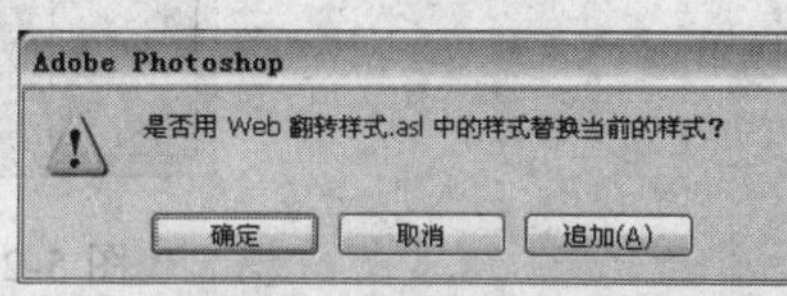

图 5-27 弹出的提示对话框

- 确定 表示将使用新的样式取代“样式”调板上现有的样式。
- 取消 表示取消本次操作。
- 追加(A) 表示将新的样式添加到“样式”调板上现有的样式后面。

选中“图层”调板上要使用样式的图层，打开“样式”调板并单击调板上的样式即可套用样式到图层上。如果原来的图层上已有样式效果，那么套用的预设样式将取代目前已有的图层样式。如果在单击样式按钮时按住“Shift”键，可以将图层样式增加到（非取代）目前图层现有的效果中，如图 5-28 所示。

（a）原图　　（b）选择“彩色目标按钮”样式　　（c）增加“条纹”样式

图 5-28 套用预设样式

载入了图层样式后，若想将“样式”调板内容还原到初始状态，在调板的弹出菜单中选择“复位样式”命令即可。选中要删除的样式，在“样式”调板上将该样式直接拖至删除图标即可。单击“样式”调板中的图标可清除所应用的样式，单击“样式”调板左上角的也可达到清除样式的目的。

提 示

图像的背景层、锁定图层和图层组不能应用图层样式。

5.5.2 图层样式分类

除了使用“样式”调板可以为图层增加效果，还可以在“图层样式”对话框中对当前图层应用样式。图层样式只能应用到非背景图层上。

使用下列任意一种方法均可以打开“图层样式”对话框，如图 5-29 所示。

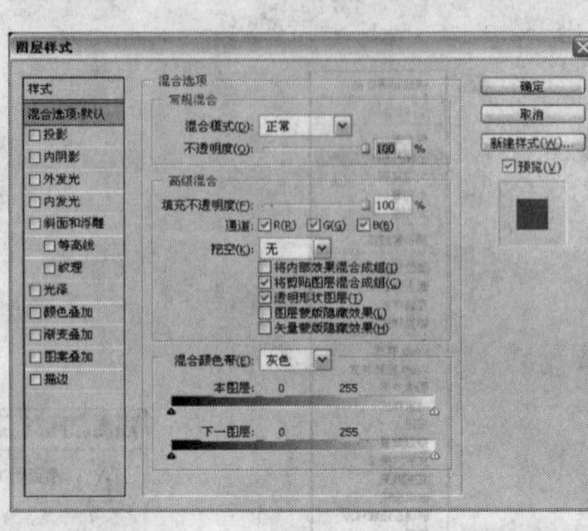

图 5-29　“图层样式”对话框

- 执行“图层→图层样式”后的子菜单上第一组命令中的任意命令，如：投影、外发光等。
- 选择要使用图层样式的图层，单击按钮，从弹出的快捷菜单中任选一个选项。
- 双击需要添加图层样式的图层。

对某个图层应用了图层样式后，样式中定义的各种图层效果会应用到该图层中。我们可以按上节所述方法对各效果进行修改、复制、删除等操作。

下面将逐一介绍图层样式的功能及作用。

1．投影

在“图层样式”对话框的左侧单击“投影”，右边将显示“投影”设置面板，如图 5-30（a）所示。投影可分别设置混合模式、不透明度、角度及距离等，在对应选项的文本框中直接输入数值或拖动滑块来改变阴影效果。为图片中的星星添加投影后的效果如图 5-30（b）所示。

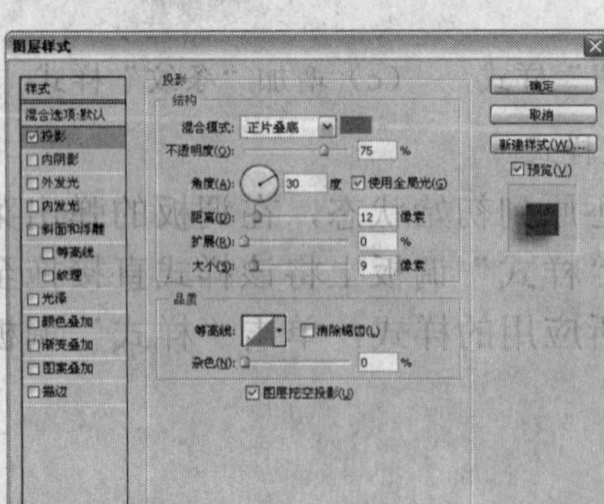

（a）“投影”设置面板

（b）投影效果

图 5-30　“投影”设置面板及效果

2．内阴影

“内阴影”效果可为图层添加位于图层边缘内的阴影，从而使图层产生凹陷的外观效果。其设置面板如图 5-31（a）所示。“内阴影”的设置方法和选项与“投影”选项相同。为星星添加内阴影后的效果如图 5-31（b）所示。

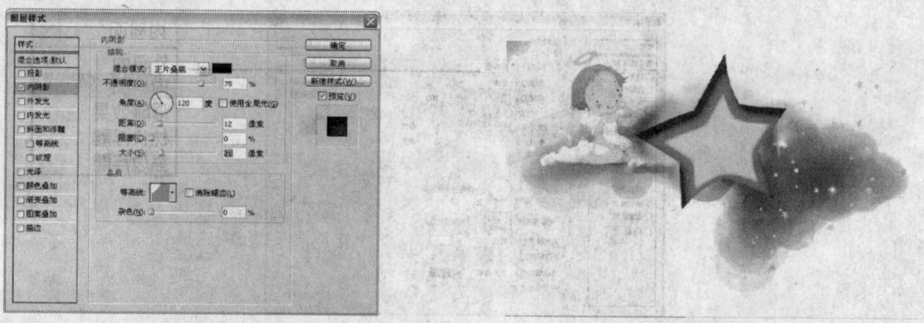

（a）“内阴影”设置面板　　（b）内阴影效果

图 5-31　“内阴影”设置面板及效果

3. 外发光

“外发光”效果是在图层内容的边缘以外添加发光效果。相对于“投影”和“内阴影”图层样式，外发光设置面板中增加了几个选项，如图 5-32（a）所示。添加外发光后的效果如图 5-32（b）所示。

（a）“外发光”设置面板　　（b）外发光效果

图 5-32　“外发光”设置面板及效果

4. 内发光

“内发光”效果是指在图层内容的边缘以内添加发光效果。

“内发光”与“外发光”的选项几乎相同。唯一的区别是“内发光”有两个发光来源的选择，如图 5-33（a）所示。“居中”是从图层的图案中央发光。“边缘”是从图层的图案边缘向内发光。为星星添加内发光后的效果如图 5-33（b）所示。

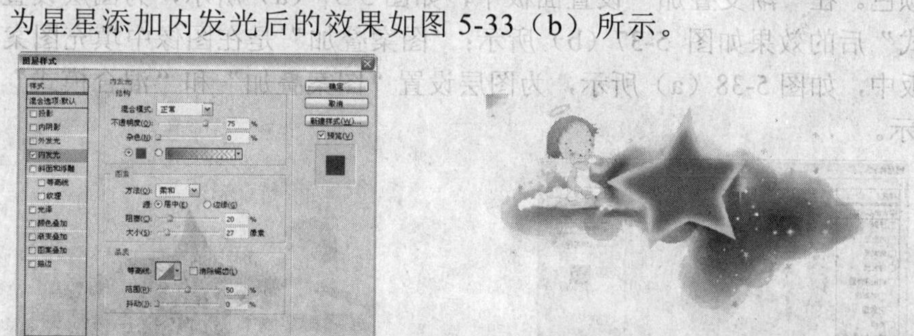

（a）“内发光”设置面板　　（b）内发光效果

图 5-33　“内发光”设置面板及效果

5. 斜面和浮雕

为图像添加“斜面和浮雕”效果后，可使图像产生立体变化。在“图层样式”对话框的最左边单击“斜面和浮雕”，右边将显示“斜面和浮雕”的各种选项，如图 5-34 所示。

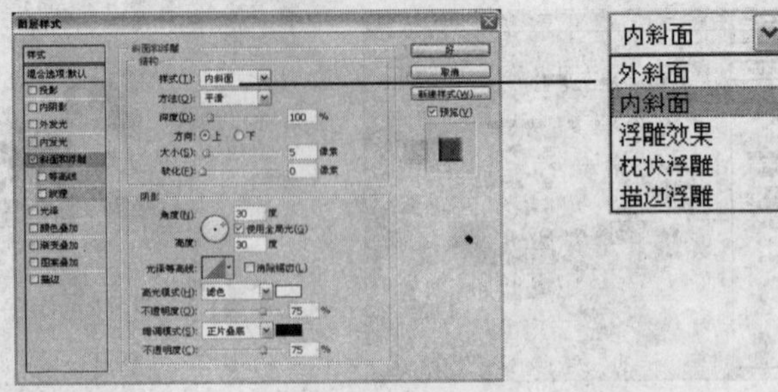

图 5-34　“斜面和浮雕”设置面板

6．光泽

“光泽”效果是指图层内部根据图层的形状，应用阴影来创建光滑的磨光效果。

图层样式中的“光泽”如图 5-35（a）所示，应用光泽效果后的图像如图 5-35（b）所示。

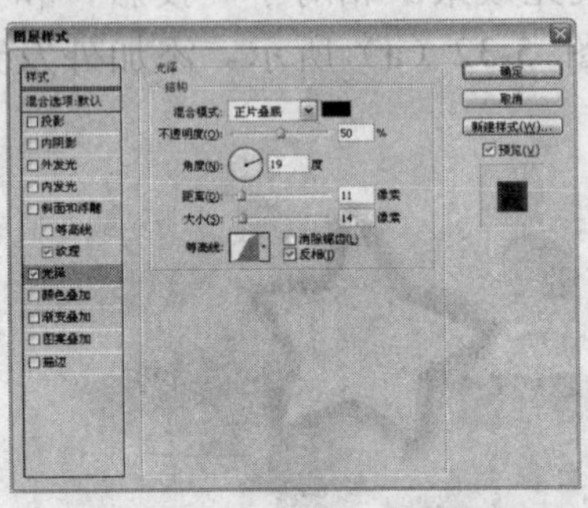

（a）“光泽”设置面板

（b）光泽效果

图 5-35　“光泽”设置面板及效果

7．颜色叠加、渐变叠加和图案叠加

“颜色叠加”、“渐变叠加”和“图案叠加”这三种图层效果都是直接在图像上填充像素，不同的是所填充的材质不同。

“颜色叠加”是在图像中填充单一颜色。在“颜色叠加”设置面板中，如图 5-36（a）所示，为图层设置“颜色叠加”和“混合模式”后的效果如图 5-36（b）所示；“渐变叠加”是在图像中填充渐变颜色。在“渐变叠加”设置面板中，如图 5-37（a）所示，为图层设置“渐变叠加”和“混合模式”后的效果如图 5-37（b）所示；“图案叠加”是在图像中填充图案。在“图案叠加”设置面板中，如图 5-38（a）所示，为图层设置“图案叠加”和“混合模式”后的效果如图 5-38（b）所示。

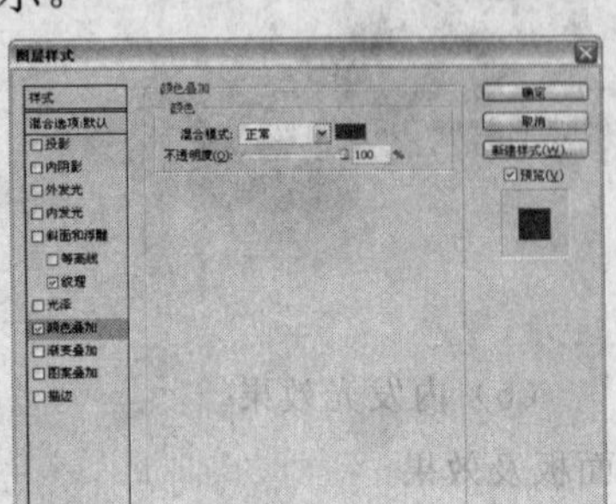

（a）“颜色叠加”设置面板

（b）颜色叠加效果

图 5-36　“颜色叠加”设置面板及效果

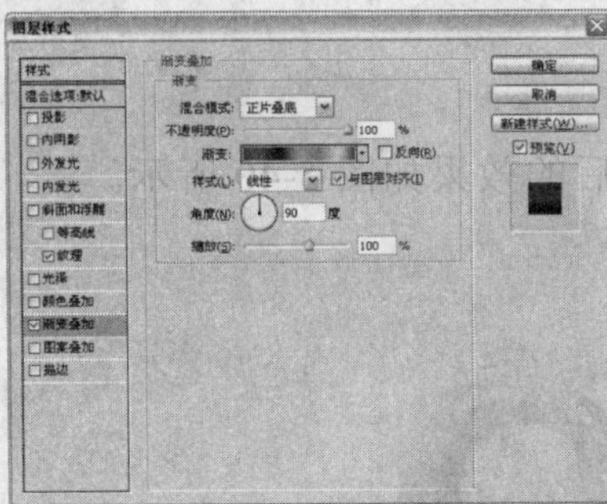

（a）“渐变叠加”设置面板

（b）渐变叠加效果

图 5-37　“渐变叠加”设置面板及效果

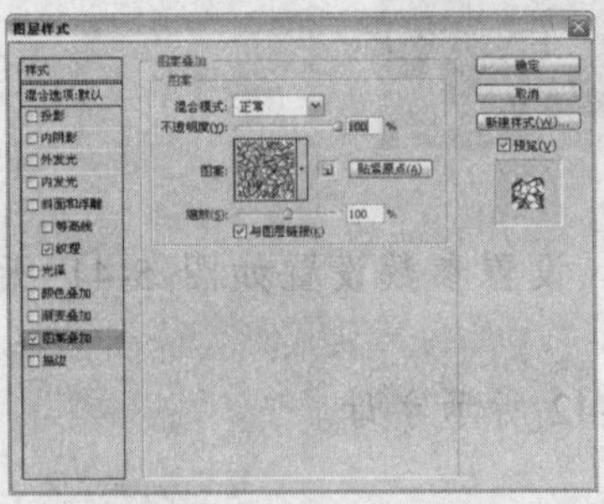

（a）“图案叠加”设置面板

（b）图案叠加效果

图 5-38　“图案叠加”设置面板及效果

8．描边

“描边”是指使用颜色、渐变色或图案为图层内容添加轮廓线，适用于处理边缘效果清晰的形状，如文字。

【大小】　调整描边的粗细。

【位置】　在下拉列表中选择描边的位置，包括“外部”、“内部”、“居中”三个位置。

【填充类型】　选择“颜色”、“渐变”、“图案”填充当前图层。当选择“渐变”时，可在“渐变”下拉列表中设置渐变色；在“样式”下拉列表中选择渐变样式，若选择“迸发状”，描边效果将产生环状的渐变，其他渐变样式的设置与渐变工具相同。如图 5-39（a）所示是选择“渐变”的设置面板，效果如图 5-39（b）所示。

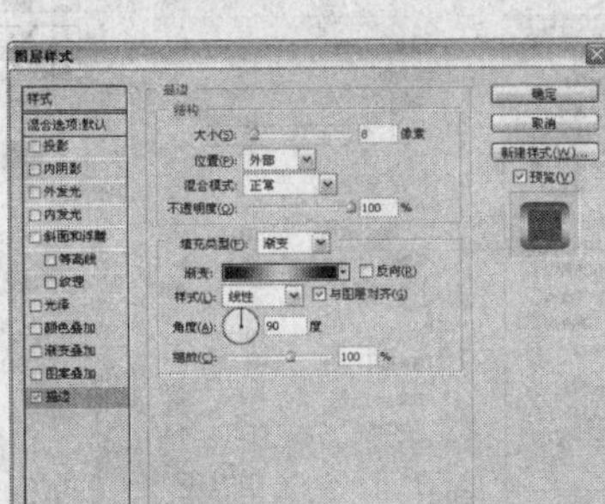

（a）“描边”设置面板

（b）描边效果

图 5-39　“描边”设置及效果

实例解析——不锈钢文字

本例将使用图层样式制作质感不锈钢文字，完成后的效果如图 5-40 所示。

图 5-40　最终效果

（1）按“Ctrl+N”组合键，打开“新建”对话框，设置参数设置如图 5-41 所示，单击“确定”按钮。

（2）使用工具箱中的横排文字工具 T 输入如图 5-42 所示字母。

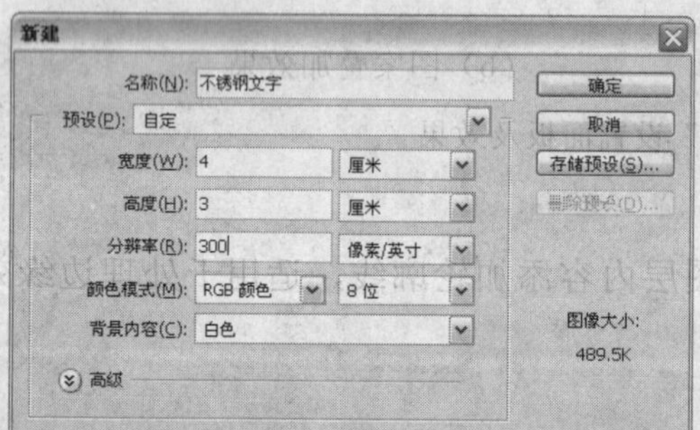

图 5-41　“新建”对话框

图 5-42　输入文字

（3）双击文字层，打开“图层样式”对话框，选择投影样式，设置参数如图 5-43 所示。

（4）选择内发光样式，设置参数如图 5-44 所示。

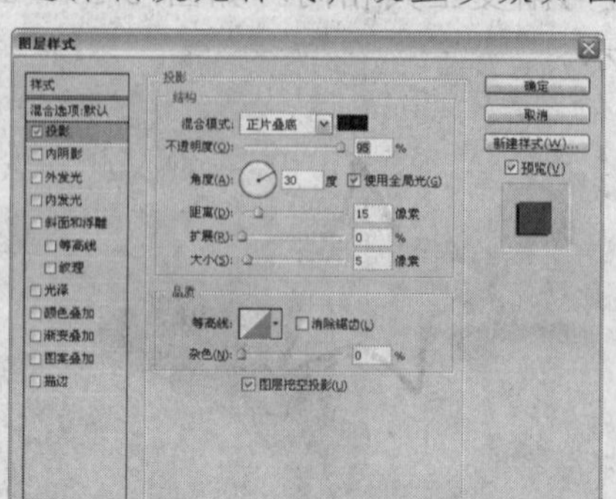

图 5-43　设置投影样式

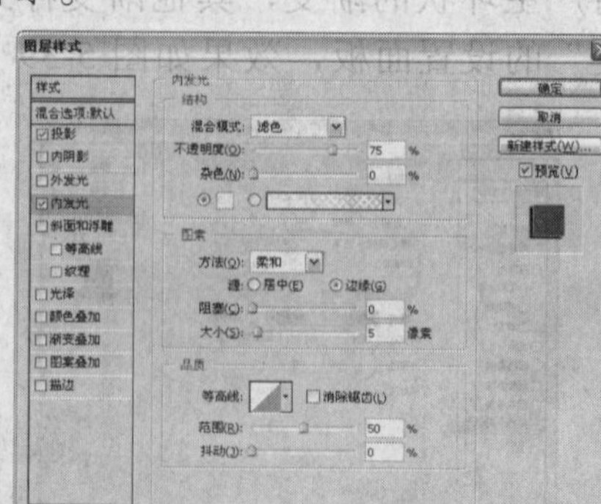

图 5-44　设置内发光样式

（5）选择斜面和浮雕样式，设置参数如图 5-45 所示。

（6）设置渐变叠加样式参数如图 5-46 所示。

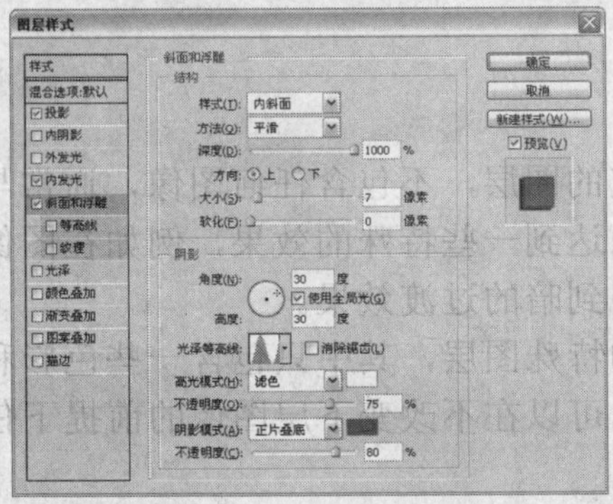

图 5-45 设置斜面和浮雕样式

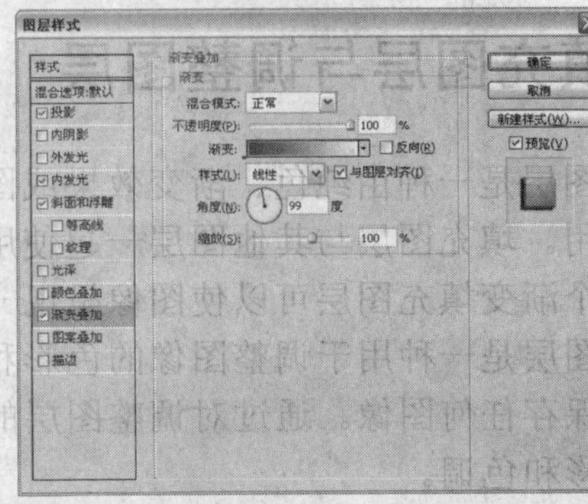

图 5-46 设置渐变叠加样式

（7）单击“确定”按钮，文字效果如图 5-47 所示。

图 5-47 应用图层样式效果

（8）选择工具箱中的渐变填充工具，设置背景色为浅蓝色，前景色为白色，按住“Shift”键在背景层中由上至下垂直拖动，创建线性渐变，效果如图 5-48 所示。

（9）将文字层拖至创建新图层按钮，将文字层复制一个副本层，按“Ctrl+T”组合键打开自由变换调节框，将文字副本层垂直垂直翻转，并垂直向下移动，如图 5-49 所示，按“Enter”键确认变换。

图 5-48 线性渐变效果

图 5-49 垂直翻转效果

（10）文字副本层的图层不透明度调整为“32%”，制作倒影效果，不锈钢文字制作完成，如图 5-50 所示。

图 5-50 最终效果

5.6 填充图层与调整图层

填充图层是一种由纯色、渐变效果或图案填充的图层，不包含任何图像，通常与剪贴路径一起使用。填充图层与其他图层一起使用也可以达到一些特殊的效果，例如在图像的最上层添加一个渐变填充图层可以使图像呈现一种由明到暗的过渡效果。

调整图层是一种用于调整图像的色彩和色调的特殊图层，其中只包含一些色彩和色调信息，而不保存任何图像。通过对调整图层的编辑，可以在不改变下层图像的前提下任意调整图像的色彩和色调。

使用调整图层至少有以下两个优点：可以在不改变其他图层的基础上改变图像的色彩；改变图像色彩时，只需改变调整图层即可，无需逐层改变各个图层的色彩，如果图像中的图层较多而又需要对图层作相同的色彩控制时，使用“调整图层”或“填充图层”是非常有用的。

在 Photoshop CS2 中可以创建多种类型的调整图层，包括色阶、曲线、色彩平衡、亮度/对比度、色相/饱和度、可选颜色、通道混合器、渐变映射、反相、阈值、色调分离等。从而可以按多种方式来调整图像的色彩和色调。例如，我们可以创建一个“亮度/对比度”调整图层来调整图像的亮度和对比度，再创建一个“色相→饱和度”调整图层来调整图像的色相和饱和度。

5.6.1 创建填充图层或调整图层

创建“填充图层”和“调整图层”的方法是：首先选择将要增加填充图层或调整图层的图层，单击“图层”调板下端的创建新的调整或填充图层按钮，将会弹出相应的命令，如图 5-51（a）所示。根据需要选择某菜单命令，打开相应的对话框，如图 5-51（b）所示。

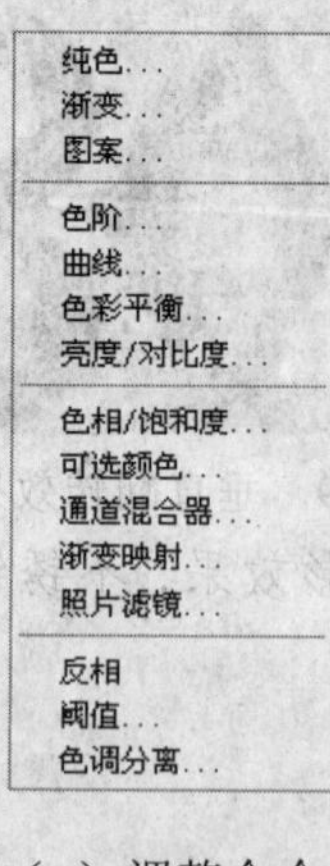

（a）调整命令

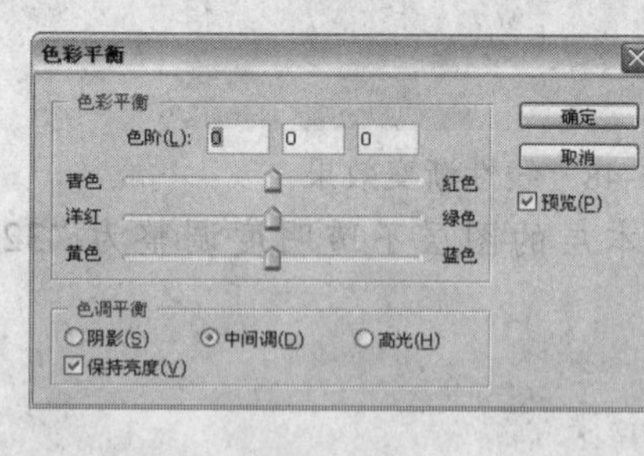

（b）“色彩平衡”对话框

图 5-51 选择调整命令

若选择的是“纯色”、“渐变”、“图案”中的一个，设置好各选项后单击“确定”按钮，“图层”调板中即可产生一个新的填充图层，如图 5-52 所示；若选择的是“色阶”、“曲线”等命令，则会创建一个调整图层，如图 5-53 所示。

图 5-52　新的渐变填充图层

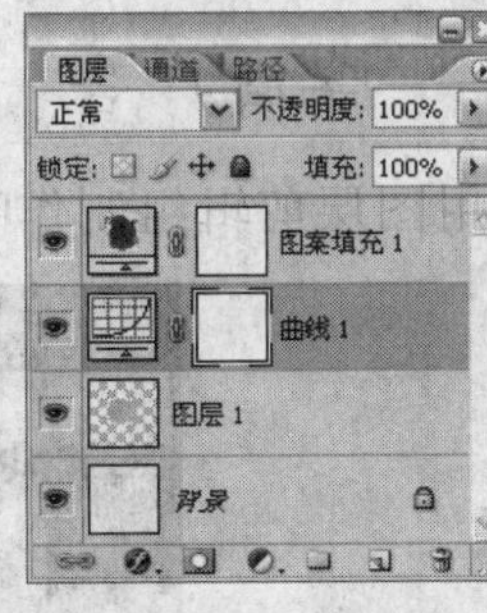

图 5-53　新的曲线调整图层

5.6.2　编辑填充图层或调整图层

当创建了某个填充图层或调整图层后，在“图层”调板中选中该图层，执行“图层→更改图层内容”命令，在该子菜单中选择目标类型即可。

执行“图层→图层内容选项”命令，或在“图层”调板中双击填充图层或调整图层的预览图则会打开该与填充图层或调整图层相对应的对话框，然后可在对话框中修改填充内容或调整色彩设置。

创建的调整图层作用于位于其下面的所有图层。如图 5-54 所示为原图，当创建一个调整图层调整图像的曲线后，下面的图层都起了变化，如图 5-55 所示。

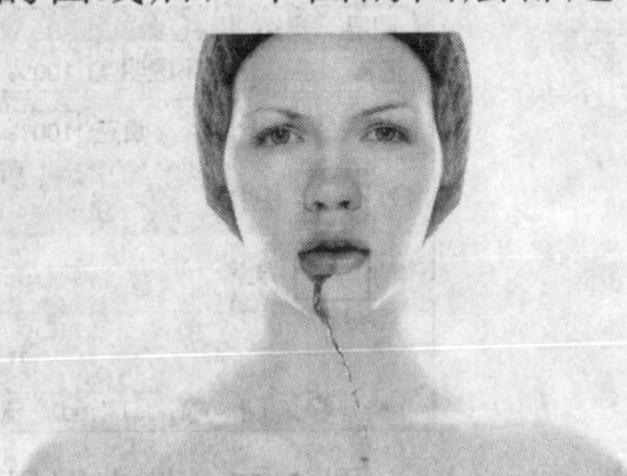

图 5-54　原图

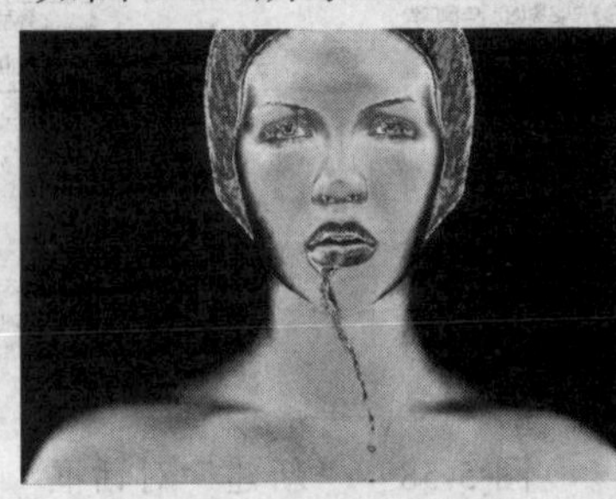

图 5-55　调整曲线后

5.7　图层剪辑组

图层剪辑组可以制作出底层图像提供形状，上层图像提供图案的特殊效果。要创建图层剪辑组，按住“Alt”键，将鼠标指针放在图层调板中分隔两个图层的实线上，此时鼠标指针变为，单击鼠标左键，图层创建编组效果完成，如图 5-56 所示。

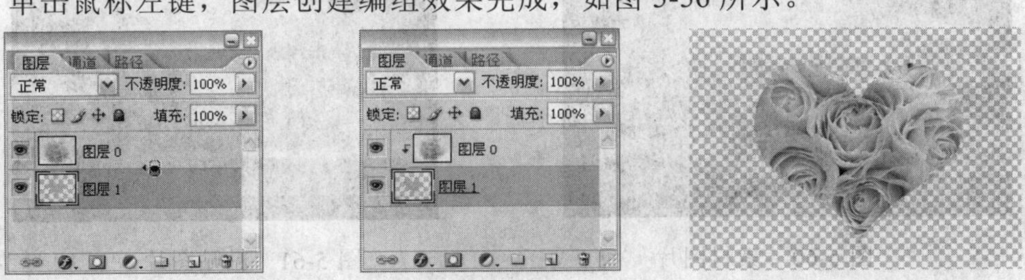

（a）创建图层剪辑组　（b）图层编辑后效果　（c）编辑组图层

图 5-56　图层剪辑组

实例解析——啤酒广告

本例将主要使用图层剪辑组制作啤酒广告，完成后的效果如图 5-57 所示。

图 5-57 最终效果

（1）按“Ctrl+N”组合键，打开“新建”对话框，设置参数设置如图 5-58 所示，单击“确定”按钮。

（2）单击图层面板下方的创建新图层按钮，在背景层上新建“图层 1”，用黑色填充图层，如图 5-59 所示。

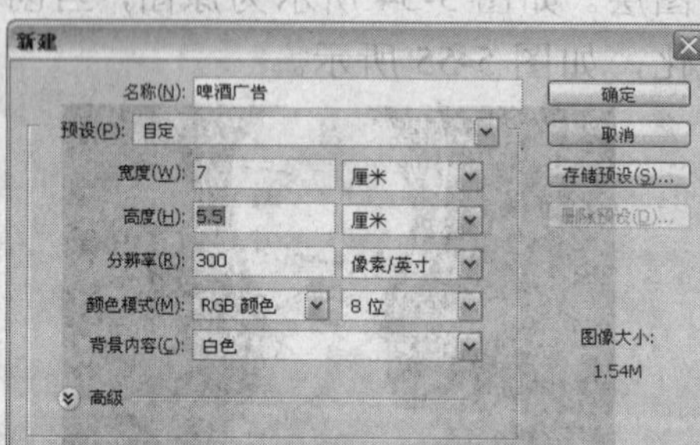

图 5-58 “新建”对话框

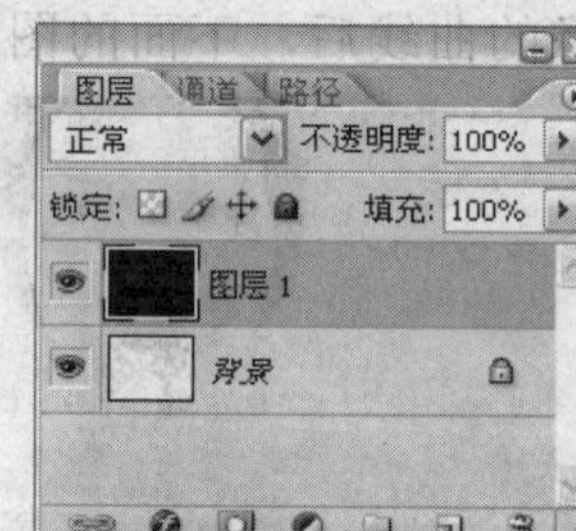

图 5-59 填充图层

（3）按“Ctrl+O”组合键打开一张素材图像文件，如图 5-60 所示。

（4）按“Ctrl+A”组合键将图像全选，按“Ctrl+C”组合键将图像复制，单击“啤酒广告”工作区，按“Ctrl+V”组合键将复制的图像粘贴到工作区中，产生新的图层“图层 2”，如图 5-61 所示。

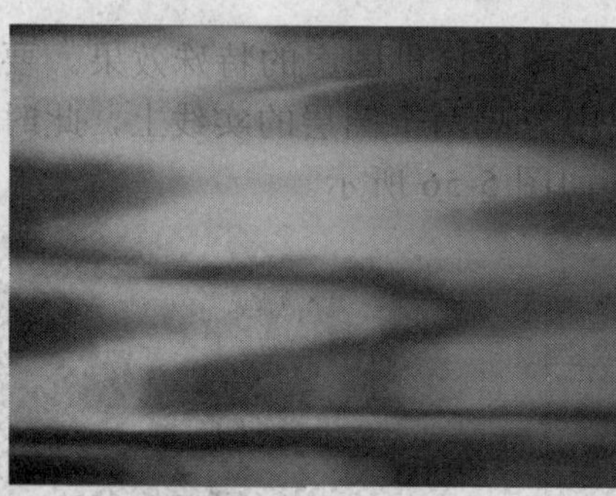

图 5-60 素材图片

图 5-61 粘贴图片

（5）选择工具箱中的文字工具，在“图层 2”之下输入建立文字层，输入如图 5-62 所示白色文字。

（6）按住“Alt”键，将鼠标指针放在图层调板中分隔“图层 2”和“文字”层的实线上，此时鼠标指针变为，单击鼠标左键，图层创建编组效果完成，图层面板如图 5-63 所示。

图 5-62 输入文字

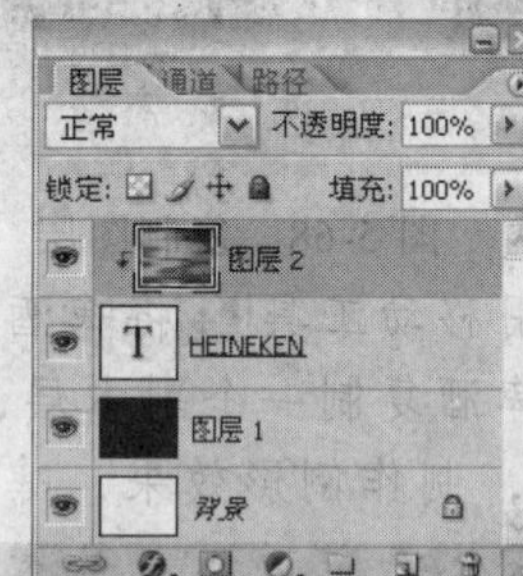

图 5-63 图层剪辑组

（7）图层剪辑组效果如图 5-64 所示。

（8）按“Ctrl+O”组合键打开一张素材图像文件，如图 5-65 所示。

图 5-64 剪辑效果

图 5-65 素材图片

（9）使用移动工具将冰拖入当前工作层中，调整图片位置如图 5-66 所示。

（10）选择工具箱中的橡皮擦工具，擦除图像边缘，得到如图 5-67 所示效果。

图 5-66 移动素材

图 5-67 擦除图像边缘

（11）按住“Alt”键的同时用鼠标拖动冰图像，复制一个冰副本层，效果如图 5-68 所示。

（12）按“Ctrl+O”组合键打开一张素材图像文件，如图 5-69 所示。

图 5-68　复制图层

图 5-69　素材图片

（13）使用移动工具将啤酒拖入当前工作层中，调整图片位置如图 5-70 所示。

（14）将啤酒复制一个副本层，并将啤酒副本层垂直翻转，调整啤酒副本层的图层不透明度为“35%”，制作倒影效果，啤酒广告制作完成，如图 5-71 所示。

图 5-70　移动素材

图 5-71　最终效果

5.8　疑难解答

1．如何调整背景图层的顺序？

背景图层永远处于整个图层面板的最底部，用户不能将其他图层放置于背景图层的下方。如果希望调整背景图层的顺序，可以执行“图层→新建→图层”命令，或在图层面板中双击背景层，在弹出的对话框中进行参数设置后，将背景层转换为普通图层即可。

2．如何学习好图层知识？

本章中的图层知识比较多，学习起来也许会顾此失彼，想要学好图层知识，首先要掌握好图层的基本操作，再深入地学习好图层的高级应用，学习如何编辑图层、图层的混合模式及图层样式等操作，对图层知识掌握熟练了，应用也就得心应手了。

3．图层混合模式是怎么回事？如何正确应用图层混合模式？

使用图层混合模式可以创建各种特殊效果，但是想要使用混合模式必须是上下两个图层中的图像相混合才能得到混合模式效果。

4．图层样式可以拷贝吗？

当一个图像中有多个图层时，其中一个图层应用了图层样式，可以用鼠标右键单击此图层，选择拷贝图层样式，再选择需要应用图层样式的图层，用鼠标右键单击此图层，选择粘贴图层样式，即可将相同的图层样式应用到此图层中。

5．可以同时选择多个图层吗？

按住“Ctrl”键单击所要选择的图层，即可同时选择多个图层。

5.9 上机实践

通过本章的学习，相信大家对图层相关知识有了初步的认识和了解，下面通过上机操作来进一步巩固所学知识，达到举一反三的学习效果。

5.9.1 裂开的脸

练习目的

本例将使用 Photoshop 中的图层样式功能制作裂开的脸，完成后的效果如图 5-72 所示。

图 5-72 最终效果

解题思路

本例将使用魔棒工具、投影样式制作裂开脸的效果。

操作步骤提示

（1）按“Ctrl+O”组合键打开一张素材图像文件，如图 5-73 所示。

（2）用魔术棒工具单击裂缝处，获得选区，按“Shift+Ctrl+I”组合键将选区反选，按“Delete”键删除选区图像，再将选择反选，得到如图 5-74 所示图像。

图 5-73 素材图片

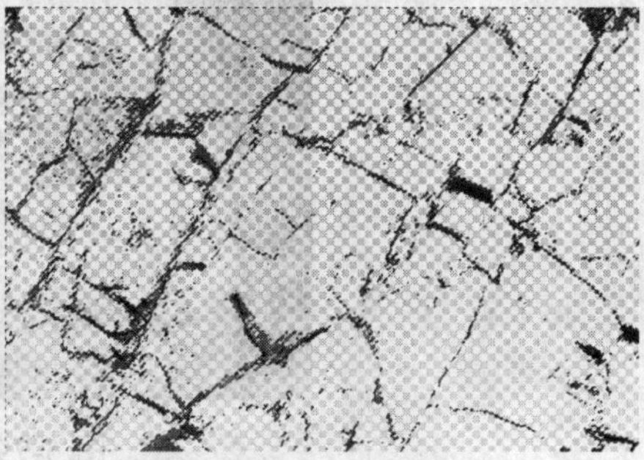

图 5-74 删除选区图像

（3）按“Ctrl+O”组合键打开一张素材图像文件，如图 5-75 所示。

（4）将裂缝选区图像拖入头像图片中，如图 5-76 所示。

图 5-75 素材图片

图 5-76 载入图像

（5）将背景层复制一个背景副本层，载入裂缝选区，保持选区不变，删除背景副本层选区图像。

（6）在背景副本层下新建图层，用白色填充选区，取消选区，图层面板如图 5-77 所示。

（7）双击背景副本层，打开图层样式对话框，设置投影样式参数如图 5-78 所示。

图 5-77 填充图层

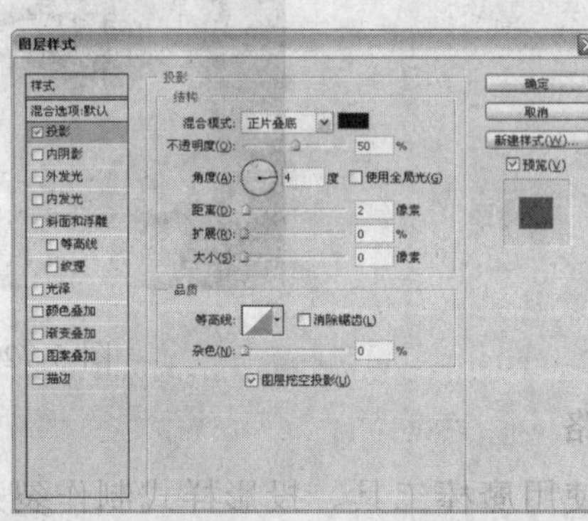

图 5-78 设置投影样式

（8）单击“确定”按钮，图像效果如图 5-79 所示。

图 5-79 最终效果

5.9.2　个性杯子

练习目的

Photoshop 中不同的色彩混合模式可以产生不同的效果，本例将制作个性杯子，完成后的效果如图 5-80 所示。

图 5-80　最终效果

解题思路

本例将使用变形命令及图层混合模式制作个性杯子效果。

操作步骤提示

（1）按“Ctrl+O”组合键打开一张素材图像文件，如图 5-81 所示。

图 5-81　素材图片

（2）按“Ctrl+O”组合键打开一张素材图像文件，使用魔棒工具单击图像白色背景部分，获取背景选区，按“Shift+Ctrl+I”组合键将选区反选，如图 5-82 所示。

图 5-82　花纹素材

（3）使用移动工具将花纹拖入当前工作层中，使用变形命令调整花纹如图 5-83 所示。

（4）将花纹图层的混合模式设置为“正片叠底”，效果如图 5-84 所示。

图 5-83　变形花纹

图 5-84　最终效果

5.10　综合练习

1．填空题

（1）____________是当图像叠加时，上面图层与下面图层的像素进行混合，从而得到另外一种图像效果。

（2）图像制作过程中，一般都会产生过多的图层，这会使图像变大，处理速度变慢，因此就需要将一些图层_______或________起来，以节省磁盘空间，同时也可以提高操作速度。

（3）从复制图层后的图像效果来看，复制图层可分为__________和 _________。

（4）除了使用“样式”调板可以为图层增加效果，还可以在_______对话框中对当前图层应用样式。

2．选择题

（1）图像的（　）不能应用图层样式。

A．背景层　　B．新图层　　C．锁定图层　　D．图层组

（2）（　）组合键也可以执行“拼合图层”命令。

A．“Ctrl+J”　　B．“Ctrl+Shift+E”　　C．“Shift+J”　　D“Ctrl＋W”

（3）Photoshop 新建图层的方法有（　）种。

A．5　　B．8　　C．2　　D．6

第 6 章　色调与色彩的调整

本章要点

☑ 整体色彩的快速调整
☑ 精细调整图像色调

6.1　色彩模式

色彩模式是指一个图像颜色的性质，同一种文件可以支持一种或多种颜色模式。不同的软件中图像的色彩模式有不同的运用方式。

6.1.1　位图模式

位图模式下的图像由黑白两色组成，如图 6-1 所示，没有中间层次，又叫黑白图像。只有灰度模式和通道图才能直接转换为位图模式。执行“图像→模式→位图”命令，打开“位图”对话框，如图 6-2 所示。

图 6-1　位图模式图像

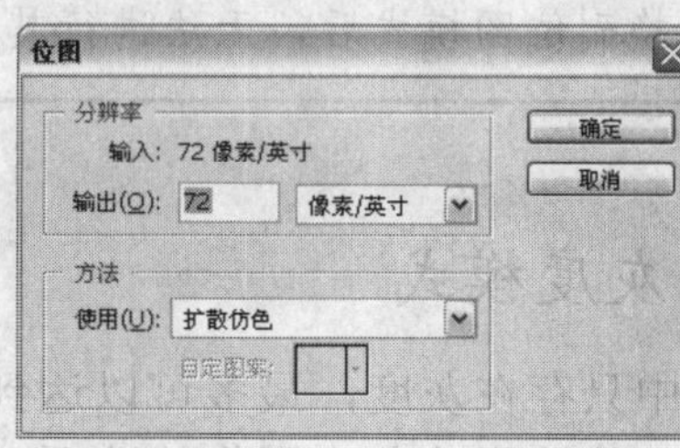

图 6-2　“位图”对话框

【分辨率】　设定图像的分辨率。输入选项显示的是原图的分辨率，在输出文本框中设定的是转换后图像的分辨率，取值范围在 1~10000。如果设定值大于原图的分辨率，图像就会缩小，反之则会变大。

【方法】　用来设定转换为位图模式时，处理中间色的方式。常见的位图模式的转换方法有以下几种：

- 50%阈值：以 50%为界限，将图像中大于 50% 的所有像素全部变成黑色，小于 50% 的所有像素全部变成白色。
- 半调网屏：产生一种半色调网版印刷的效果。网线数可设为“85～200lpi”，报纸通常用“85lpi”，彩色杂志通常用“133～175lpi”，网角可设为“－180”度到“180”度，连续色调或半色调网版通常使用“45”度。

- 扩散仿色：转换图像时，产生颗粒状的效果。
- 图案仿色：使用一些随机的黑、白像素点来抖动图像。
- 自定图案：可选择图案列表中的图案作为转换后的纹理效果。

设置好后单击“确定”按钮。图 6-3 是用上述 5 种方法转换颜色模式后的效果。

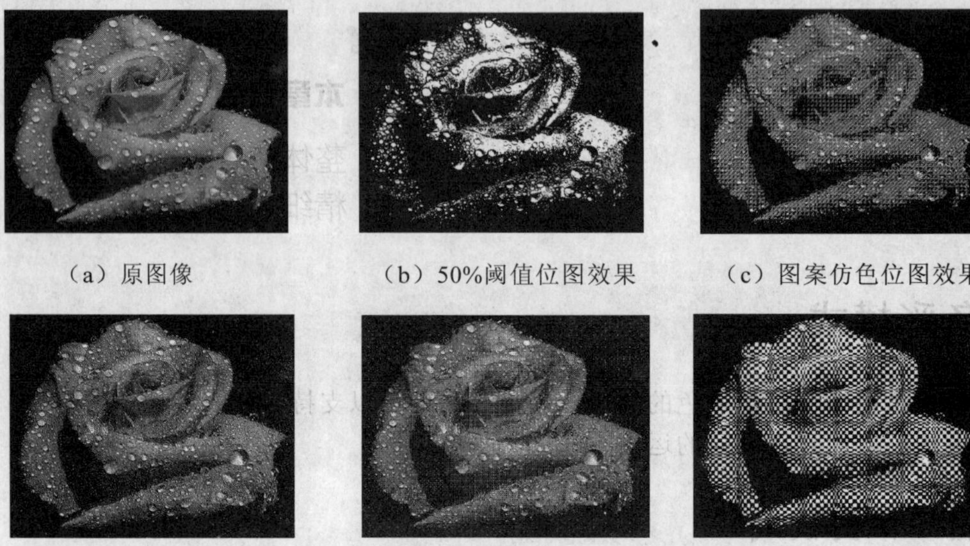

（a）原图像　（b）50%阈值位图效果　（c）图案仿色位图效果

（d）扩散仿色位图效果　（e）半调网屏位图效果　（f）自定图案位图效果

图 6-3　不同方式转换后的位图效果

> **提　示**
>
> 当图像转换到位图模式后，无法进行其他编辑，甚至不能恢复灰度模式时的图像。

6.1.2　灰度模式

灰度模式中只存在灰度，最多可以达到 256 级灰度。灰度文件中，图像的色彩饱和度为零，亮度是唯一能够影响灰度图像的选项。亮度是光强的度量，0%代表黑，100%代表白。

位图模式和彩色图像都可转换为灰度模式。为了将彩色图像转换为高品质的灰度图像，Photoshop CS2 放弃原图像中的所有颜色信息，转换后的像素的灰阶（色度）表示原像素的亮度。

6.1.3　双色调模式

一种灰色油墨或彩色油墨来渲染一个灰度图像，即双色套印或同色浓淡套印模式。在此模式中，最多可以向灰度图像中添加四种颜色，这样就可以打印出比单纯灰度要有趣得多的图像。只有灰度模式的图像才可转换为双色调模式。

将图像模式转换为双色调模式后，会打开“双色调选项”对话框，如图 6-4 所示，在“类型”选项中，可选择色调类型，供选择的类型有：单色调、双色调、三色调、四色调。单击油墨色块，可打开“颜色库”对话框，进行“色库”和“颜色”的修改，如图 6-5 所示。

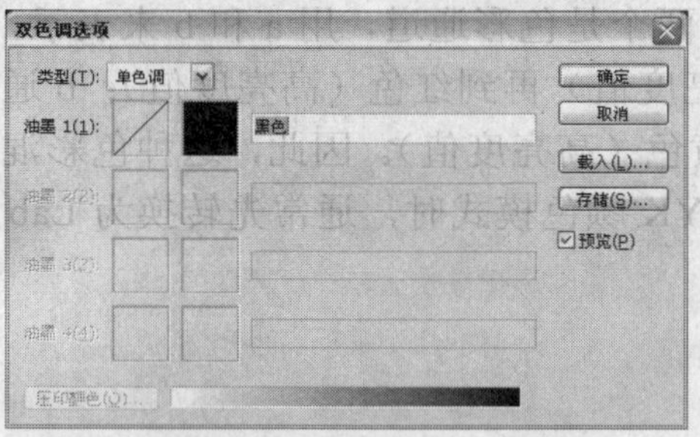

图 6-4　“双色调选项”对话框

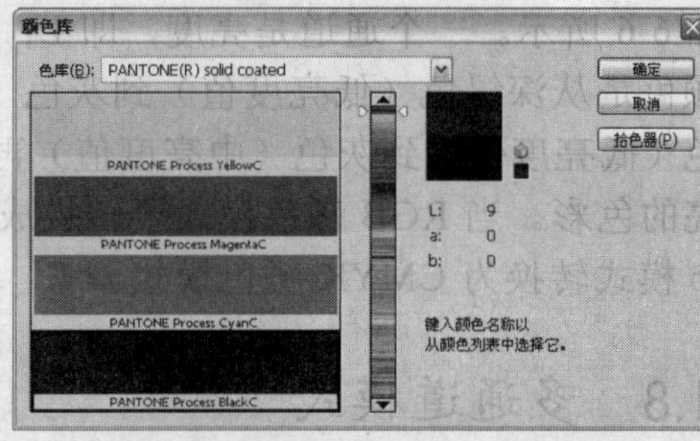

图 6-5　“颜色库”对话框

6.1.4　索引颜色模式

该模式使用最多 256 种颜色。当转换为索引颜色时，Photoshop CS2 将构建一个颜色查找表（CLUT），用以存放并索引图像中的颜色。如果原图像中的某种颜色没有出现在该表中，则程序将选取现有颜色中最接近的一种，或使用现有颜色模拟该颜色。

通过限制“颜色”调板，索引颜色可以在保持图像视觉品质的同时减少文件大小（如当运用于多媒体动画应用程序或 Web 页时）。在这种模式下只能进行有限的编辑。若要进一步编辑，应临时转换为 RGB 模式。

6.1.5　RGB 颜色模式

RGB 是色光的彩色模式，R 代表红色（Red），G 代表绿色（Green），B 代表蓝色（Blue）。三种色彩相叠加形成了其他的色彩。因为三种颜色每一种都有“256”个亮度水平级，所以三种色彩叠加就能形成“1670”万种颜色了。

RGB 颜色模式因为是由红、绿、蓝相叠加形成其他颜色，因此该模式也叫加色模式。使用 RGB 模式产生颜色的方法叫色光加色法。图像色彩均由 RGB 数值决定。当 RGB 色彩数值均为“0”时，为黑色；当 RGB 色彩数值均为“255”时，为白色；当 RGB 色彩数值相等时，产生灰色。在 Photoshop CS2 中处理图像时，通常先设置为 RGB 模式，只有在这种模式下，所有的效果才能使用。

6.1.6　CMYK 颜色模式

CMYK 颜色模式是一种印刷模式。C 代表青色（Cyan），M 代表洋红（Magenta），Y 代表黄色（Yellow），K 代表黑色（Black）。在实际应用中，青色、洋红和黄色三色很难形成真正的黑色，因此又引入了黑色，黑色用于强化暗部的色彩。在 CMYK 颜色模式中，由于光线照到不同比例的 C、M、Y、K 油墨的纸上，部分光谱被吸收，反射到人眼产生颜色，所以该模式是一种减色模式。使用 CMYK 颜色模式产生颜色的方法叫色光减色法。要打印的图像通常在输出时才转换成 CMYK 颜色模式。

6.1.7　Lab 颜色模式

Lab 颜色模式包含的颜色最广，是一种与设备无关的模式。Lab 颜色模式由三个通道组成，如图 6-6 所示。一个通道是亮度，即 L；另外两个是色彩通道，用 a 和 b 来表示。a 通道包括的颜色是从深绿色（低亮度值）到灰色（中亮度值）再到红色（高亮度值）；b 通道则是从亮蓝色（低亮度值）到灰色（中亮度值）再到黄色（高亮度值）。因此，这种色彩混合后将产生明亮的色彩。当 RGB 颜色模式要转换成 CMYK 颜色模式时，通常先转换为 Lab 模式，再将 Lab 模式转换为 CMYK 颜色模式。

6.1.8 多通道模式

这种模式包含了多种灰阶通道，每一通道均由“256”级灰阶组成，如图 6-7 所示。这种模式通常被用来处理特殊打印需求，例如将某一灰阶图像以特别色（SpotColor）打印或将双色调模式的图像文件转换之后以 ScitexCT 格式打印。

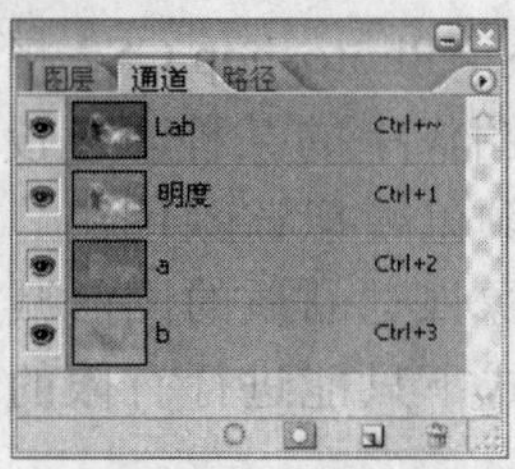

图 6-6 Lab 颜色模式图像的通道

图 6-7 多通道模式图像的通道

6.1.9 HSB 模式

HSB 模式中，H 表示色相、S 表示饱和度、B 表示亮度，其色相沿着 0 度到 360 度的色环来进行变换，只有在色彩编辑时才可以看到这种色彩模式，如图 6-8 所示。

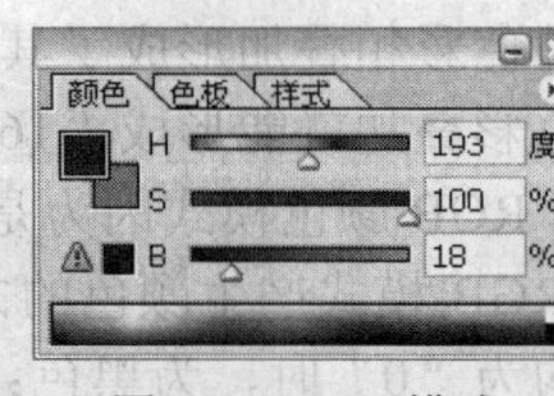

图 6-8 HSB 模式

- H：是指色相，即组成可见光谱的单色。红色在 0 度，绿色在 120 度，蓝色在 240 度。它基本上是 RGB 模式全色度的饼状图，色相有时也称为色调。
- S：是指饱和度，表示色彩的鲜艳程度。为 0 时为灰色，白、黑和其他灰色色彩都没有饱和度。在最大饱和度时，每一色相具有最纯的色光。
- B：是指亮度，即色彩的明暗程度。将参数设置为 0 时，图像为黑色。

6.1.10 转换颜色模式

为了在不同的场合正确输出图像，有时需要把图像从一种模式转换为另一种模式。Photoshop 通过执行“图像→模式”子菜单中的命令，来转换需要的颜色模式。这种颜色模式的转换有时会永久性地改变图像中的颜色值。例如，将 RGB 模式图像转换为 CMYK 模式图像时，CMYK 色域之外的 RGB 颜色值被调整到 CMYK 色域之外，从而缩小了颜色范围。

6.2 整体色彩的快速调整

在 Photoshop CS2 的“调整”命令中，可对图像的整体效果进行快速调整的命令有“亮度/对比度”、“自动色阶”、“自动对比度”、“自动颜色”和“变化”命令。

6.2.1 亮度/对比度

使用“亮度/对比度”命令可以调整图像的亮度和对比度。默认情况下，“亮度/对比度”命令处于隐藏状态，执行“图像→调整→显示所有菜单项目”命令可将其显示出来。

执行“图像→调整→亮度/对比度”命令，打开“亮度/对比度”对话框，如图 6-9 所示。

【亮度】　当输入数值为负时，将降低图像的亮度；当输入的数值为正时，将增加图像的亮度；当输入的数值为“0”时，图像无变化。

【对比度】　当输入数值为负时，将降低图像的对比度；当输入的数值为正时，将增加图像的对比度；当输入的数值为“0”时，图像无变化。

在对话框中，直接在文本框中输入数值或者用鼠标拖动滑块就可对图像的亮度和对比度进行调整，如图 6-10 所示，单击“确定”按钮即可完成调整，如图 6-11 所示。

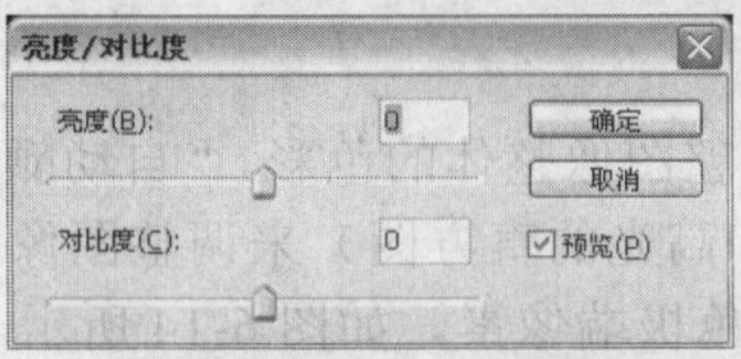

图 6-9　“亮度/对比度”对话框

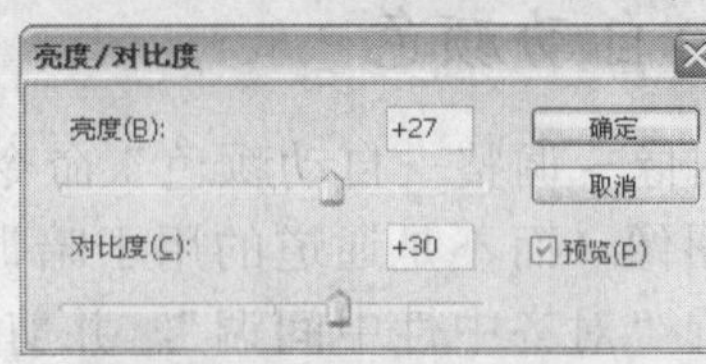

图 6-10　“亮度/对比度”对话框

（a）调整前

（b）调整后

图 6-11　调整“亮度/对比度”后的图像效果

6.2.2 自动色阶

执行“图像→调整→自动色阶”命令，软件自动调整图像的明暗度，去除图像中不正常的高亮区和黑暗区，如图 6-12 所示。

（a）调整前

（b）调整后

图 6-12　使用“自动色阶”命令调整图像

6.2.3 自动对比度

执行“图像→调整→自动对比度”命令，系统可自动调整图像的对比度，如图 6-13 所示。

（a）调整前　　（b）调整后

图 6-13 使用“自动对比度”命令调整图像

6.2.4 自动颜色

执行“图像→调整→自动颜色”命令，可自动调整图像整体的色彩。“自动颜色”命令通过搜索实际图像（而不是通道的用于暗调、中间调和高光的直方图）来调整图像的对比度和颜色。可设置“对齐中性中间调”，并剪切白色和黑色极端像素，如图 6-14 所示。

（a）调整前　　（b）调整后

图 6-14 使用“自动颜色”命令调整图像

6.2.5 变化

使用“变化”命令可让用户直观地调整图像或选区中图像的色彩平衡、对比度和饱和度。执行“图像→调整→变化”命令，打开“变化”对话框，如图 6-15 所示。

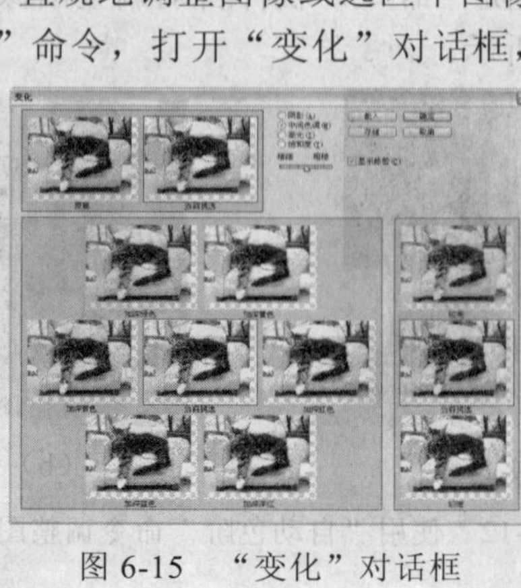

图 6-15 “变化”对话框

【暗调】、【中间色调】、【高光】　这三个单选项用于选择要调整像素的亮度范围。

【饱和度】　设置图像颜色的鲜艳程度。

【精细/粗糙】　控制图像调整时的幅度，向粗糙项靠近一格，幅度就增大一倍。向精细项靠近一格，幅度就减小一半。

【显示修剪】　决定是否显示图像中颜色溢出的部分。

“变化”命令的使用方法是：单击或连续点击相应的颜色缩略图，可在图像中增加某种颜色；单击其互补色，可从图像中减去颜色。

对话框顶部的两个缩略图分别显示原图（或原选区图像）和调整效果的预览图（或选区图像预览）；右侧的缩略图用于调整图像亮度值，单击其中一个缩略图，所有的缩略图都会随之改变亮度；名为“当前挑选”的缩略图反映当前的调整状况。其余各图分别代表增加某种颜色后的情况，调整完毕后单击“确定”按钮即可。为图 6-16（a）中的图像添加黄色、绿色和红色后的效果如图 6-16（b）所示。

（a）调整前　　（b）调整后

图 6-16　使用“变化”命令调整图像

提　示

“变化”命令不能用在索引颜色模式的图像上。

实例解析——将照片调整成单色

本例将使用转换图像模式、亮度/对比度及变化命令将照片调整成单色效果，完成后的效果如图 6-17 所示。

图 6-17　单色图像效果

（1）按“Ctrl+O”组合键打开一张素材图像文件，如图 6-18 所示。

（2）执行“图像→模式→灰度”，将图像转换为灰度图像，如图 6-19 所示。

图 6-18　素材图片

图 6-19　转换灰度效果

（3）执行“图像→调整→亮度/对比度”命令，弹出“亮度/对比度”对话框，调整参数如图 6-20 所示。

（4）单击“确定”效果，图像效果如图 6-21 所示。

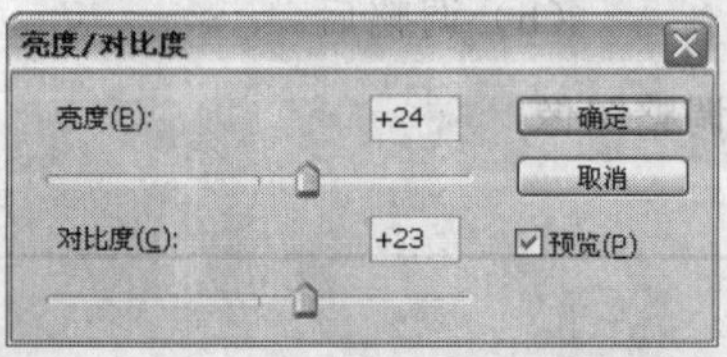

图 6-20　调整亮度/对比度参数

图 6-21　图像效果

（5）执行“图像→模式→RGB 模式”，将图像转换为 RGB 模式。

（6）执行“图像→调整→变化”命令，弹出“变化”对话框，调整参数如图 6-22 所示。

（7）单击“确定”按钮，图像效果如图 6-23 所示。

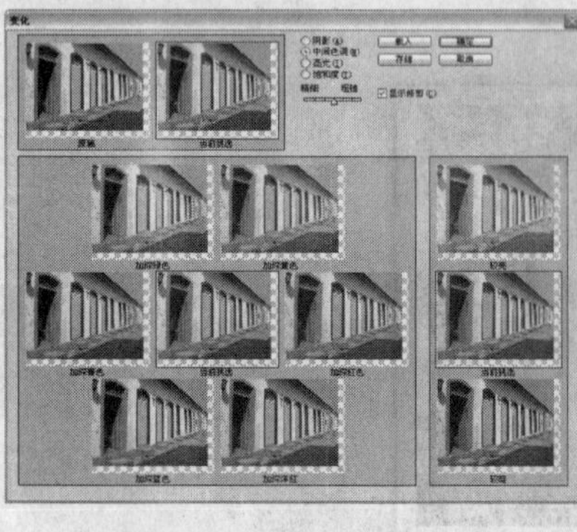

图 6-22　调整变化参数

图 6-23　最终效果

6.3 精细调整图像色调

使用“色阶”、“色彩平衡”、“色相/饱和度”、“匹配颜色”、“替换颜色”、“可选颜色”、“通道混合器”等命令可对图像的颜色和色调进行较精细调整。

6.3.1 色阶

“色阶”命令用于调整图像的明暗程度。色阶调整是使用高光、中间调和暗调 3 个变量进行图像色调调整的。这个命令不仅对整个图像可以进行操作，也可以对图像的某一选取范围、某一图层图像或者某一个颜色通道进行操作。

执行“图像→调整→色阶”命令，打开如图 6-24 所示的“色阶”对话框。

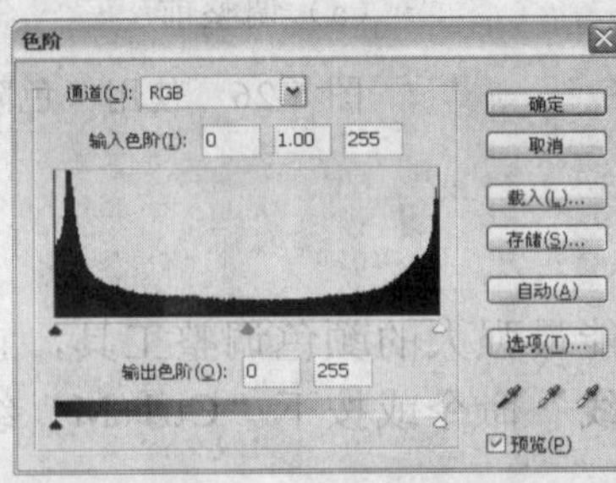

图 6-24 “色阶”对话框

【通道】 选择需要调整的颜色通道。

【输入色阶】 其中第一个编辑框用来设置图像的暗部色调，低于该值的像素将变为黑色，取值范围为“0~253”；第二个编辑框用来设置图像的中间色调，取值范围为“0.10~9.99”；第三个编辑框用来设置图像的亮部色调，高于该值的像素将变为白色，取值范围为“1~255”。

【输出色阶】 左边的编辑框用来提高图像的暗部色调，取值范围为“0~255”；右边的编辑框用来降低亮部的亮度，取值范围为“0~255”。

> **提 示**
>
> 在“输入色阶”和“输出色阶”选项的直方图中，分别有三个和两个黑色三角滑块，分别对应了“输入色阶”和“输出色阶”数字框中的参数，可通过拖动滑块来改变相应的值，达到调整色阶的目的。

自动(A) 单击该按钮，Photoshop CS2 将以“0.5”的比例来调整图像，把最亮的“0.5%”像素调整为白色，而把最暗的“5%”像素调整为黑色。

载入(L)... 单击该按钮可载入格式为*.ALV 的文件设置。

存储(S)... 单击该按钮可保存该设置。

【预览】 选择该复选框，可以在图像窗口中预览图像效果。

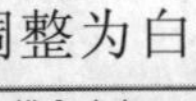 这三个吸管工具位于对话框的右下方，用鼠标双击其中某一吸管即可打开“拾色器”对话框，并在“拾色器”对话框中输入分配亮光、中间调和暗调的值。使用黑色吸管单击图像，图像上所有像素的亮度值都会减去该选取色的亮度值，使图像变暗；使用灰色吸

管单击图像，Photoshop CS2 将用吸管单击处的像素亮度来调整图像所有像素的亮度；使用白色吸管单击图像，图像上所有像素的亮度值都会加上该选取色的亮度值，使图像变亮。

在图像文件中执行“图像→调整→色阶”命令，打开“色阶”对话框，调整“输入色阶”参数如图 6-25 所示，图像明暗产生变化，效果如图 6-26 所示。

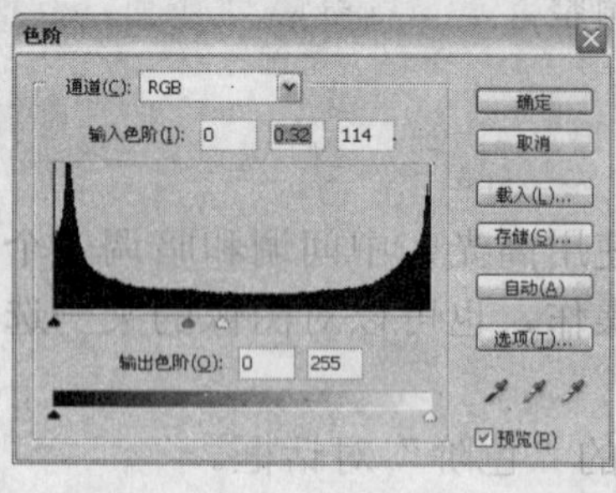

图 6-25 “输入色阶”参数调整

（a）调整前 （b）调整后

图 6-26 使用“色阶”命令调整图像

6.3.2 曲线

曲线调整是选项最丰富、功能最强大的颜色调整工具，它允许调整图像色调曲线上的任意一点。执行“图像→调整→曲线”命令或按下“Ctrl+M”组合键打开“曲线”对话框，如图 6-27 所示。

【输入】 显示原来图像的亮度值，与色调曲线的水平轴相同。

【输出】 显示图像处理后的亮度值，与色调曲线的垂直轴相同。

【光谱条】 单击图标下边的光谱条，可在黑色和白色之间切换。

该工具用来在图表中各处制造节点而产生色调曲线。拖动鼠标可改变节点位置，向上拖动时色调变亮，向下拖动则变暗。若想将曲线调整成比较复杂的形状，可多次产生节点并进行调整。

该工具用来随意在图表上画出需要的色调曲线，选中它，然后将光标移至图表中，鼠标变成画笔，可用画笔徒手绘制色调曲线，如图 6-28 所示。

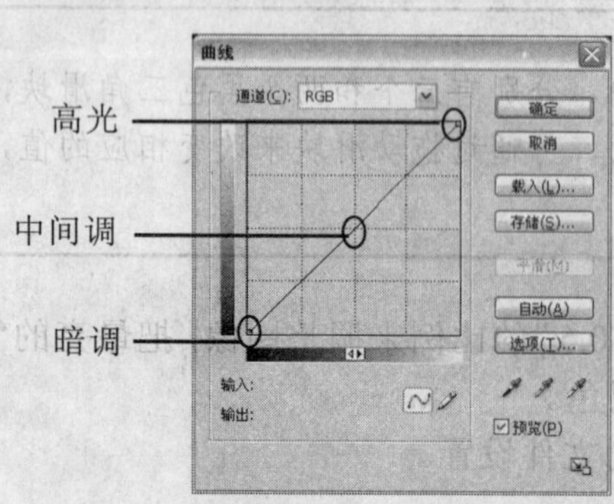

图 6-27 “曲线”对话框

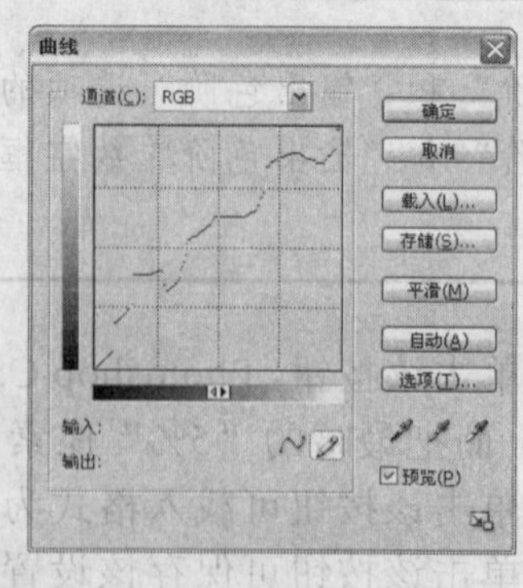

图 6-28 绘制曲线

在曲线上可随意添加控制点，方法是：直接在需要添加控制点的位置单击鼠标，Photoshop CS2 最多允许在曲线上添加 16 个控制点。

删除控制点的方法有以下三种：

- 选中控制点拖到曲线图外。
- 按住“Ctrl”键，单击需要删除的控制点。
- 选择需要删除的控制点，按下“Delete”键删除。

调整曲线的形状可使图像的颜色、亮度、对比度等发生改变。使用下列方法均可调整曲线。

- 用鼠标拖动曲线。
- 在曲线上添加控制点或选择一个控制点，然后在“输入”和“输出”框中分别输入新的纵横坐标值。
- 点击对话框下面的铅笔按钮，在曲线图中绘制新曲线，然后点击右边的“平滑”按钮使曲线平滑。

在 RGB 模式下，如果曲线位于默认位置的上方，调整后的亮度比调整前要亮，如图 6-29 所示。反之则图像变暗，如图 6-30 所示。如果曲线呈“S”形，可以使相近的亮色调之间变化得很自然，并且使对比度加大，效果如图 6-31 所示。

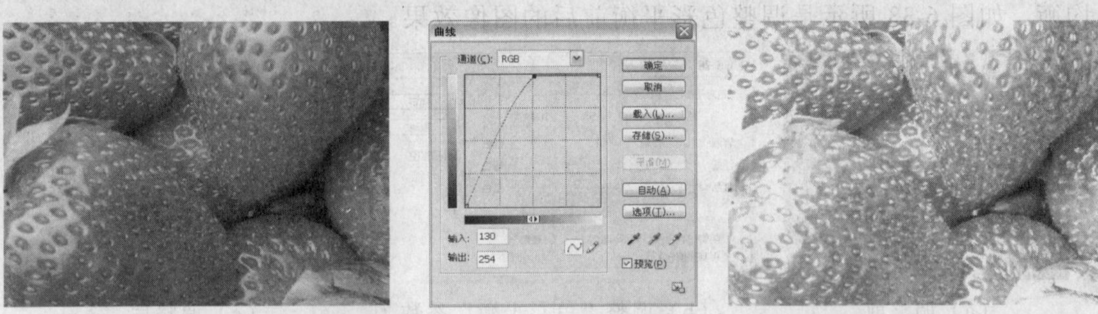

（a）调整前　（b）向上调整曲线　（c）调整后

图 6-29　向上调整曲线的图像效果

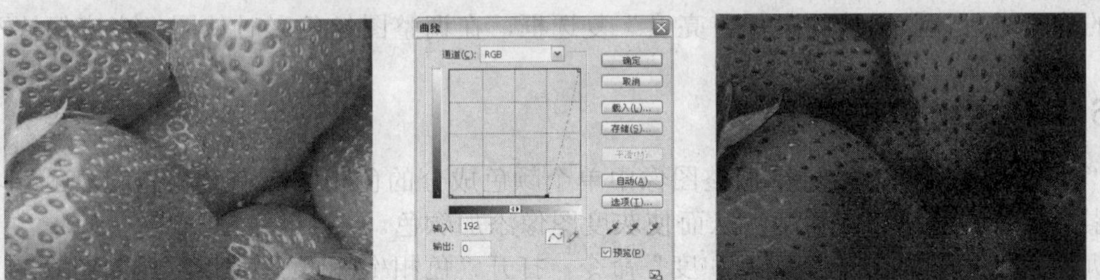

（a）调整前　（b）向下调整曲线　（c）调整后

图 6-30　向下调整曲线的图像效果

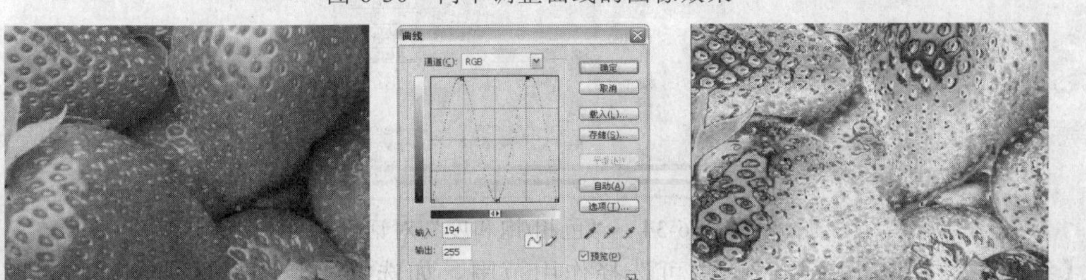

（a）调整前　（b）调整成“S”形　（c）调整后

图 6-31　调整成“S”形曲线的图像效果

6.3.3 色彩平衡

“色彩平衡”命令可以调整图像整体的色彩平衡。执行“图像→调整→色彩平衡”命令，打开“色彩平衡”对话框，如图 6-32 所示。

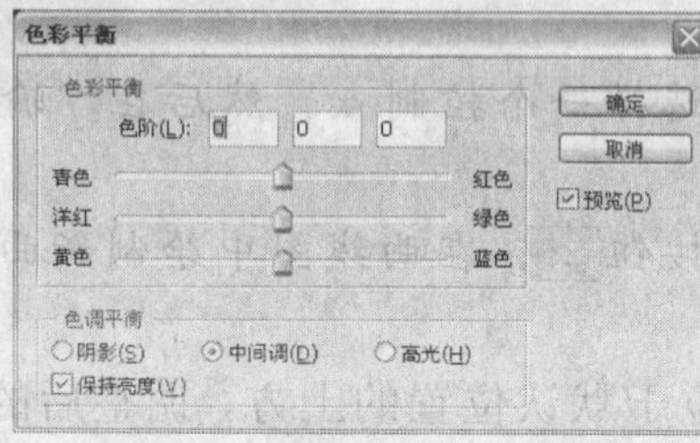

图 6-32 “色彩平衡”对话框

色彩平衡：分别用来显示三个滑块的滑块值，也可直接在色阶框中输入相应的值来调整颜色均衡。如图 6-33 所示是调整色彩平衡前后的图像效果。

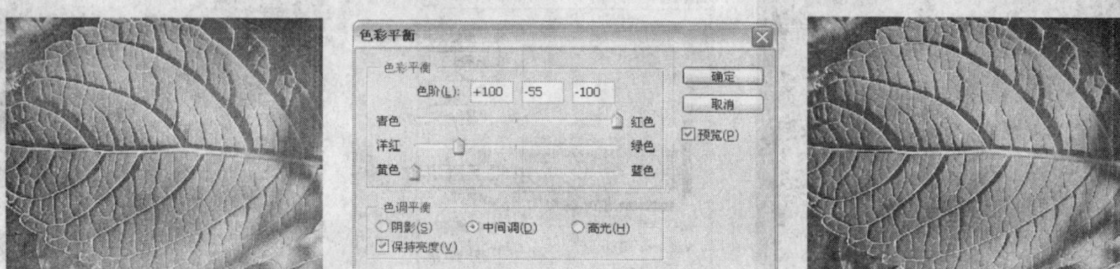

（a）调整前　　（b）调整“色彩平衡”参数　　（c）调整后

图 6-33 使用“色彩平衡”命令调整图像

色调平衡：包括“暗调”、“中间调”、“高光”三个单选项，选中某一选项，就会对相应色调的像素进行调整。选择“保持亮度”复选框，在调整图像色彩时使图像亮度保持不变。

6.3.4 色相/饱和度

“色相/饱和度”命令可以调整图像中单个颜色成分的色相、饱和度和亮度。还可以通过给像素指定新的色相和饱和度，从而使灰度图像添加颜色。

执行“图像→调整→色相/饱和度”命令，打开“色相/饱和度”对话框，如图 6-34 所示。

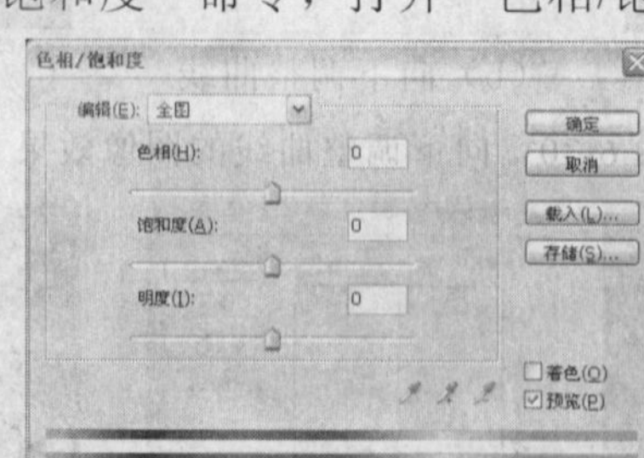

图 6-34 “色相/饱和度”对话框

【编辑】 在其下拉列表框中可选择作用范围。如选择“全图”选项，则将对图像中所有颜色的像素起作用，其余选项则表示对某一颜色成分的像素起作用。

【着色】 使一幅灰色或黑白图像变成一幅单彩色的图像。

【色相】　就是颜色。在数字框中输入数字或拖动下方的滑块可改变图像的颜色，如图 6-35 所示。

（a）调整“色相”滑块　　（b）调整前　　（c）调整后

图 6-35　调整“色相”后的图像效果

【饱和度】　颜色的鲜艳程度，即颜色的统一纯度。在数字框中输入数字或拖动下方的滑块可改变图像的饱和度。当饱和度为“-100”时，为灰度图像，如图 6-36 所示。

（a）调整“饱和度”滑块　　（b）调整前　　（c）调整后

图 6-36　调整“饱和度”后的图像效果

【明度】　是指图像的明暗度，效果如图 6-37 所示。

（a）调整“明度”滑块　　（b）调整前　　（c）调整后

图 6-37　调整“明度”后的图像效果

选择“着色”复选框，然后调整“色相”滑块，可为图像着色，如图 6-38 所示；若在“编辑”下拉列表中选择一种颜色，调整色相时，只有与这种颜色相关的颜色才会产生变化。

（a）选择“着色”选项　　（b）调整前　　（c）调整后

图 6-38　选择“着色”选项后的图像效果

6.3.5 匹配颜色

“匹配颜色”命令可以使多个图像文件、多个图层、多个色彩选区之间进行颜色的匹配。使用该命令，注意将颜色模式设置为 RGB 颜色。执行“图像→调整→匹配颜色”命令，打开“匹配颜色”对话框，如图 6-39 所示。

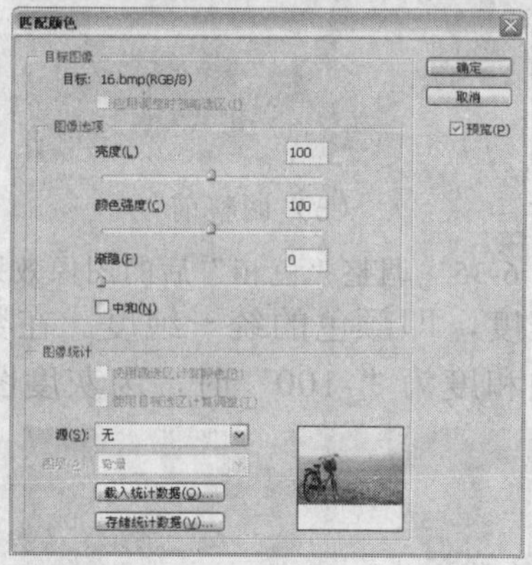

图 6-39 “匹配颜色”对话框

【调整时忽略选区】 选择该复选框后，软件会将调整应用到整个目标图层上，而忽略图层中的选区。

【亮度】 调整当前图层中图像的亮度。

【颜色强度】 调整图像中颜色的饱和度。

【渐隐】 拖动滑块，可控制应用到图像中的调整量。

【中和】 选择该复选框，可自动消除目标图像中色彩的偏差。

【使用源选区计算彩色】 选择该复选框，可使用源图像中的选区的颜色计算调整度。取消选择该选项，则会忽略图像中的选区，使用原图层中的颜色计算调整度。

【使用目标选区计算调整】 选择该复选框，使用目标图层中选区的颜色计算调整度。

【源】 在其下拉列表中选择要将其颜色匹配到目标图像中的原图像。

【图层】 在该下拉列表中选择源图像中带有需要匹配的颜色的图层。

[载入统计数据(O)...] 载入已存储的设置文件。

[存储统计数据(V)...] 单击该按钮，保存所做的设置。

【预览】 选择该复选框，在进行调整时图像会随时更新。

以图 6-40 和图 6-41 所示图像为例，下面要将如图 6-41 所示图像的颜色应用到图 6-40 中。

图 6-40 原图 1

图 6-41 原图 2

首先使用移动工具将如图 6-40 所示图像拖移至图 6-41 中，如图 6-42 所示。执行“图像→调整→匹配颜色”命令，打开“匹配颜色”对话框，设置参数如图 6-43 所示，点击“确定”按钮，效果如图 6-44 所示。

图 6-42　合并为一个文件

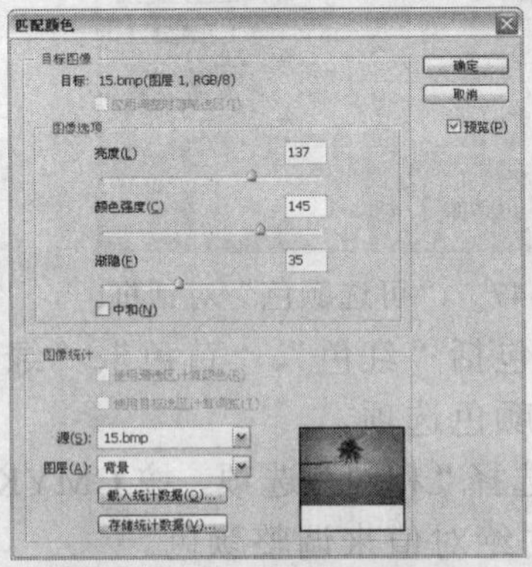

图 6-43　匹配颜色设置图

图 6-44　最终效果

6.3.6　替换颜色

“替换颜色”命令用于替换图像中某个特定范围的颜色，在图像中选取特定的颜色区域来调整其色相、饱和度和亮度值。

执行“图像→调整→替换颜色”命令，打开“替换颜色”对话框，如图 6-45 所示。用吸管工具在图像中单击需要替换的颜色，得到所要进行修改的选区。然后拖动颜色容差滑块调整颜色范围（也可在文本框中直接输入数值，数值越大，被替换颜色的图像区域越大）。拖动“色相”和“饱和度”滑块，直到得到需要的颜色，如图 6-46 所示，蓝色变成了红色。

图 6-45　“替换颜色”对话框

（a）调整前　　（b）调整后

图 6-46　替换颜色效果

6.3.7　可选颜色

“可选颜色”命令可以选择某种颜色范围进行有针对性的修改，修改图像中某种原色的数量而不影响其他原色。

执行“图像→调整→可选颜色”命令，打开“可选颜色”对话框，如图 6-47 所示。

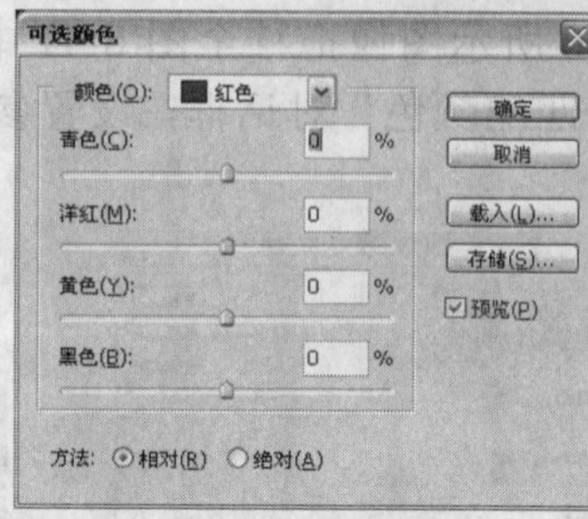

图 6-47 “可选颜色”对话框

【颜色】 设置要调整的颜色，包括“红色”、“黄色”、“绿色”、“青色”、“蓝色”、“白色”、“洋红”、“中性色”、“黑色”等颜色选项。

【方法】 选择增减颜色模式。选择“相对”选项，按 CMYK 总量的百分比来调整颜色；选择“绝对”选项，按 CMYK 总量的绝对值来调整颜色。

技 巧

若对设置的效果不满意，可按下“Alt”键，当“取消”按钮变为“复位”按钮后单击此按钮即可取消设置。

5.3.8 通道混合器

“通道混和器”命令可以通过颜色通道的混合来修改颜色通道，产生图像合成的效果。

执行“图像→调整→通道混和器”命令，打开如图 6-48 所示的“通道混合器”对话框。

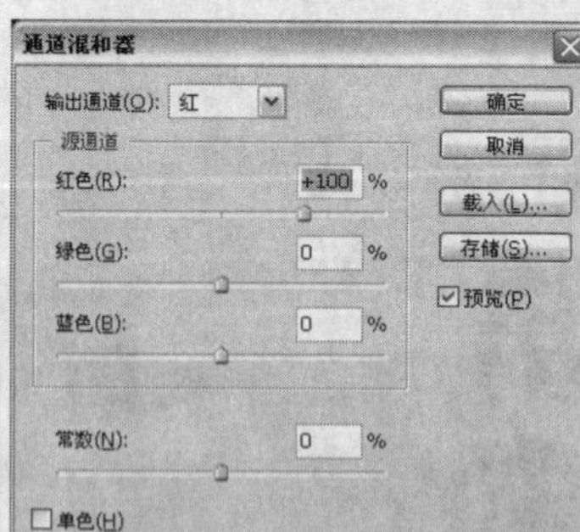

图 6-48 “通道混和器”对话框

【输出通道】 在其下拉列表中可以选择要调整的颜色通道。若打开的是 RGB 色彩模式的图像，则列表中的选项为“红”、“绿”、“蓝”三原色通道；若打开的是 CMYK 色彩模式的图像，则列表框中的选项为“青色”、“洋红”、“黄色”、“黑色”四种颜色通道。

【源通道】 用鼠标拖动滑块或直接在右侧的文本框中输入数值来调整源通道在输出通道中所占的百分比，其取值在-200%~200%之间。

【常数】 用鼠标拖动滑块或在右侧的文本框中输入数值可改变输出通道的不透明度。其取值在－200%~200%之间。输入负值时，通道的颜色偏向黑色，输入正值时，通道的颜色偏向白色。

【单色】　选择该复选框，将彩色图像变成只含灰度值的灰度图像。

“通道混合器”的使用方法是：在“通道混合器”对话框中，首先设置“输出通道”，然后调整各参数设置，单击“确定”按钮即可，如图 6-49 所示，图像中部分蓝色变成了红色。

（a）调整“输出通道”参数　　（b）调整前　　（c）调整后

图 6-49　使用“通道混合器”命令调整图像

6.3.9　照片滤镜

“照片滤镜”命令可把带颜色的滤镜放在照相机镜头前方来调整图片的颜色，还可通过选择色彩预置，调整图像的色相。

执行“图像→调整→照片滤镜”命令，打开“照片滤镜”对话框，如图 6-50 所示。

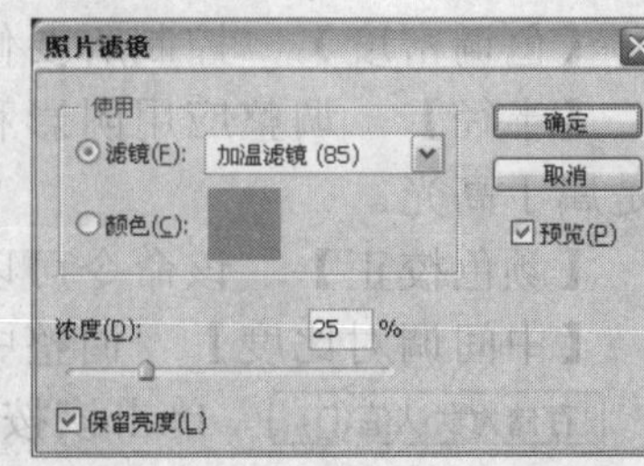

图 6-50　“照片滤镜”对话框

【滤镜】　在下拉列表中选择预置滤镜，这些预置包括可以调整图像中白色平衡的色彩转换滤镜或以较小幅度调整图像色彩质量的光线平衡滤镜。

【颜色】　单击该单选项中的色块来设置滤镜的颜色。

【浓度】　调整应用到图像中的颜色量。值越高，色彩就越接近设置的滤镜颜色。

【保留亮度】　选择该复选框，图像的明度不会因为其他选项的设置而改变。

“照片滤镜”的使用方法是：在“照片滤镜”对话框的“滤镜”下拉列表中选择一种预置滤镜（如“冷却滤镜”），单击颜色色块，选择滤镜的颜色，最后调整“浓度”滑块得到改变后的图像效果，如图 6-51 所示。

（a）选择“冷却滤镜”对话框　　（b）调整前　　（c）调整后

图 6-51　使用“照片滤镜”命令调整图像

6.3.10　阴影/高光

“阴影/高光”命令不是单纯地使图像变亮或变暗，而是通过计算，对图像局部进行明暗处理。

执行“图像→调整→阴影/高光”命令，打开“阴影/高光”对话框，如图 6-52 所示，选择“显示其他选项”复选框，可将该命令下的所有选项显示出来，如图 6-53 所示。

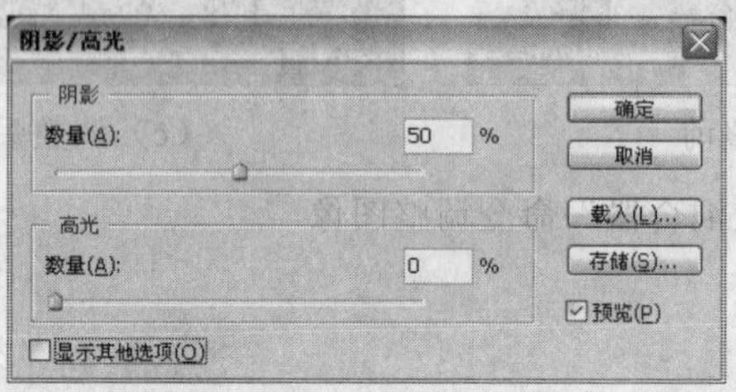

图 6-52　“阴影/高光”对话框

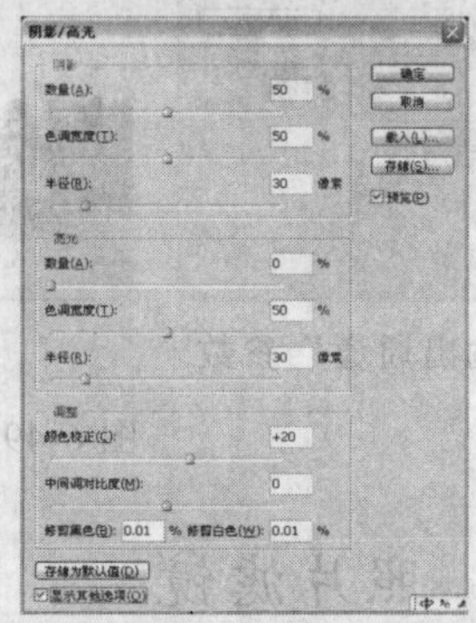

图 6-53　“阴影/高光”所有选项对话框

【数量】　分别调整阴影和高光的数量，可以调整光线的校正量。数值越大，则阴影越亮而高光越暗；反之则阴影越暗高光越亮。

【色调密度】　控制所要修改的阴影或高光中的色调范围。

【半径】　调整应用阴影和高光效果的范围，设置该尺寸，可决定某一像素是属于阴影还是属于高光。

【颜色校正】　该命令可以微调彩色图像中已被改变区域的颜色。

【中间调对比度】　调整中间色调的对比度。

[存储为默认值(D)]　单击该按钮，可将当前设置存储为“阴影/高光”命令的默认设置。若要恢复默认值，按住“Shift”键，将鼠标移到[存储为默认值(D)]按钮上，该按钮会变成“恢复默认值”，单击该按钮即可。

“阴影/高光”命令的使用方法是：首先打开曝光不足或曝光过度的图片（本例图片为曝光不足），执行“图像→调整→阴影/高光”命令，软件自动查找曝光不足的区域，将数量调整到 50%，然后根据图像的预览效果手动调整其他参数即可，完成后单击“确定”按钮，图像效果如图 6-54 所示。

（a）“阴影/高光”对话框　　（b）调整前　　（c）调整后

图 6-54　使用“阴影/高光”命令调整图像

实例解析——调整偏色照片

本例将使用色相/饱和度命令和色彩平衡命令调整偏色照片，调整后的效果如图 6-55 所示。

图 6-55　调整后的效果

（1）按“Ctrl+O”组合键打开一张素材图像文件，如图 6-56 所示。

（2）按“Ctrl+U”组合键打开“色相/饱和度”对话框，调整参数如图 6-57 所示。

图 6-56　素材图片

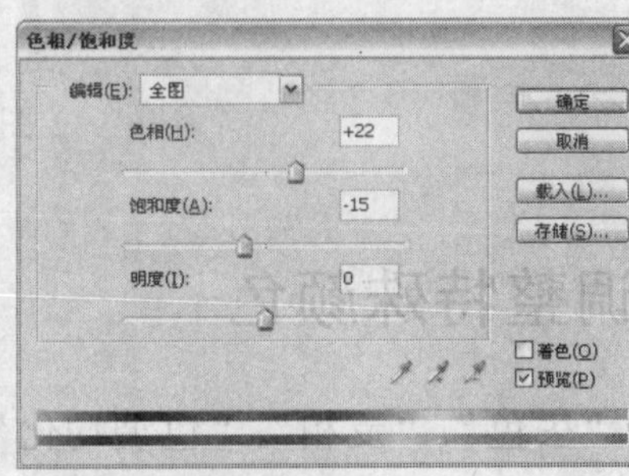

图 6-57　调整色相/饱和度

（3）单击“确定”按钮，照片效果如图 6-58 所示。

（4）按“Ctrl+B”组合键打开“色彩平衡”对话框，调整参数如图 6-59 所示。

图 6-58　应用效果

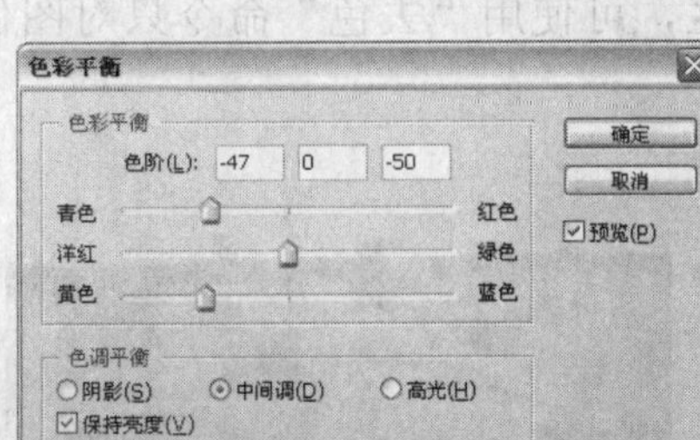

图 6-59　调整色彩平衡

（5）单击“确定”按钮，照片效果如图 6-60 所示。

（6）按“Ctrl+U”组合键打开“色相/饱和度”对话框，调整参数如图 6-61 所示。

图 6-60　调整效果

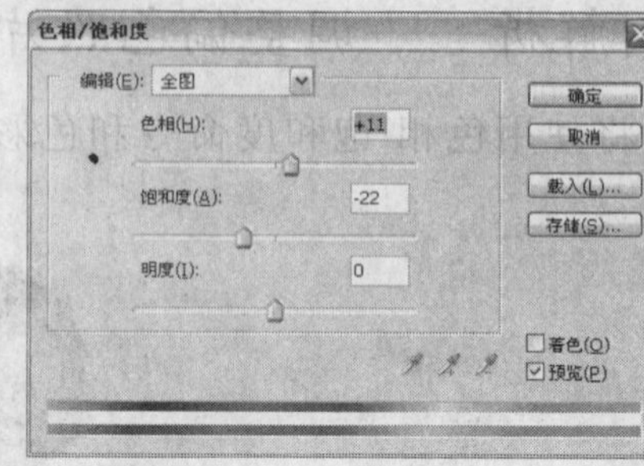

图 6-61　调整色相/饱和度

（7）单击“确定”按钮，偏色照片调整完成，效果如图 6-62 所示。

图 6-62　最终效果

6.4　调整特殊颜色

使用“去色”、“反相”、“色调均化”等命令可使图像产生特殊的效果。

6.4.1　去色

“去色”命令可除去图像中的饱和度信息。执行“图像→调整→去色”命令，将图像中所有颜色的饱和度都变为“0”，从而将图像变为彩色模式下的灰色图像。若在当前图层建立一个选区，可使用“去色”命令只对图像的选区范围进行转化，如图 6-63 所示。

（a）选择图像　　　　（b）去色后的效果

图 6-63　对图像局部去色

6.4.2　渐变映射

“渐变映射”命令可以改变图像的色彩，使用各种渐变模式对图像的颜色进行调整。

执行“图像→调整→渐变映射”命令，打开“渐变映射”对话框，如图 6-64 所示。

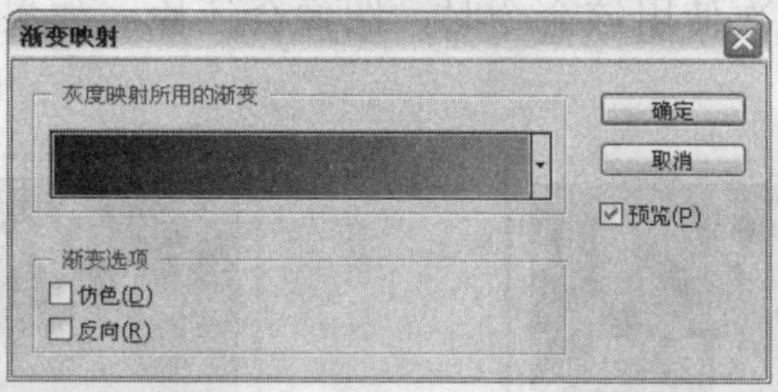

图 6-64　“渐变映射”对话框

【灰度映射所用的渐变】　在其下拉列表中可选择要使用的渐变色。

【仿色】　选中该复选框，将实行抖动渐变。

【反向】　选中该复选框，将实行反转渐变。

“渐变映射”命令的使用方法是：在“渐变映射”对话框中单击预置列表中预置的颜色，如图 6-65 所示，即可将渐变映射运用到图像上；如果不选择预置的渐变色，可单击渐变色块打开“渐变编辑器”对话框进行渐变色的设置，如图 6-66 所示，单击“渐变编辑器”对话框的“确定”按钮回到“渐变映射”对话框，然后单击“渐变映射”对话框的“确定”按钮，图像效果如图 6-67 所示。

图 6-65　“渐变映射”对话框

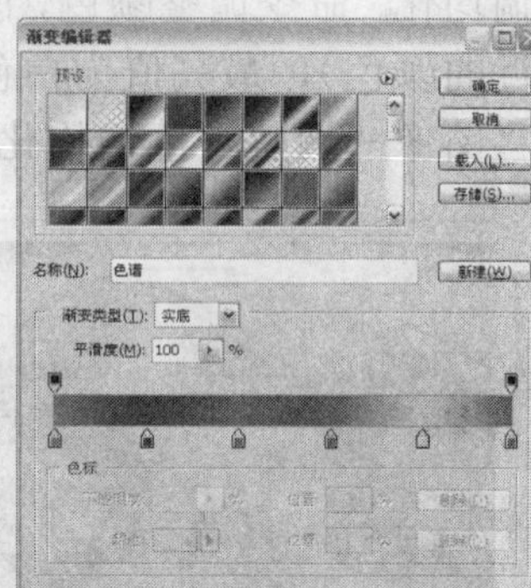

图 6-66　“渐变编辑器”对话框

（a）调整前　　（b）调整后

图 6-67　使用“渐变映射”命令调整图像

6.4.3 反相

“反相”命令能把图像的色彩反相，从而转化为负片，或将负片还原为图像。

执行“图像→调整→反相”命令，可以将图像的色彩反转（如黑色变成白色），而且不会丢失图像的颜色信息。当再次使用该命令时，图像会还原。如果将一幅照片反相，可得到底片效果，如图 6-68 所示。

（a）调整前　　（b）调整后

图 6-68　使用“反相”命令调整图像

6.4.4 色调均化

“色调均化”命令调整颜色，能重新分配图像中各像素的亮度值，其中最暗值为黑色（或尽可能相近的颜色），最亮值为白色，中间像素均匀分布。

执行“图像→调整→色调均化”命令，图像效果如图 6-69 所示。

（a）调整前　　（b）调整后

图 6-69　使用“色调均化”命令调整图像

6.4.5 阈值

“阈值”命令可将一个彩色或灰度图像变成只有黑白两种色调的图像。

执行“图像→调整→阈值”命令，打开“阈值”对话框。该对话框中显示的是当前图像亮度值的坐标图，用鼠标拖动滑块或者在“阈值色阶”右侧的文本框中输入数值来设置阈值，其取值范围是“1~255”。设置完成后，单击“确定”按钮，效果如图 6-70 所示。

（a）“阈值”对话框　　（b）调整前　　（c）调整后

图 6-70　使用“阈值”命令调整图像

6.4.6　色调分离

“色调分离”命令可以指定图像中每个通道色调级（或亮度值）的数目，并将这些像素映射为最接近的匹配色调，减少并分离图像的色调。执行“图像→调整→色调分离”命令，打开“色调分离”对话框。“色阶”选项用于设置图像色调变化的程度，该值越大，图像色调变化越大，效果越明显。设置完成后，单击“确定”按钮即可，如图 6-71 所示。

（a）“色调分离”对话框　　（b）调整前　　（c）调整后

图 6-71　使用“色调分离”命令调整图像

实例解析——制作底片效果

本例将使用反相命令和去色命令制作底片效果，如图 6-72 所示。

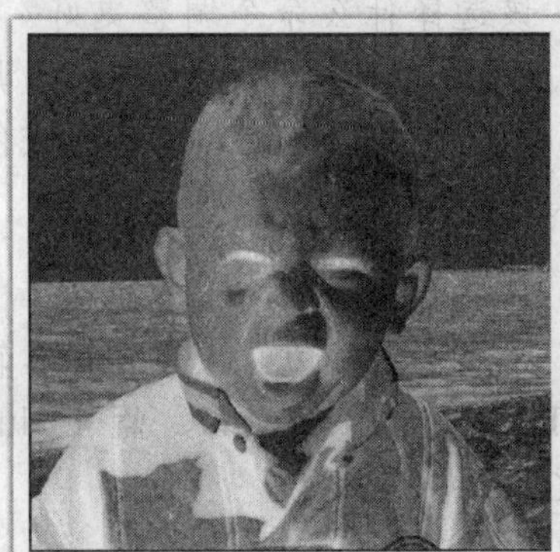

图 6-72　底片效果

（1）按“Ctrl+O”组合键打开一张素材图像文件，如图 6-73 所示。

图 6-73 素材图片

（2）执行“图像→调整→反相”命令，得到如图 6-74 所示的效果。

（3）执行“图像→调整→去色”命令，完成底片效果的制作，如图 6-75 所示。

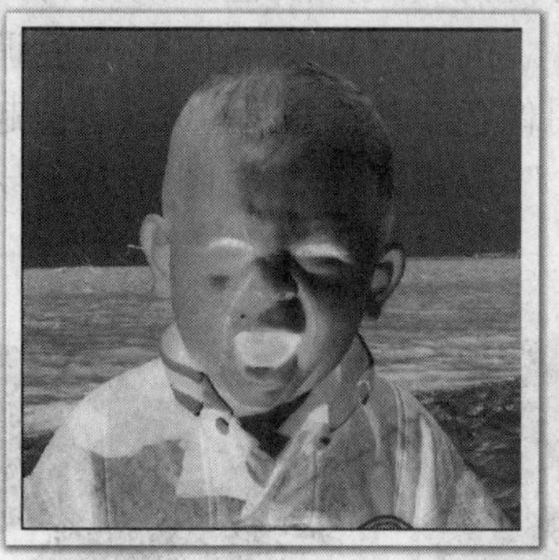

图 6-74 反相效果

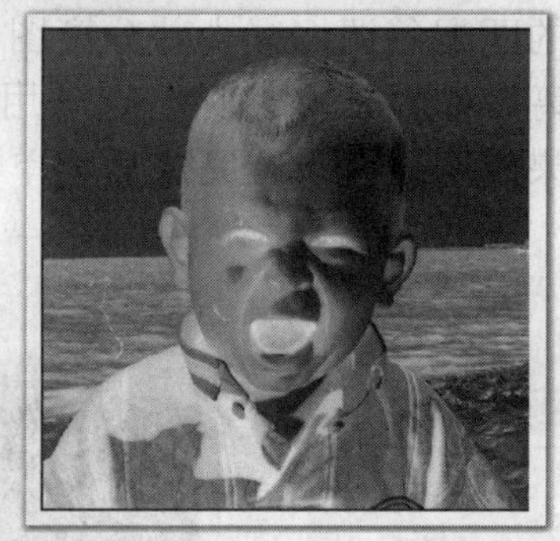

图 6-75 最终效果

6.5 疑难解答

1．如何精确调整曲线上点的位置？

使用键盘上的→、←、↑和↓四个方向键可以精确调整曲线上点的位置。

2．在调整图像明暗效果时，该选择什么命令调整更好？

色阶命令对改变图像的明暗反差作用比较明显。特别是调节图像的高光及暗调时使用非常方便。而亮度/对比度命令并不推荐使用，此命令容易造成色彩层次的丢失，某些图像对色彩层次要求不高可以使用此命令。

3．在 RGB 色彩模式 R、G、B 各代表什么？

RGB 彩色模式，又叫加色模式，RGB 颜色是 Photoshop 软件默认的色彩模式，也是屏幕显示的最佳颜色，是三原色红（Red）、绿（Green）、蓝（Blue）的英文字母的缩写，每一种颜色可以有“0-255”的亮度变化。

4．图像的色彩模式主要包括哪些？

图像的色彩模式主要包括：RGB 模式、CMYK 模式、HSB 模式、Lab 模式、灰度模式、索引颜色、位图模式、双色调模式和多通道模式。

6.6　上机实践

通过本章的学习，相信大家对色调与色彩相关基础知识有了初步的认识和了解，下面通过上机操作来进一步巩固所学知识，达到举一反三的学习效果。

6.6.1　变色

练习目的

使用 Photoshop 调整图像色彩，可以得到很有创意的图像效果，本例将黄色的柠檬变成绿色，完成后的效果如图 6-76 所示。

图 6-76　最终效果

解题思路

本例将使用套索工具、色彩平衡、色相/饱和度、曲线命令调整图像颜色。

操作步骤提示

（1）使用套索工具选择需要调整的图像部分，如图 6-77 所示。

（2）执行“色彩平衡”命令，调整参数如图 6-78 所示。

图 6-77　获取选区

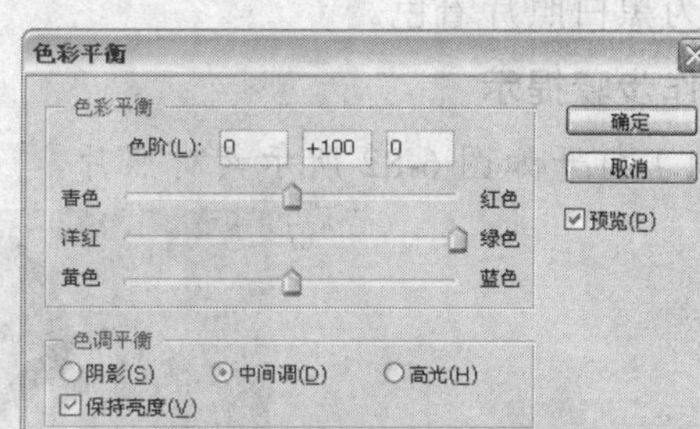

图 6-78　调整色彩平衡

（3）执行“色相/饱和度”命令调整选区颜色如图 6-79 所示。

（4）执行“曲线”命令调整整个图像色调，变色效果完成，如图 6-80 所示。

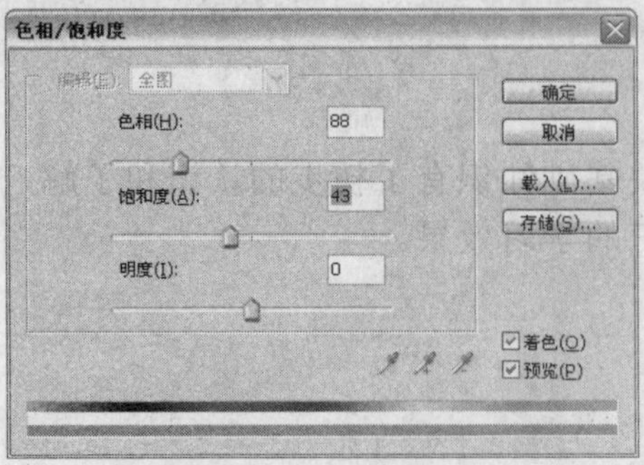

图 6-79　调整色相/饱和度

图 6-80　最终效果

6.6.2　黑白照片上色

练习目的

使用 Photoshop 可以为黑白照片上色，将其神奇地变为彩色照片，本例将练习综合运用调整色彩的多种命令为照片上色，完成后的效果如图 6-81 所示。

图 6-81　着色效果

解题思路

本例将通过调整层，使用套索工具、色彩平衡、色相/饱和度、曲线命令、亮度/对比度命令等为黑白照片着色。

操作步骤提示

（1）打开如图 6-82 所示素材照片。

图 6-82　素材图片

（2）使用选区工具获取需要着色的图像部分，为选区增加调整层，通过不同的调整色彩命令分别为照片上色，最终效果如图 6-83 所示。

图 6-83　最终效果

6.7　综合练习

1．填空题

（1）________模式下的图像由黑白两色组成，没有中间层次，又叫黑白图像。

（2）RGB 颜色模式因为是由________、________、________相叠加形成其他颜色，因此该模式也叫加色模式。

（3）__________命令可以调整图像整体的色彩平衡。

2．选择题

（1）多通道模式包含了多种灰阶通道，每一通道均由（　）级灰阶组成。

A．256　　B．255　　C．365　　D．360

（2）（　）命令可以调整图像中单个颜色成分的色相、饱和度和亮度。还可以通过给像素指定新的色相和饱和度，从而使灰度图像添加颜色。

A．色调分离　　B．色相/饱和度　　C．曲线　　D．色阶

（3）CMYK 模式是一种印刷模式。M 代表洋红，Y 代表黄色，K 代表黑色，C 代表（　）颜色。

A．青色　　B．紫色　　C．蓝色　　D．红色

（4）使用（　）命令可将一个彩色或灰度图像变成只有黑白两种色调的黑白图像。

A．可选颜色　　B．照片滤镜　　C．曲线　　D．去色

第 7 章　Photoshop CS2 中路径的应用

本章要点

- ☑ 路径的创建与编辑
- ☑ 路径的高级应用

7.1　路径的基础知识

在学习路径的使用前，首先应了解什么是路径以及与路径相关的一些概念。

7.1.1　路径简介

所谓路径，就是用一系列点连接起来的线段或曲线，可以沿着这些线段或曲线进行描边或填充，还可以转换为选择范围。路径由定位点和连接定位点的线段（曲线）构成，每一个定位点还包含了两个句柄，用以精确调整定位点及前后线段的曲度，从而匹配想要选择的边界。

路径的实质是以矢量方式定义的线条轮廓，它可以是一条直线，一个矩形，一条曲线以及各种各样形状的线条，这些线条可以是闭合的也可以是不闭合的。路径最大的特点就是容易编辑，在任何时候都可以通过锚点、方向线任意改变它的形状。对于路径的编辑是基于数学层面的，无论对它怎么编辑、放大，它都不会出现锯齿，精细度也不会下降。

Photoshop CS2 的路径用于创建复杂的对象，用于绘制图像区域（对象）的轮廓。路径主要由钢笔工具创建，并使用钢笔工具组中的其他工具进行修改。

提　示

要创建路径，也可以通过将选区转换为路径的方式来实现，具体方法将在后面详细介绍。

路径是由贝塞尔曲线构成的线条或图形。贝塞尔曲线是由 3 点的组合定义成的，一个点在曲线上，另外两个点在控制手柄上，拖动这 3 个点可以改变曲度和方向，如图 7-1 所示。

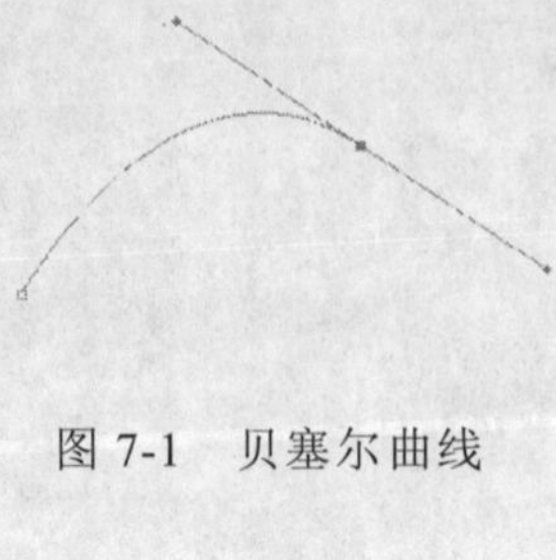

图 7-1　贝塞尔曲线

7.1.2 路径的基本概念

与路径曲线相关的术语有以下几种：

- 锚点：所有与路径相关的点都可以称之为锚点，它标记组成路径的各线段的端点。在曲线线段上，每个锚点都带有 1~2 个方向线。
- 方向点：标记方向线的结束端。
- 方向线：方向线是由锚点引出的曲线的切线，其倾斜度控制曲线的弯曲方向，长度则控制曲线的弯曲幅度。

锚点、方向点、方向线是路径的基本构成要素，其示意图如图 7-2 所示。

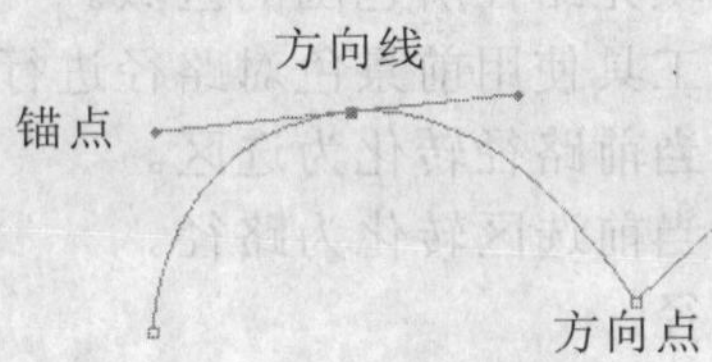

图 7-2 路径基本构成示意图

平滑的路径曲线是由平滑点的锚点连接，尖的曲线路径是由角点连接的。当移动平滑点的一条方向线时，此点两侧的曲线段会同时调整。移动角点的一条方向线时，却只能调整与方向线同一侧的曲线，如图 7-3 所示。

- 角点：由钢笔工具创建，是一个路径中两条线段的交点。
- 平滑点：拖动一个角点，将把角点转换成一个带手柄的平滑点。它使一个线段与另一个线段以弧线方式连接。
- 曲线段：拖动两个角点形成两个平滑点，位于平滑点之间的线段就是曲线段。

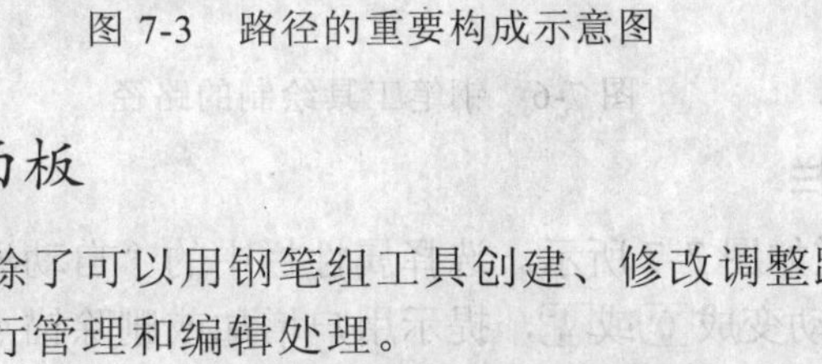

图 7-3 路径的重要构成示意图

7.1.3 路径控制面板

在 Photoshop CS2 中，除了可以用钢笔组工具创建、修改调整路径外，还可以使用“路径”面板对已建立的路径进行管理和编辑处理。

执行“窗口→路径”命令，打开如图 7-4 所示的“路径”面板。在该面板的中间是路径存放区，列出当前图像中所有保存和正在编辑的路径。正在编辑而尚未保存的路径名为工作路径。保存路径时，可对路径重新命名。一般系统命名为工作路径并自动编号。

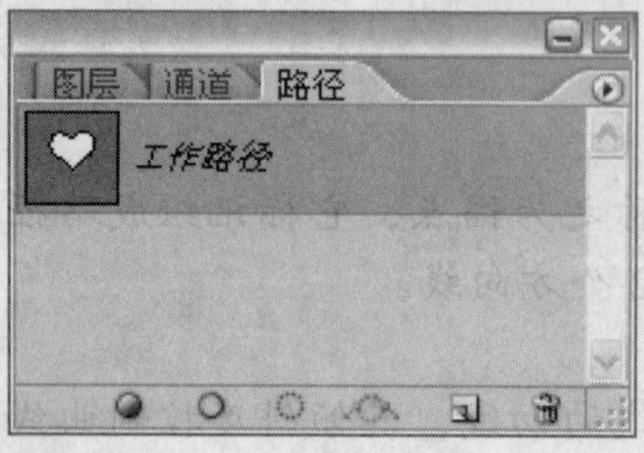

图 7-4　“路径”面板

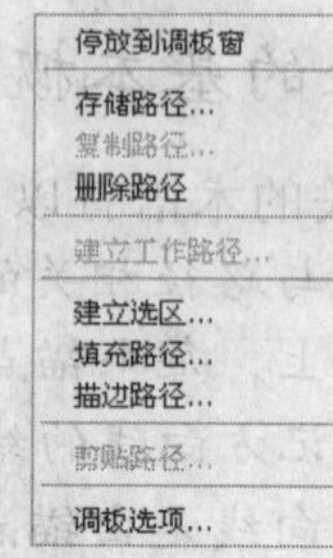

图 7-5　路径快捷菜单

【工作路径】　在“路径”面板中，若路径栏为深灰色，则表示该路径为当前工作路径。

【填充路径】　使用前景色填充路径所包围的区域。

【描边路径】　用当前描绘工具使用前景色对路径进行描边。

【将路径转化为选区】　将当前路径转化为选区。

【将选区转化为路径】　将当前选区转化为路径。

【创建路径】　创建新的路径。

【删除路径】　删除当前路径。

【路径预览图】　用来显示某路径的预览缩图，供用户处理路径时快速参考。

7.2　路径的创建

在 Photoshop CS2 中，可以通过钢笔工具、自由钢笔工具、形状工具等工具创建路径。

7.2.1　钢笔工具

使用钢笔工具创建直线路径和曲线路径，将会得到一些路径造型，如图 7-6 所示。

图 7-6　钢笔工具绘制的路径

1. 钢笔工具的属性栏

钢笔工具的属性栏如图 7-7 所示。选择属性栏中的“自动添加/删除”复选框，在创建路径的过程中光标有时会自动变成或，提示用户增加或删除锚点，以精确控制创建的路径。

图 7-7　钢笔工具的属性栏

【创建形状图层】　使用钢笔工具可创建形状图层。按下该按钮后，"图层"面板会自动添加一个新的形状图层。形状图层可以理解为带形状剪贴路径的填充图层，图层中间的填充色默认为前景色。点击缩略图可改变填充颜色。

【创建工作路径】　按下该按钮后，使用形状工具或钢笔工具绘制的图形，只产生工作路径，不产生形状图层和填充色。

【创建填充区域】　按下此按钮后，绘制图形时，既不产生工作路径，也不产生形状图层，但会使用前景色填充图像。这样绘制的图像将不能作为矢量对象编辑。

【添加到形状区域】　在旧形状区域的基础上，增加新的形状区域，形成最终的形状区域。

【从形状区域中减去】　在旧的形状区域中，减去新的形状区域和旧的形状区域相交的部分，形成最终的形状区域。

【交差形状区域】　新的形状区域与旧的形状区域相交的部分为最终区域。

【重叠形状区域除外】　在旧的形状区域的基础上，增加新的形状区域，然后再减去新旧相交的部分，形成最终的形状区域。

□橡皮带　单击按钮后出现在下拉菜单中的选项，当在图像上移动鼠标时，会有一条假想的线段，只有在单击鼠标时，这条线段才会真正存在。

使用钢笔工具在图像中建立第一个锚点时光标为，以后每单击一次鼠标，就会建立一个路径锚点，连续在不同位置单击鼠标建立锚点的同时，系统会依次在锚点间连接直线形成路径。若要建立曲线路径，可在单击后拖动鼠标，产生方向线及方向点，拖动方向点改变方向线方位，在锚点间的曲线会随之变化，放开鼠标按键即可。

若按下形状按钮，属性栏将变为如图 7-8 所示的状态。

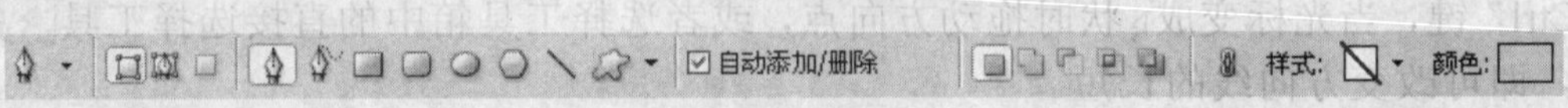

图 7-8　按下形状按钮后钢笔工具的属性栏

按下形状按钮后，在钢笔工具的属性栏中除了"自动添加/删除"复选框外，还多了"样式"和"颜色"两个选项。这时，用户创建的路径将自动形成形状图层，其他操作与创建工作路径时相同。

使用钢笔工具绘制完成某一锚点时，该锚点两端会有一对呈 180°的方向线，释放鼠标按钮，按住"Alt"键单击绘制好的锚点或者选择工具箱中的转换点工具。此时，方向线会折断，该锚点两端的方向线各自独立，不受另一条方向线的影响。如图 7-9 所示为使用普通钢笔工具创建的工作路径和定形图层的效果。

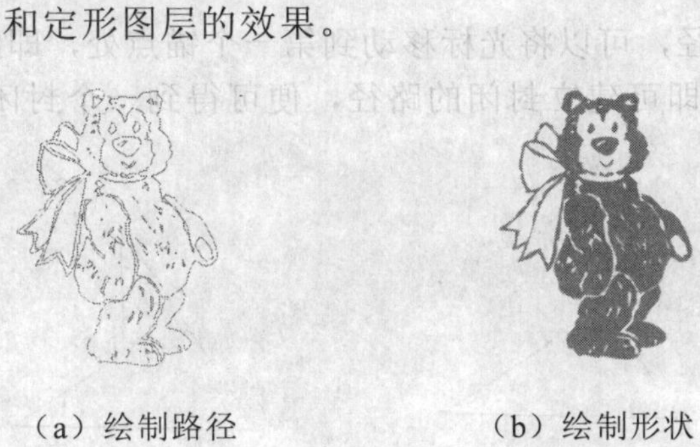

（a）绘制路径　　（b）绘制形状

图 7-9　钢笔工具绘制的图像

2．绘制直线路径

从工具箱中选择钢笔工具，按下属性栏中的路径按钮，进入创建工作路径的状态。在需要绘制路径的起始点单击鼠标，即可创建第一个锚点。在确定下个锚点之前，第一个锚点会保持选取状态，呈黑色实心显示，如图 7-10 所示。确定线段下一点的位置，并在此位置上单击，即可创建一条线段，如图 7-11 所示。此时，第一个锚点会呈空心显示，表示非编辑状态。若要结束路径的绘制，单击工具箱中的钢笔工具按钮即可。此时，若再次在图像中单击鼠标，将会另外创建路径。

图 7-10　进入创建工作路径模式

图 7-11　创建一条线段

3．绘制曲线路径

选用钢笔工具在确定的起始位置按住鼠标按钮，当第一个锚点出现时，沿曲线被绘制的方向拖动。此时，指针会变为一个三角形，并导出两个方向点中的一个，如图 7-12 所示。将指针放在曲线结束的位置，按住鼠标左键并沿相反的方向拖动，完成曲线路径的绘制，如图 7-13 所示。若要创建曲线的下一个平滑线段，将指针放在下个线段结束的位置，然后拖动鼠标创建下一曲线，如图 7-14 所示；若要结束开放路径，单击工具箱中的钢笔工具图标即可。此时，若再次在图像中单击鼠标，将会另外创建路径。对称曲线锚点两端的线段是一对呈 180°、长度相同的方向线，可以改变其长短，从而改变锚点间曲线段的斜率。在绘制过程中按住“Ctrl”键，当光标变成状时拖动方向点，或者选择工具箱中的直接选择工具来拖动方向点，即可改变方向线的长短。

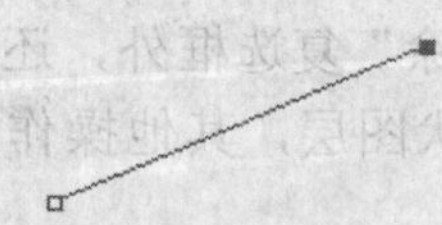

图 7-12　拖动锚点

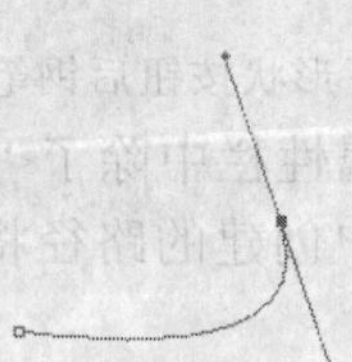

图 7-13　完成曲线绘制

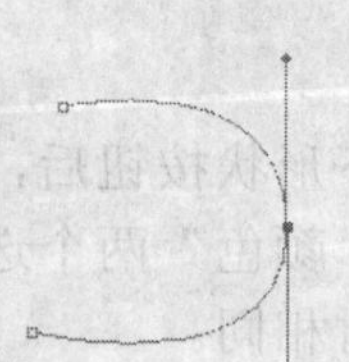

图 7-14　创建一段平滑线段

4．绘制闭合路径

如果要绘制闭合的路径，可以将光标移动到第一个锚点处，即路径的起始点，使光标形状由变成。单击鼠标即可建立封闭的路径，便可得到一个封闭路径的造型，如图 7-15 所示。

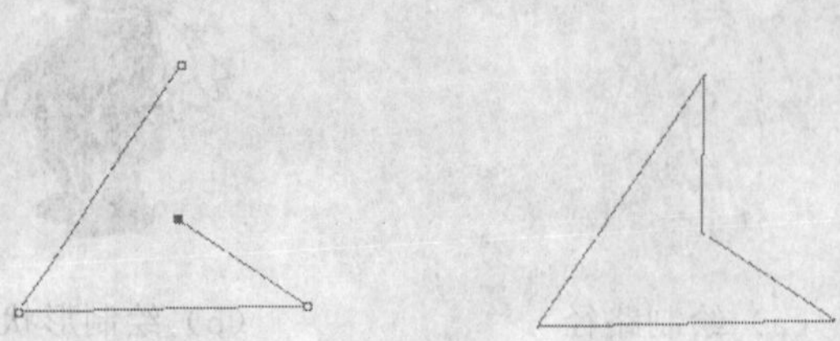

图 7-15　封闭路径示意图

7.2.2 自由钢笔工具

在工具箱中选择自由钢笔工具，按住鼠标左键并自由拖动鼠标，将按光标移动的轨迹生成路径，如图 7-16 所示。使用该工具可以创建不规则的、任意形状的路径。

图 7-16 使用自由钢笔工具绘制路径

若要建立封闭路径，将鼠标移回到起始点处，使光标形状由变成，单击鼠标即可建立封闭的路径。若在属性栏中按下形状按钮，其选项设置与普通钢笔工具相同。

7.2.3 形状工具

在工具箱中的图标处单击鼠标并按住不放，将显示出相关的形状描绘工具，如图 7-17 所示。在形状绘制工具组中包括矩形工具、圆角矩形工具、椭圆工具、多边形工具、直线工具及自定形状工具共 6 种工具。

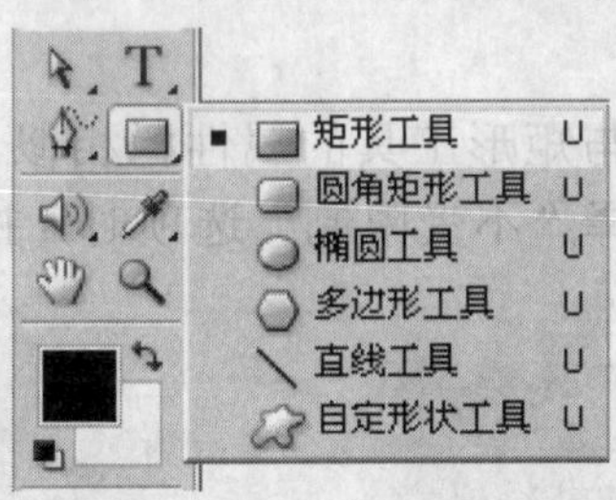

图 7-17 形状绘制工具组

使用各种形状描绘工具，用户可在图像中绘制出直线、矩形、圆角矩形、椭圆等图形形状，也可绘制多边形和自定义形状图形。

1. 矩形工具

选择工具箱中的矩形工具，此时的属性栏如图 7-18 所示。

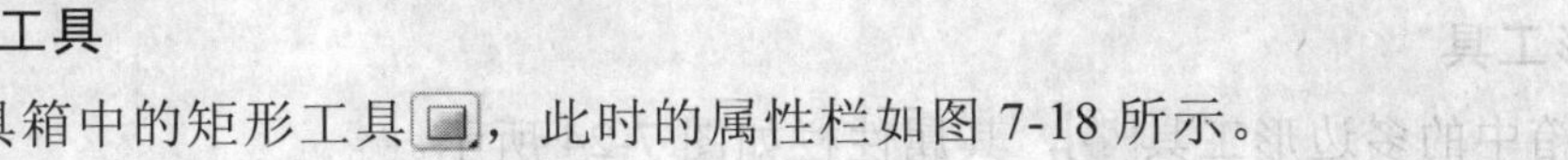

图 7-18 矩形工具的属性栏

2. 直线工具

选择直线工具，其属性栏如图 7-19 所示。

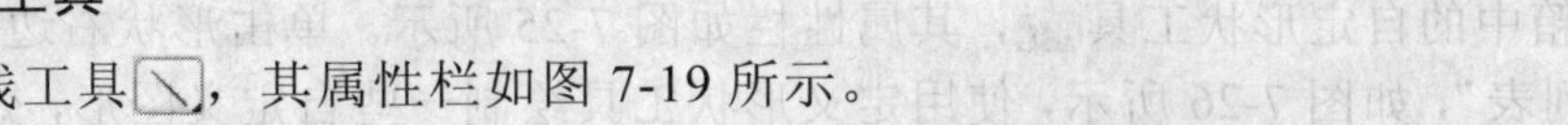

图 7-19 直线工具的属性栏

提 示

在使用形状工具绘制图形的过程中，若需要使用另一种填充颜色，则必须先将当前形状图层转换为普通图层，用鼠标右键单击形状图层，在弹出的菜单中选择“栅格化图层”命令将其转化。

3．圆角矩形工具

选择圆角矩形工具，其属性栏与矩形工具的属性栏大致相同，如图 7-20 所示。

图 7-20　圆角矩形工具的属性栏

拖动鼠标随意绘制一个圆角矩形图形，结果如图 7-21 所示。

图 7-21　绘制圆角矩形图形

4．椭圆工具

选取椭圆工具，其属性栏与矩形工具的属性栏相似，单击按钮，弹出“椭圆选项”设置面板，如图 7-22 所示。当选择“不受限制”选项时，拖动鼠标随意绘制，便可得到一个椭圆图形，结果如图 7-23 所示。

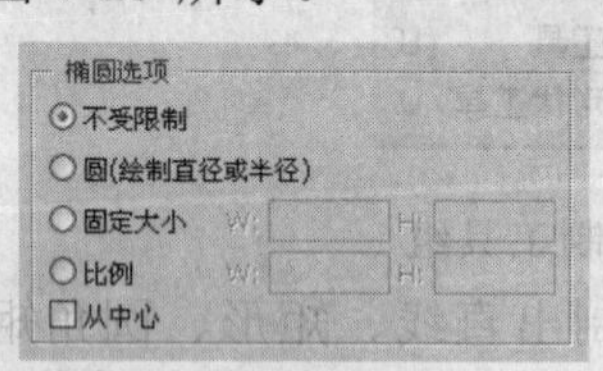

图 7-22　“椭圆选项”设置面板

图 7-23　绘制椭圆图形

5．多边形工具

选择工具箱中的多边形工具，其属性栏如图 7-24 所示。

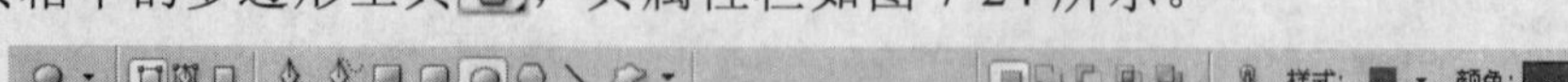

图 7-24　多边形工具的属性栏

6．自定形状工具

选择工具箱中的自定形状工具，其属性栏如图 7-25 所示。单击形状右边的按钮，弹出“自定形状列表”，如图 7-26 所示，使用定义形状工具绘制一些自定义图形，效果如图 7-27 所示。

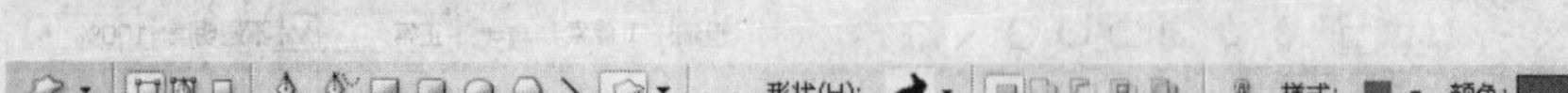

图 7-25　自定形状工具的属性栏

图 7-26　形状列表

图 7-27　绘制自定义图形效果

实例解析——制作标志

本例将使用自定形状工具、描边命令、图层样式制作标志，完成后的效果如图 7-28 所示。

图 7-28　标志制作完成

（1）按“Ctrl+N”组合键，打开“新建”对话框，参数设置如图 7-29 所示，单击“确定”按钮。

（2）单击图层面板下方的创建新层按钮，在背景层上新建“图层 1”，图层面板如图 7-30 所示。

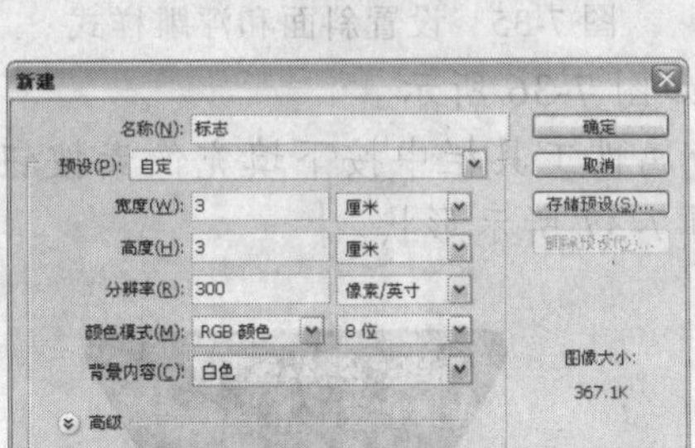

图 7-29　“新建”对话框

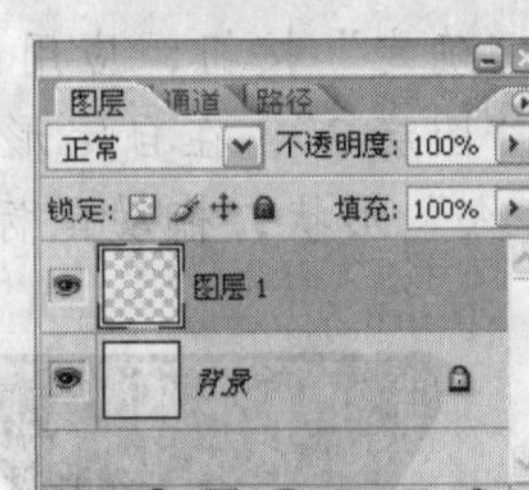

图 7-30　新建图层

（3）设置前景色为黑色，选择工具箱中的自定形状工具，在其属性工具栏中按下填充像素按钮，在形状下拉列表中选择“标记 3”形状，其他参数设置如图 7-31 所示。

图 7-31　设置自定形状属性工具栏

（4）在“图层 1”中拖动鼠标，绘制如图 7-32 所示形状。

（5）新建“图层 2”，按下自定形状工具属性工具栏中路径按钮，用鼠标创建一个小一些的“标记 3”路径，按“Ctrl+E”组合键将路径转换为选区，执行“编辑→描边”命令，在弹出的“描边”对话框中设置参数如图 7-33 所示，其中描边色为红色。

图 7-32 标记形状

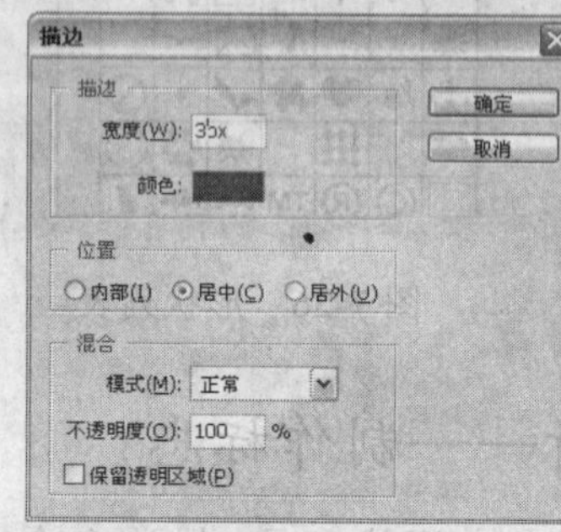

图 7-33 设置“描边”对话框

（6）单击“确定”按钮，按“Ctrl+D”组合键取消选区，描边效果如图 7-34 所示。

（7）双击“图层 2”，打开“图层样式”对话框，选择斜面和浮雕样式，设置参数如图 7-35 所示。

图 7-34 描边效果

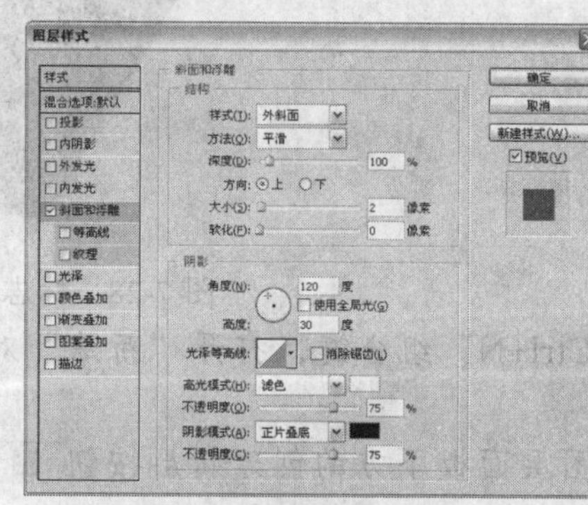

图 7-35 设置斜面和浮雕样式

（8）单击“确定”按钮，应用图层样式如图 7-36 所示。

（9）新建“图层 3”，在自定形状工具属性工具栏中按下填充像素按钮，在形状下拉列表中选择“营火”形状，拖动鼠标绘制如图 7-37 所示形状。

图 7-36 应用图层样式效果

图 7-37 绘制营火效果

（10）双击“图层 3”，打开“图层样式”对话框，设置斜面和浮雕样式参数如图 7-38 所示。

（11）双击“确定”按钮，应用图层样式效果如图 7-39 所示。

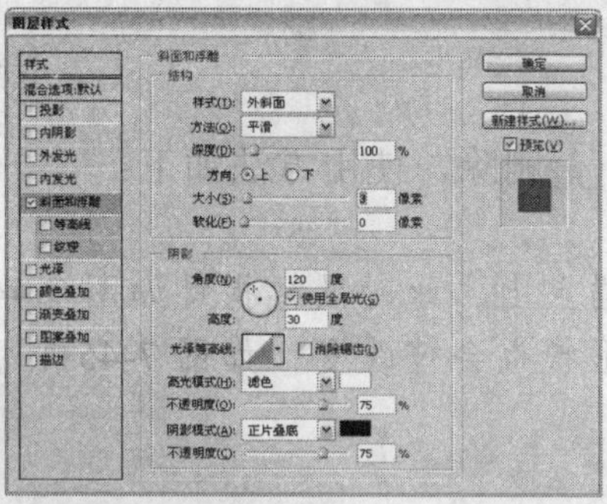

图 7-38　设置斜面和浮雕样式

图 7-39　应用图层样式效果

（12）双击“图层 1”，打开“图层样式”对话框，设置阴影样式参数如图 7-40 所示。
（13）单击“确定”按钮，标志制作完成，如图 7-41 所示。

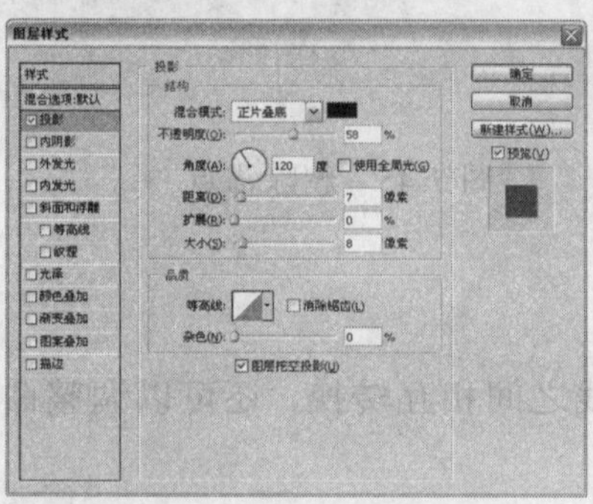

图 7-40　设置投影样式

图 7-41　最终效果

7.3 编辑路径

使用添加锚点工具、删除锚点工具和转换点工具路径编辑工具，可以对创建路径进行编辑。

7.3.1 添加锚点

使用添加锚点工具在路径上添加锚点，使用方法如下：
（1）选择工具箱中的添加锚点工具。
（2）将鼠标指针放在需要添加锚点的路径上，此时鼠标指针显示为，如图 7-42 所示。
（3）单击鼠标即可添加锚点，如图 7-43 所示。

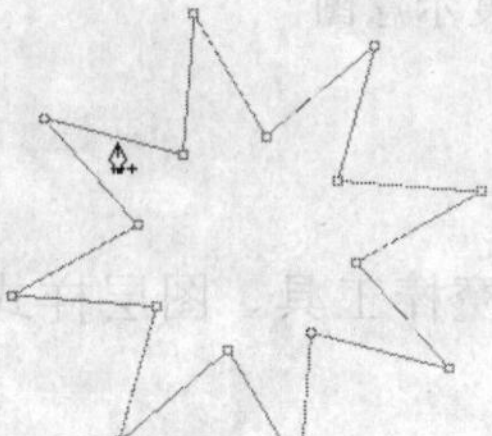

图 7-42　选择添加锚点处

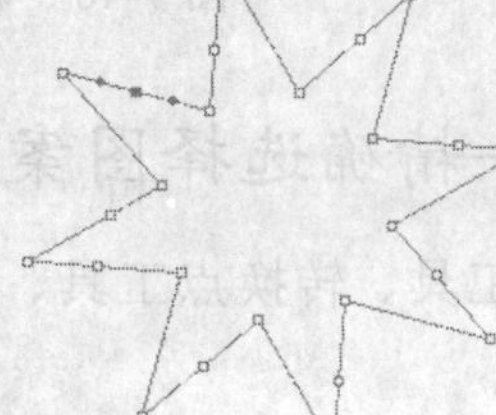

图 7-43　添加锚点

7.3.2 删除锚点

路径中不需要的锚点可以使用删除锚点工具删除，使用方法如下：

（1）单击工具箱中的删除锚点工具。

（2）然后在路径上将鼠标放在需要删除的锚点上，此时鼠标指针如图 7-44 所示。

（3）单击鼠标即可删除锚点，此时路径的形状也会被改变，如图 7-45 所示。

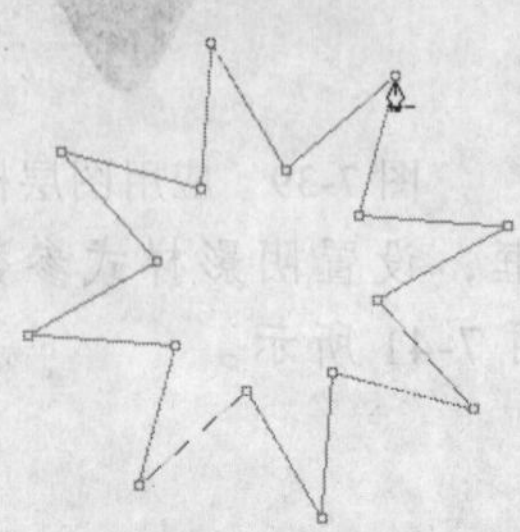

图 7-44 选择删除的锚点

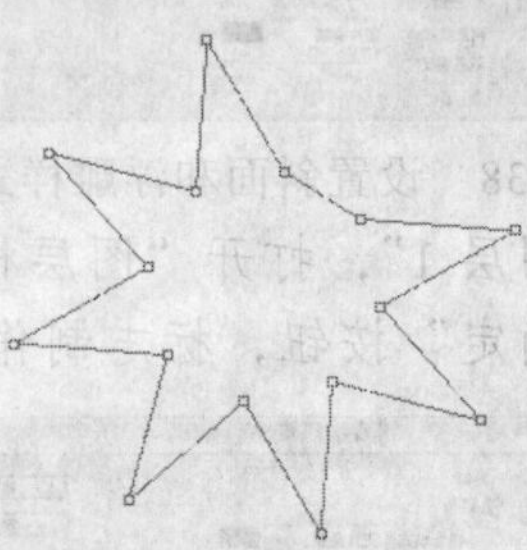

图 7-45 删除锚点

7.3.3 转换点工具

转换点工具可以使路径在平滑曲线和直线之间相互转换，还可以调整曲线的形状，使用方法如下：

（1）单击工具箱中的转换点工具。

（2）使用转换点工具单击角锚点，可以将其转换成平滑锚点，按住鼠标左键不放并拖动即可调整曲线的弧度，如图 7-46 所示，用户也可分别拖动控制线两边的上调节杆调整其长度和角度，从而达到修改路径形状的目的。如果用转换点工具单击平滑锚点，可以将其转换成角锚点后进行编辑。

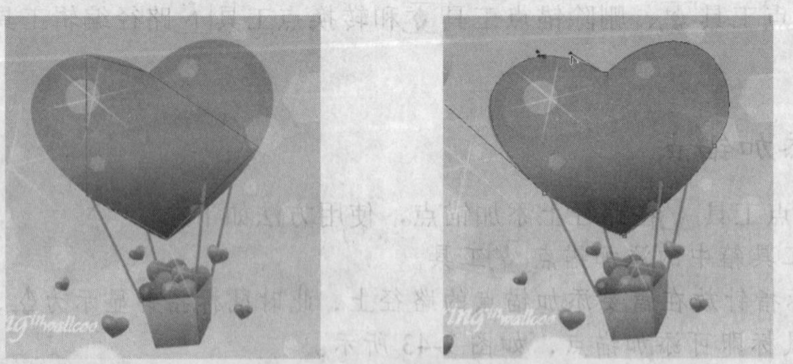

图 7-46 调整曲线的弧度示意图

实例解析——精确选择图案

本例将使用钢笔工具、转换点工具、移动工具、魔棒工具、图层样式制作如图 7-47 所示的图像效果。

图 7-47　最终效果

（1）按“Ctrl+O”组合键打开一张素材图像文件，如图 7-48 所示。

（2）选择工具箱中的钢笔工具，沿着汽车边缘创建工作路径，如图 7-49 所示。

图 7-48　素材图片

图 7-49　创建路径

（3）选择工具箱中的转换点工具，单击角锚点，可以将其转换成平滑锚点，按住鼠标左键不放并拖动即可调整曲线的弧度，如图 7-50 所示。

（4）用同样的方法分别调整路径上的锚点，如图 7-51 所示。按“Ctrl+Enter”组合键将路径转换为选区。

图 7-50　调节锚点

图 7-51　选择汽车

（5）按“Ctrl+O”组合键打开一张素材图像文件，如图 7-52 所示。

（6）选择工具箱中的移动工具，将选区中的汽车拖入公路图像中，如图 7-53 所示。

图 7-52　素材图片

图 7-53　移动汽车

（7）选择工具箱中的魔棒工具，单击汽车后窗玻璃白色部分，获取选区，如图 7-54 所示。

图 7-54　获取选区

（8）按“Ctrl+J”组合键将选区图像复制并粘贴到新层中，按住“Ctrl”键单击此层，将其选区载入汽车所在层，按“Delete”键将选区图像删除。回到新层中，将其图层不透明度调整为“29%”，得到如图 7-55 所示效果。

（9）按“Ctrl+E”组合键把汽车和新层合并为一层，按“Ctrl+T”组合键打开自由变换调节框，将汽车缩小到如图 7-56 所示位置。

图 7-55　调整图层不透明度

图 7-56　缩小汽车

（10）双击汽车层，打开“图层样式”对话框，设置投影样式如图 7-57 所示。

（11）单击“确定”按钮，图像效果完成，如图 7-58 所示。

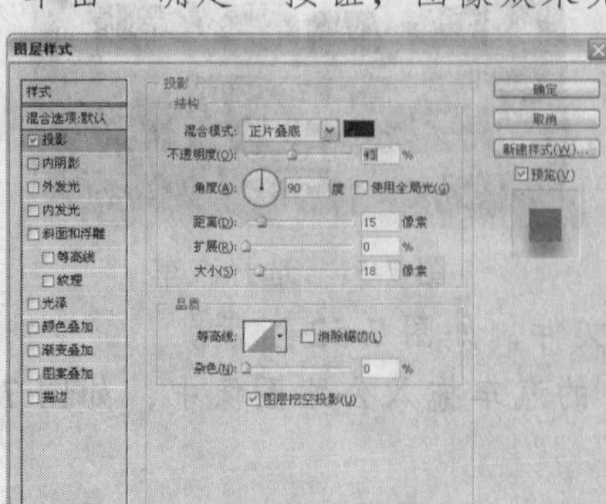

图 7-57　设置投影样式

图 7-58　最终效果

7.4 路径的高级应用

路径绘制完成后，我们可以将路径转换为选取范围来进行各种图像编辑，也可以通过填充或描边的方式为路径添加颜色。路径的应用操作主要包括：路径和选区的互换、填充和描边路径。

7.4.1 填充路径

填充路径是指用指定的颜色、图案或者“历史记录”面板中的状态填充路径包围的区域。

提 示

在进行路径填充前，应注意要先进行以下操作：用颜色填充路径，应先设置好前景色或背景色；若要用图案填充，应先定义好需要的图案。

要填充路径，只需在“路径”面板中选中需要填充的路径，然后单击面板右上角的按钮，在弹出的菜单中选择“填充路径”命令，打开如图 7-59 所示的“填充路径”对话框。

【内容】 设置使用颜色或图案填充路径。

【使用】 设置要填充的内容（如前景色、背景色或图案等）。选择“图案”，会激活“自定图案”列表，可在列表中选择需要的图案。

【混合】 设置填充内容与下层图像混合的方式，设置的选项包括“模式”、“不透明度”、“保留透明区域”。

【模式】 设置填充图层的模式。

【不透明度】 设置填充图层的不透明度。

【保留透明区域】 勾选该复选框，将填充限制为包含像素的图层区域。

【渲染】 控制路径边缘的效果，包括“羽化半径”和“消除锯齿”。

【羽化半径】 控制填充路径时，路径边缘的虚化程度。

完成对话框的设置后，单击“确定”按钮即可填充路径。如图 7-60、图 7-61 所示，分别为使用前景色和图案填充路径的效果。

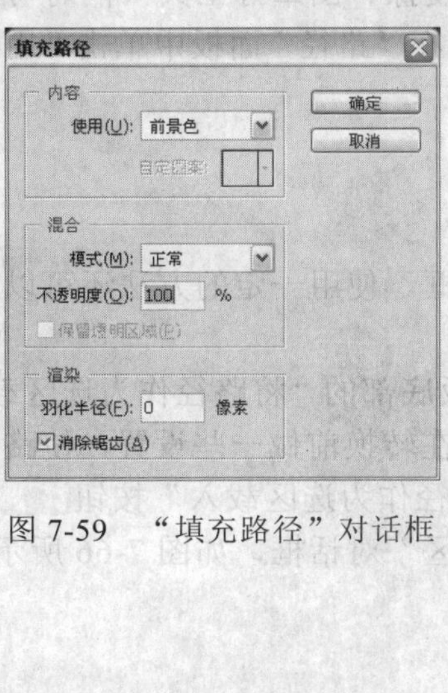

图 7-59 “填充路径”对话框

图 7-60 前景色填充路径

图 7-61 图案填充路径

提　示

在“路径”面板中直接单击“用前景色填充路径”按钮，可以直接使用前景色填充路径。

7.4.2　描边路径

Photoshop CS2 可使用画笔、橡皮擦、图章等工具描绘路径下的像素，即路径描边。进行路径描边操作时，首先要定义用来描边的工具，然后单击“路径”面板右上角的三角形按钮，在弹出的菜单中选择“描边路径”命令，打开如图 7-62 所示的“描边路径”对话框。

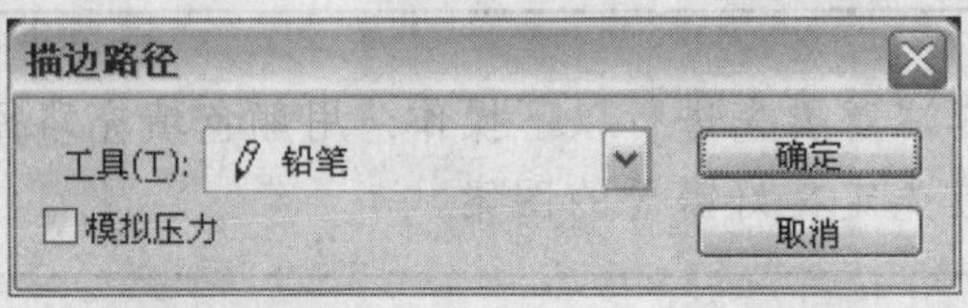

图 7-62　“描边路径”对话框及描边工具选择

在该对话框的“工具”下拉列表中选择用于描边的工具，如图 7-63 所示，单击“确定”按钮。如图 7-64 所示的图形是使用铅笔工具对白色雪花进行描边的效果（前景色为黄色）。

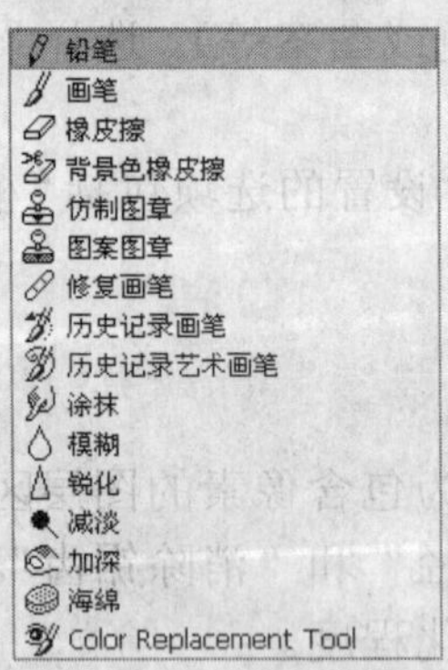

图 7-63　“工具”下拉列表

图 7-64　为路径描边效果

可以直接在工具箱中单击选择用于描边路径的画笔、橡皮擦、图章等工具（同时可在画笔工具的属性栏上调整笔触的大小来确定描边的宽度），然后在“路径”面板中单击“用前景色描边路径”按钮也可以描边路径。

7.4.3　将路径作为选区载入

路径可以选取形状复杂的图像，并可以被定义为选区边框。使用一定的方法还可以将由路径产生的新选区增加到已有的选区中。

具体操作步骤是：选择要转换的路径，单击“路径”面板底部的“将路径作为选区载入”按钮即可将路径转为选区，如图 7-65 所示。用户也可以在转换前做一些设置，使路径和选区组合。按住“Alt”键并单击“路径”面板底部的“将路径作为选区载入”按钮，或者选择面板菜单中的“建立选区”命令，即可打开“建立选区”对话框，如图 7-66 所示。

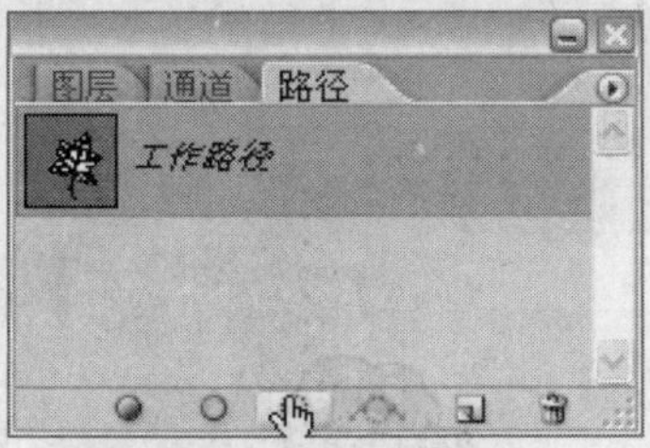

图 7-65 新建选区

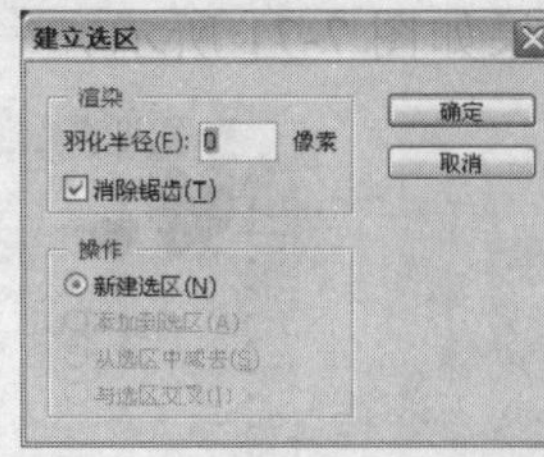

图 7-66 “建立选区”对话框

提 示

如果是一个开放路径，转换为选取范围后，路径的起点将直接连接路径的终点，成为一个封闭的选取范围。

7.4.4 选区转为路径

在 Photoshop CS2 里可以把选区转为路径。在图像文件中建立选取范围，如图 7-67 所示，单击“路径”面板右上角上的按钮，在弹出菜单中选择“建立工作路径”命令，弹出如图 7-68 所示的“建立工作路径”对话框。

图 7-67 建立选区范围

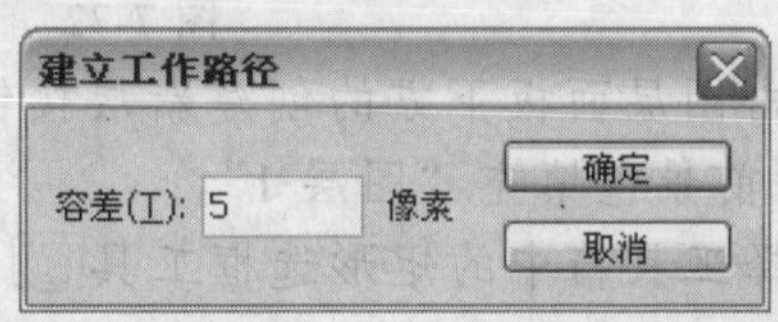

图 7-68 “建立工作路径”对话框

设置参数后，单击“确定”按钮，可将选区转化为路径，如图 7-69 所示。“路径”面板中自动出现“工作路径”，如图 7-70 所示。在“路径”面板中直接单击“将选区转化为路径”按钮，可直接将选区边框转化为路径曲线，而不会出现“建立工作路径”对话框，“路径”面板中自动出现“工作路径”。

图 7-69 选区转换为路径

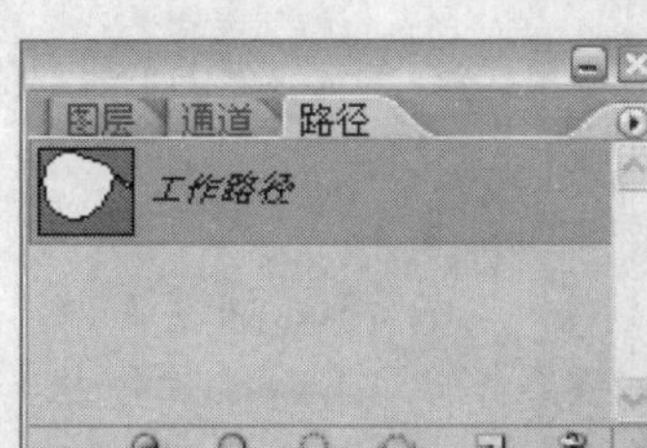

图 7-70 工作路径

实例解析——卡通信纸

本例将使用矩形选框工具、圆角矩形工具、铅笔工具、直线工具及描边路径等制作卡通信纸，完成后的效果如图 7-71 所示。

图 7-71　最终效果

（1）按“Ctrl+N”组合键，打开“新建”对话框，参数设置如图 7-72 所示，单击“确定”按钮。

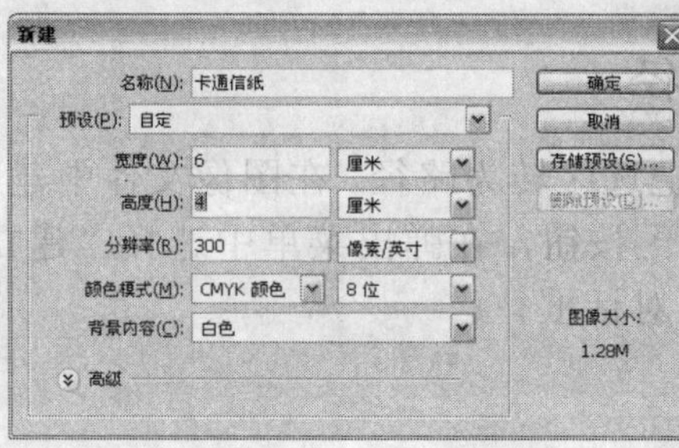

图 7-72　“新建”对话框

（2）单击图层面板下方的创建新层按钮，在背景层上新建“图层 1”，设置前景色为粉红色，用前景色填充“图层 1”。

（3）选择工具箱中的矩形选框工具，设置其属性工具栏参数如图 7-73 所示。

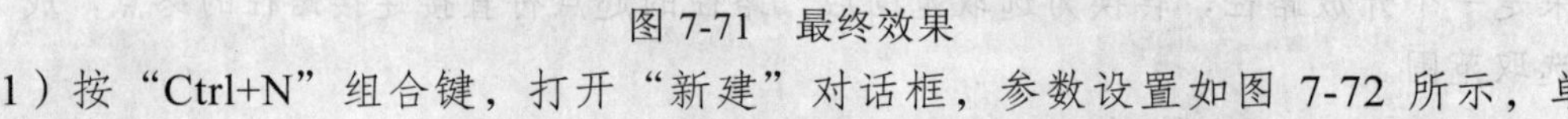

图 7-73　矩形选框工具属性工具栏

（4）用鼠标在工作区中拖动，创建如图 7-74 所示矩形选区。

（5）按“Delete”键删除选区内容，取消选区，得到如图 7-75 所示效果。

图 7-74　创建矩形选区

图 7-75　删除选区内容

（6）按“Ctrl+O”组合键打开一张素材图像文件，如图 7-76 所示。

（7）使用移动工具将天使拖入当前工作区中，并调整大小及位置如图 7-77 所示。

图 7-76　素材图片

图 7-77　移动天使

（8）选择圆角矩形工具，在如图 7-78 所示位置创建圆角路径。

（9）选择工具箱中的铅笔工具，单击属性栏中的切换画笔调板按钮，在打开的调板中设置画笔笔尖形状参数如图 7-79 所示。

图 7-78　创建圆角矩形路径

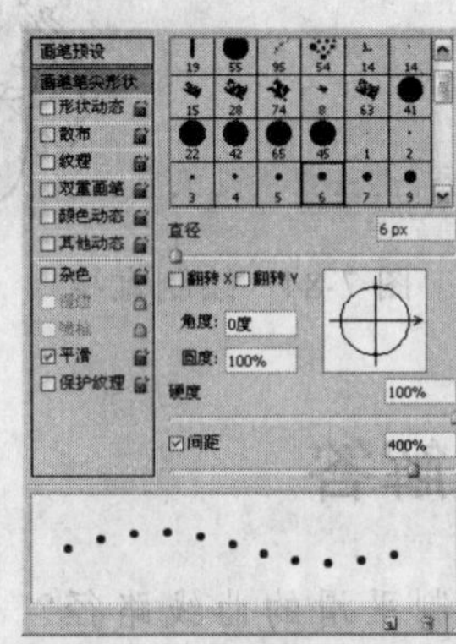

图 7-79　调整画笔属性

（10）设置前景色为深红色，新建图层，切换到路径面板中，按下用画笔描边路径按钮，用设置好的画笔描边路径，如图 7-80 所示。按“Shift”键用鼠标单击路径缩略图，将路径隐藏，描边路径后的效果如图 7-81 所示。

图 7-80　用画笔描边路径

图 7-81　描边后的效果

（11）设置前景色为红色，新建图层，选择工具箱中的自定形状工具，在图像的左上角位置绘制心形，效果如图 7-82 所示。

图 7-82　创建心形

（12）设置前景色为粉红色，选择工具箱中的直线工具，设置其属性工具栏参数如图7-83所示。

图 7-83　设置直线工具属性工具栏

（13）按住“Shift”键在工作区中拖动鼠标，绘制直线，如图7-84所示。

（14）最后为信纸添加文字，卡通信纸制作完成，效果如图7-85所示。

图 7-84　绘制直线

图 7-85　最终效果

7.5　疑难解答

1．如何绘制平滑的曲线路径？

绘制平滑的曲线路径时，应尽可能地使用较少的锚点，以提高工作效率。沿着与第一个方向点拖动的方向相反的方向拖动鼠标，可以创建圆弧曲线。沿着与第一个方向点拖动的方向相同的方向拖动鼠标，可以创建S型曲线。

2．使用钢笔工具如何创建直线路径？

使用钢笔工具创建路径时，按住“Shift”键不放，在图像窗口中单击鼠标即可创建水平、垂直及45°角的直线路径。

3．如何隐藏路径？

按住“Shift”键不放，用鼠标左键单击需要隐藏的路径缩略图，即可隐藏路径。

4．将路径转化为选区有几种方法？

在Photoshop中将路径转化为选区通常用3种方法：方法1，单击路径面板下方的路径转换为选区按钮；方法2，用鼠标右键单击需要转化为选区的路径，选择建立选区选项；方法3，按住“Ctrl”键的同时用鼠标左键单击路径缩略图，即能快速将路径转化为选区。

7.6　上机实践

通过本章的学习，相信大家对路径相关基础知识有了初步的认识和了解，下面通过上机操作来进一步巩固所学知识，达到举一反三的学习效果。

7.6.1 时尚插画

练习目的

本例主要是练习使用路径绘制时尚插画，完成后的效果如图 7-86 所示。

图 7-86 最终效果

解题思路

本例将练习使用渐变填充工具、椭圆工具、钢笔工具、转换点工具及调整图层顺序制作时尚插画效果。

操作步骤提示

（1）按“Ctrl+N”组合键新建文件，使用黄色到深黄在图层中创建线性渐变，效果如图 7-87 所示。

（2）使用椭圆工具绘制如图 7-88 所示黄色圆形。

图 7-87 线性渐变

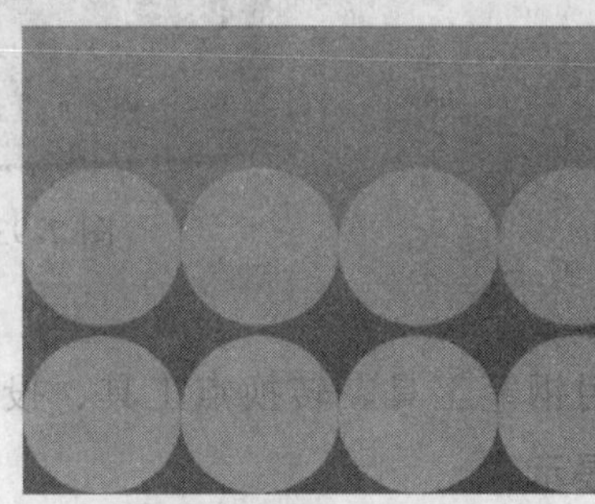

图 7-88 绘制圆

（3）使用钢笔工具和转换点工具创建脸形路径，如图 7-89 所示。

（4）将路径转换为选区，用黄色填充选区，如图 7-90 所示。

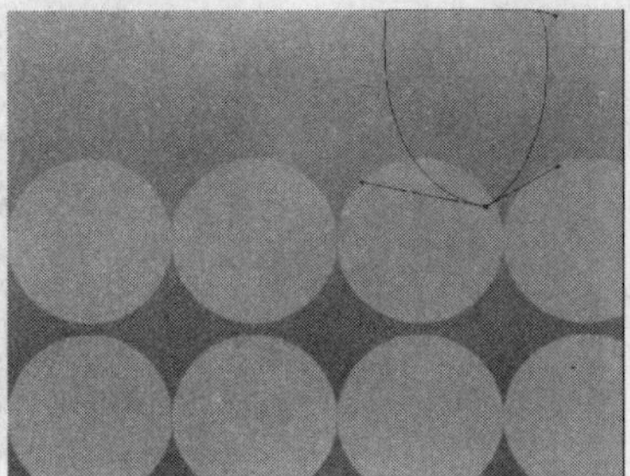

图 7-89 创建脸形路径

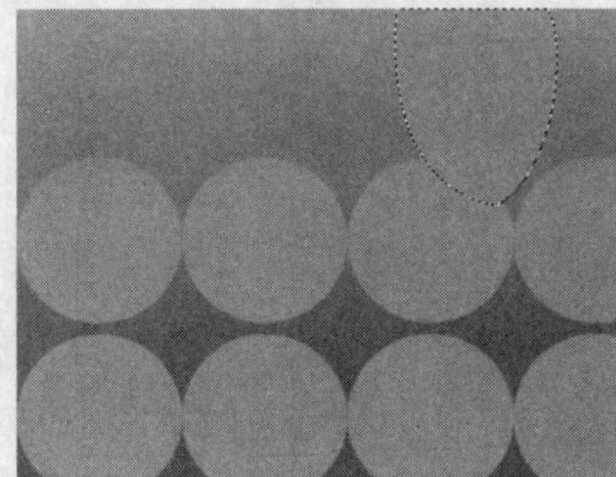

图 7-90 填充选区

（5）用类似的方法绘制眼睛、眉毛、嘴唇和头发，效果如图 7-91 所示。

（6）用类似的方法绘制身体部分，效果如图 7-92 所示。

图 7-91　绘制头部效果

图 7-92　最终效果

7.6.2　画册页面

练习目的

本例将运用钢笔工具、转换点工具、投影样式等制作画册页面，完成后的效果如图 7-93 所示。

图 7-93　最终效果

解题思路

本例将使用钢笔工具、转换点工具、投影样式等制作出宣传画册效果。

操作步骤提示

（1）按"Ctrl+N"组合键新建文件，使用钢笔工具创建如图 7-94 路径。

（2）将路径转换为选区，用灰色填充选区，效果如图 7-95 所示。

图 7-94　创建路径

图 7-95　填充选区

（3）为图层添加投影样式，效果如图 7-96 所示。

（4）导入素材图片（花.jpg），使用钢笔工具创建如图 7-97 所示路径。

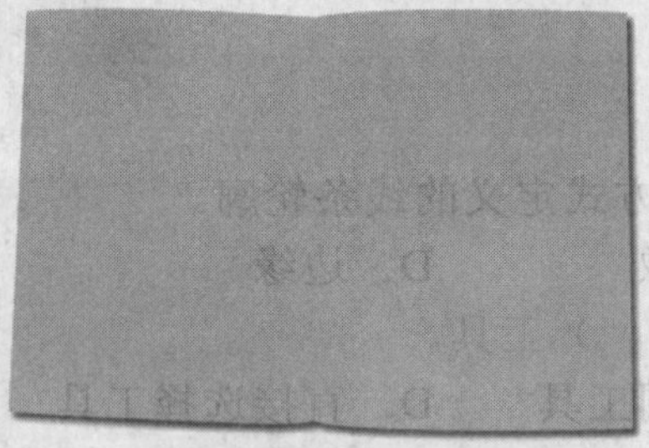

图 7-96　投影效果

图 7-97　创建路径

（5）删除选区内容，得到如图 7-98 所示效果。

（6）用类似的方法创建路径后填充选区，并添加投影样式，效果如图 7-99 所示。

图 7-98　删除多余图像

图 7-99　填充图形效果

（7）最后为画册输入文字，使用减淡和加深工具为画册增加阴影和高光效果，画册制作完成，如图 7-100 所示。

图 7-100　最终效果

7.7　综合练习

1．填空题

（1）路径用于创建复杂的对象，用于绘制图像区域的________，路径主要由______创建，并使用钢笔工具组中的其他工具进行修改。

（2）_______可以使路径在平滑曲线和直线之间相互转换，还可以调整曲线的形状。

（3）按下______按钮后，绘制图形时既不产生工作路径，也不产生形状图层，但会使用前景色填充图像。

2．选择题

（1）在 Photoshop 中，路径的实质是以（　）方式定义的线条轮廓。

A．矢量　　B．图形　　C．图像　　D．边缘

（2）调整路径中的曲线段可以使用（　）和（　）工具。

A．转换点工具　　B．钢笔工具　　C．椭圆工具　　D．直接选择工具

第 8 章　文本编辑与应用

本章要点

- ☑ 文字应用基础
- ☑ 创建文字
- ☑ 文字图层操作
- ☑ 文字变形

8.1　文字应用基础

文字工具、“字符”面板和“段落”面板是文字应用的基础，它是读者掌握文字处理的最基础的知识，掌握它能为接下来学习对文字的创建和编辑做准备。

8.1.1　文字工具

在 Photoshop CS2 中使用文字工具输入和编辑文字。文字工具主要包括横排文字、直排文字、横排文字蒙版和直排文字蒙版4 个工具，按“Shift+T”组合键，可以在这 4 个工具之间进行切换。

文字工具的属性栏内容基本相同，只有对齐方式按钮在选择水平或垂直文字工具时不同，水平文字工具的属性栏如图 8-1 所示。

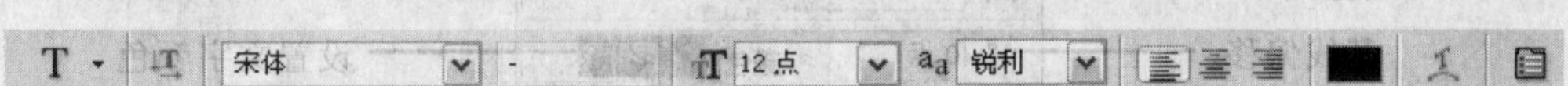

图 8-1　水平文字工具的属性栏

【更改文本方向】　单击此按钮，可以将选择的文字输入的方向更改。

宋体 【字体】　设置输入文字字体类型。

Regular 【字型】　设置输入文字使用的字体形态，其右侧窗口的下拉列表中包括“Regular”（规则的）、“Italic”（斜体）、“Bold”（粗体）、“Bold Italic”（粗斜体）4 个选项。

【字号】　设置文字的字体大小，在数字框中可以直接输入文字大小。

锐化 【消除锯齿】　决定文字边缘的平滑程度，包括“无”、“锐化”、“明晰”、“强”和“平滑”5 种方式。

【对齐方式】　当选择和工具时，对齐方式按钮显示为，分别表示左对齐、水平中心对齐和右对齐；当选择和工具时，对齐方式按钮显示为，分别表示顶对齐、垂直中心对齐和底对齐。

【设置文本颜色】　决定输入文字的颜色。可以单击此色块，打开“拾色器”对话框中中选择文字的颜色。

【创建变形文本】 设置输入文字的变形效果。只有在文件中输入文本后，此按钮才可被激活。

【切换字符和段落面板】 单击此按钮，可显示或隐藏"字符"和"段落"面板。

利用文字工具，在图像文件中创建或修改文字时，其属性栏变为如图 8-2 所示的状态。

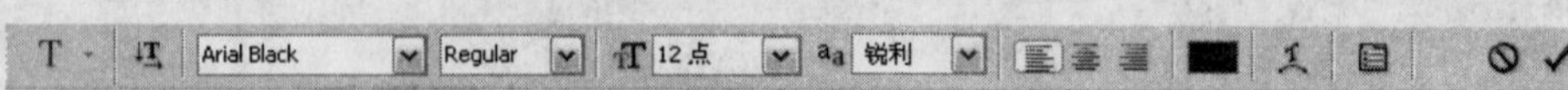

图 8-2 输入或修改文字时的属性栏

输入或修改文字后，要取消刚才的输入或修改操作，单击属性栏中的按钮；要确认刚才的输入或修改操作，单击属性栏中的按钮。

下面分别介绍 4 种文字工具的功能：

- 横排文字工具：使用此文字工具可以在图像中输入横排文字。
- 直排文字工具：使用此文字工具可以在图像中输入直排文字。
- 横排文字蒙版工具：使用此文字工具可以在图像中建立横排文本的选区。
- 直排文字蒙版工具：使用此文字工具可以在图像中建立直排文本的选区。

8.1.2 字符控制面板

"字符"控制面板可以编辑输入的文本字符，主要用于设置文字的字体、字号、字型以及字间距或行间距等，执行"窗口→字符"命令，可以显示字符控制面板，如图 8-3 所示。

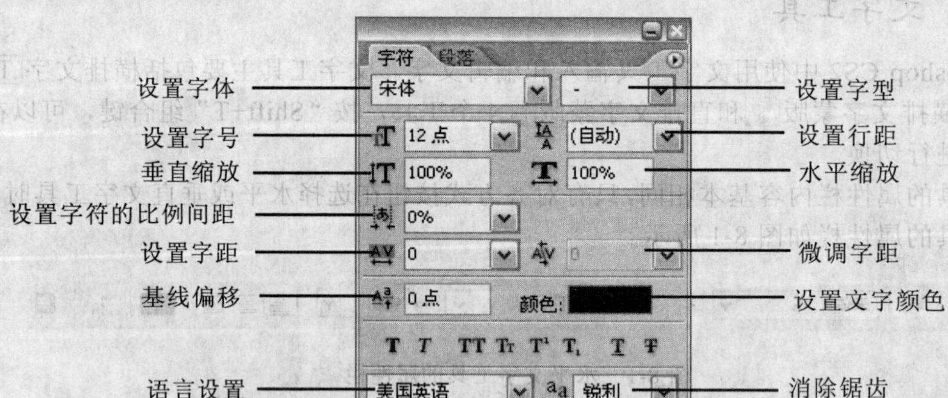

图 8-3 "字符"控制面板

8.1.3 段落控制面板

"段落"控制面板的主要功能是设置文字的对齐方式以及缩进量等。执行"窗口→段落"命令，可以显示"段落"控制面板，如图 8-4 所示。

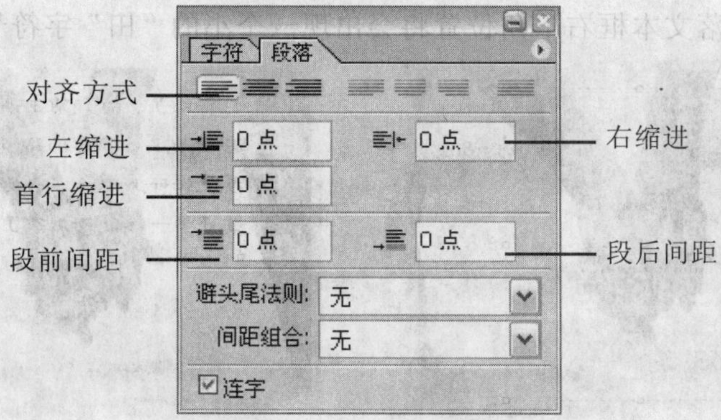

图 8-4 “段落”面板

8.2 创建文字

在使用 Photoshop CS2 制作图像时，点文字和段落文字起着很重要的作用。

8.2.1 创建点文字

点文字也称做美术文字，是一种不会自动换行的文字，通常用于标题、名称、简短的广告语等。

创建点文字的方法是：从工具箱中选取横排文字工具T或直排文字工具IT，在图像窗口中单击鼠标，出现字符输入光标，如图 8-5 所示，此时即可输入文字，如图 8-6 所示。

图 8-5 字符输入光标

图 8-6 输入的横排点文字

8.2.2 创建段落文字

段落文字最大的特点是在段落文本框创建，根据外框的尺寸在段落中自动换行，其操作类似于一般排版软件，如 Word、PageMaker 等。

创建段落文字的方法是：选择文字工具，将鼠标光标移动到图像文件中拖曳，生成一个段落文本框，如图 8-7 所示，在段落文本框内输入文字，即创建段落文字。

当在段落文本框中输入的文字到了段落文本框的右边缘位置处，文字会自动换行。如果在段落文本框中输入了过多的文字，超出了段落文本框范围的大小，超出段落文本框的文字将被隐藏，此时在段落文本框右下角位置将会出现一个小的“田”字符号，如图 8-8 所示。

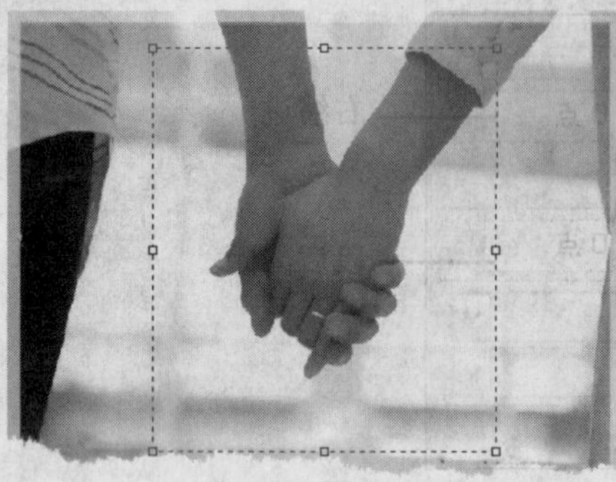

图 8-7　段落文本框

图 8-8　输入的横排段落文字

将鼠标指针放在段落文本框外可以调整文字边框的大小和倾斜角度，其中的文字可以自动调整换行。把鼠标放在定界边框的控制点上，当光标变成双向箭头时，可以方便地调整段落文本框的大小，如图 8-9 所示；当变成双向箭头时，可旋转段落文本框，如图 8-10 所示。

图 8-9　缩放段落文本框

图 8-10　旋转文字

提　示

按住“Ctrl”键拖动段落文本框控制点，可在调整段落文本框大小的同时缩放文字，如图 8-9 所示。

8.3　创建文字选区

使用文字蒙版工具可以在图像中创建文字形状的选区，并可以对这个选区进行编辑。文字蒙版工具包括：横排文字蒙版工具和直排文字蒙版工具。

创建文字选区的方法是：在工具箱中选取横排文字蒙版工具或者直排文字蒙版工具，在图像窗口中单击出现闪烁的文本输入光标，输入文字，如图 8-11 所示。文字背景变成红色，单击属性栏右侧的按钮或按下“Ctrl+Enter”键确认输入，得到文字选区，如图 8-12 所示。此时便可以对文字选区进行需要的编辑。

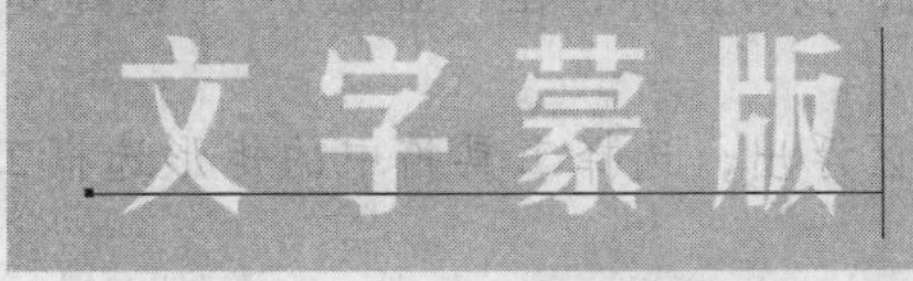

图 8-11　输入文字

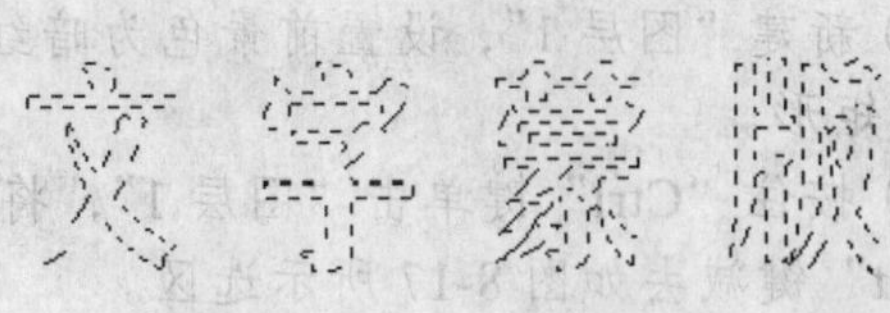

图 8-12　文字选区

提　示

在输入文字时，图像窗口中会显示一层红色，代表蒙版的内容，其中的文字将被显示为白色。使用文字蒙版工具输入文字时，不会生成新图层。

实例解析——VIP 卡

本例将使用圆角工具、矩形选框工具、钢笔工具、转换点工具、文字工具及图层样式制作 VIP 卡，完成后的效果如图 8-13 所示。

图 8-13　最终效果

（1）按“Ctrl+N”组合键，打开“新建”对话框，设置参数如图 8-14 所示，单击“确定”按钮。

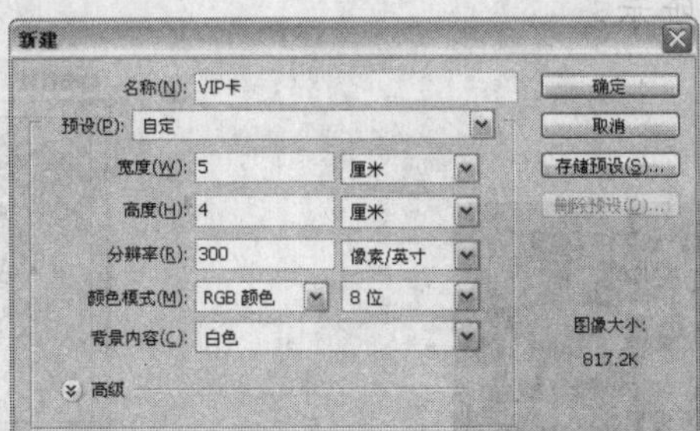

图 8-14　“新建”对话框

（2）选择工具箱中的圆角矩形工具，设置其属性工具栏如图 8-15 所示。

图 8-15　设置圆角矩形属性工具栏

（3）新建“图层 1”，设置前景色为暗红橙色，拖动鼠标，在“图层 1”中创建如图 8-16 所示圆角矩形。

（4）按住“Ctrl”键单击“图层 1”，将其选区浮出，选择工具箱中的矩形选框工具⬚，按下“Alt”键减去如图 8-17 所示选区。

图 8-16　圆角矩形

图 8-17　减去选区

（5）用灰色填充获取的选区，如图 8-18 所示。

（6）按“Ctrl+O”组合键打开一张素材图像文件，如图 8-19 所示。

图 8-18　填充选区

图 8-19　素材图片

（7）使用移动工具将玫瑰拖入当前工作区中，按“Ctrl+T”组合键将玫瑰旋转 90°（逆时针），并调整大小及位置如图 8-20 所示。

（8）按“Enter”键确认变换，执行“滤镜→模糊→动感模糊”命令，弹出“动感模糊”对话框，设置参数如图 8-21 所示。

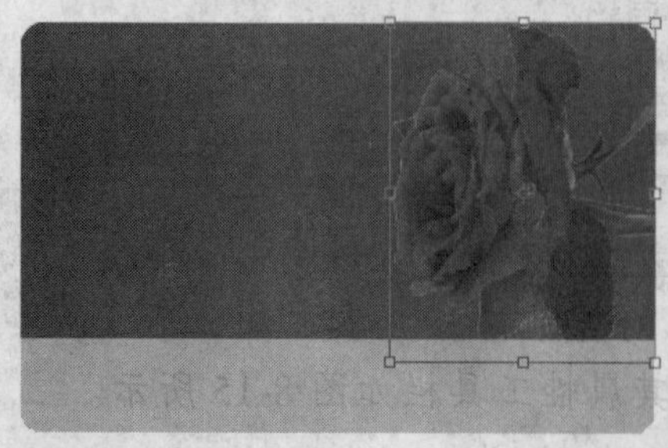

图 8-20　旋转玫瑰

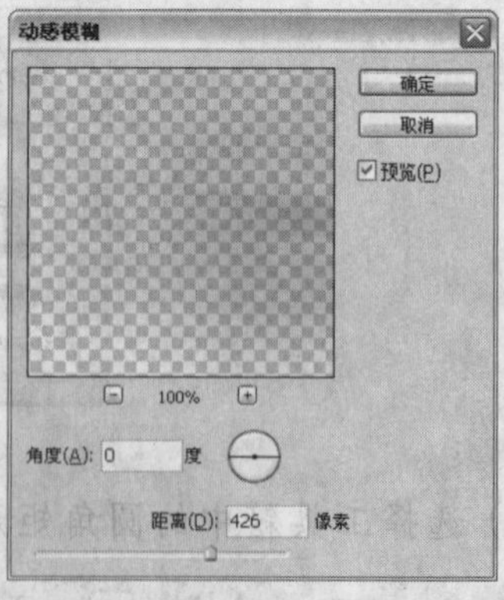

图 8-21　设置“动感模糊”对话框

（9）单击“确定”按钮，图像效果如图 8-22 所示。

（10）选择工具箱中的钢笔工具和转换点工具，创建如图 8-23 所示路径。

图 8-22　动感模糊效果

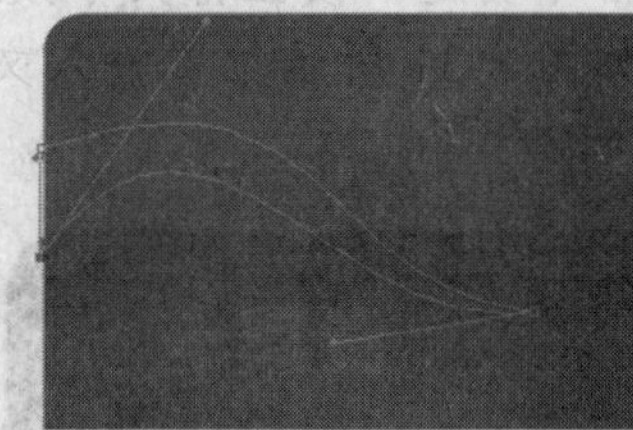

图 8-23　创建路径

（11）按“Ctrl+Enter”组合键将路径转换为选区，用黄色填充选区，取消选区效果如图 8-24 所示。

（12）用类似的方法再制作不同颜色的图形，效果如图 8-25 所示。

图 8-24　填充选区

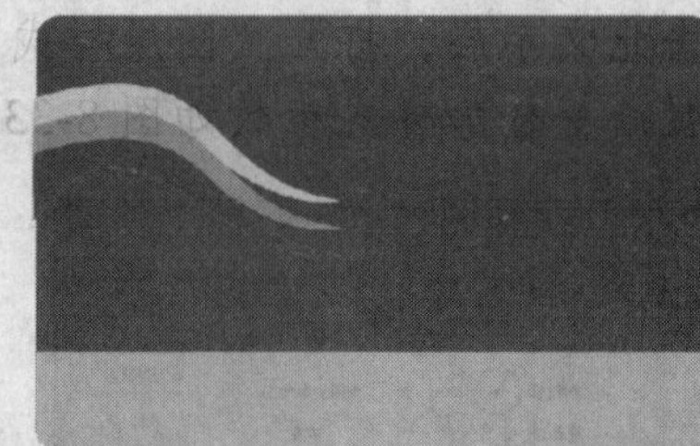

图 8-25　不同颜色图形

（13）选择工具箱中的横排文字工具 T，在如图 8-26 所示位置输入白色文字。

（14）打开字符面板，按下下划线按钮 T，得到如图 8-27 所示效果。

图 8-26　输入文字

图 8-27　下划线效果

（15）再分别输入如图 8-28 所示文字。

（16）双击数字文字层，打开“图层样式”对话框，选择斜面和浮雕样式，设置参数如图 8-29 所示。

图 8-28　输入文字

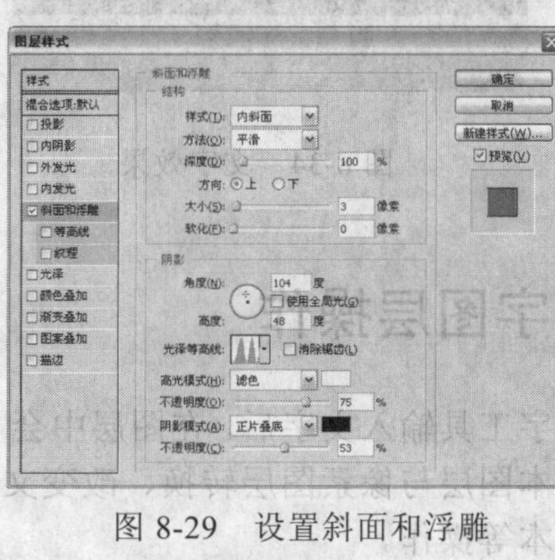

图 8-29　设置斜面和浮雕

（17）单击“确定”按钮，文字效果如图 8-30 所示。

（18）在如图 8-31 所示位置输入文字。

图 8-30　斜面和浮雕效果

图 8-31　输入文字

（19）双击此文字层，打开“图层样式”对话框，设置投影样式参数如图 8-32 所示。

（20）设置渐变叠加样式参数如图 8-33 所示。

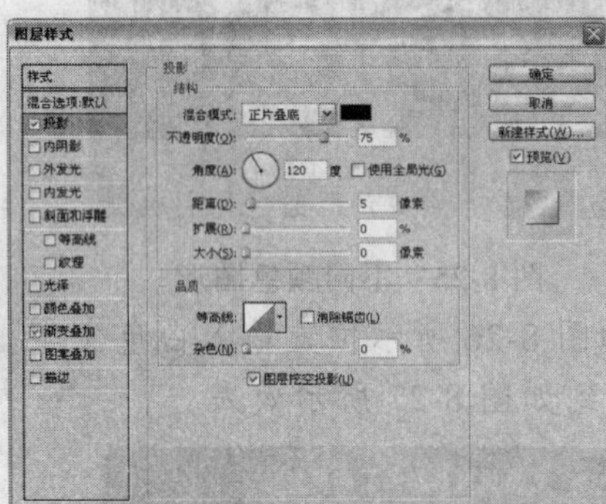

图 8-32　设置投影样式

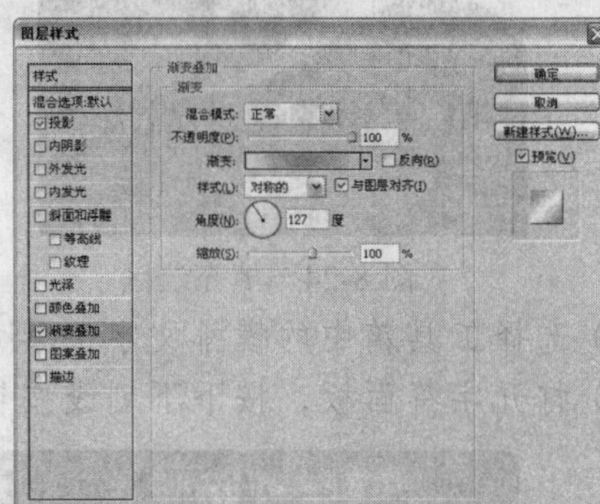

图 8-33　设置渐变叠加样式

（21）单击“确定”按钮，文字效果如图 8-34 所示。

（22）最后添加标志，输入文字，再增加投影样式，完成后的 VIP 卡如图 8-35 所示。

图 8-34　文字效果

图 8-35　最终效果

8.4　文字图层操作

使用文字工具输入文字后，在图层中会自动产生一个文字图层，Photoshop CS2 可对文字图层进行文本图层与像素图层转换、改变文本排列方向、变换文字、将文字转为形状、在路径上创建文本等操作。

8.4.1 改变文字图层类型

建立了文字图层后，还可以在任意时刻将其在段落文字与点文字之间进行转换。

在“图层”面板中选择需转换的段落文字图层，执行“图层→文字→转换为点文本”命令，即可将选中的段落文字图层转换为点文字图层，如图 8-36（a）和图 8-36（b）所示。

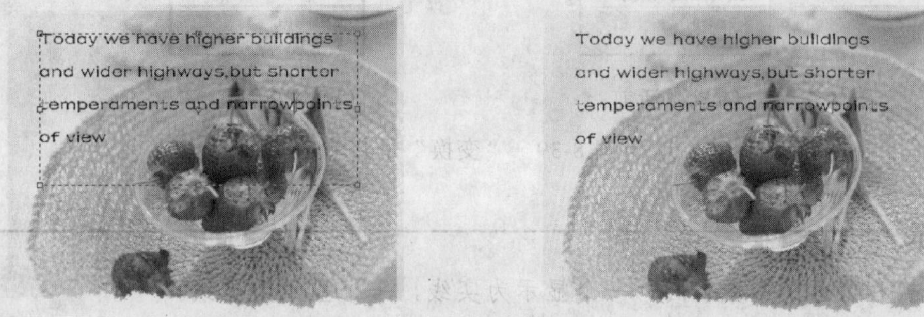

（a）段落文本　　　　（b）点文本

图 8-36　段落文字转换为点文字

8.4.2 改变文字排列方向

除了在创建文字的过程中选择水平排列或垂直排列之外，我们也可以在任意时刻改变现有文字图层的文字排列方向。

在“图层”面板中选中需改变排列方向的文字图层后，执行“图层→文字”子菜单中的“水平”或“垂直”命令即可将选中图层设置为指定的排列方向；选择文字工具，在属性栏中单击按钮，也可使文字在垂直和水平排列之间切换。如图 8-37 所示的水平排列文字，在单击按钮后，文字变成了垂直排列，如图 8-38 所示。

图 8-37　水平排列的文字

图 8-38　垂直排列的文字

8.4.3 变换文字

对文字进行变换之前，首先要在文字图层上单击鼠标右键，在弹出的快捷菜单中选择“栅格化文字”选项，再执行“编辑→自由变换”命令（快捷键为“Ctrl+T”）进行自由变换或者执行“编辑→变换”命令，选择相应的变换项。对文字图层进行变换时，如果不对文字进行“栅格化”，“扭曲”和“透视”命令不能使用，如图 8-39（a）所示。反之，所有的命令都可使用了，如图 8-39（b）所示。将文字图层栅格化后，调整透视后的效果如图 8-40 所示。

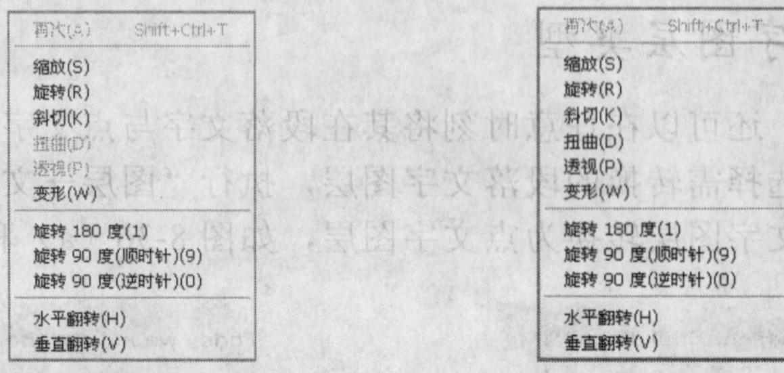

（a）激活前　　（b）激活后

图 8-39 “变换”子菜单

> **提 示**
>
> 自由变换和段落文本框不同，一个显示为实线，一个显示为虚线。

图 8-40 文字进行透视效果

8.4.4 在路径上创建文本

在 Photoshop CS2 中编辑文本时，可以沿路径输入文字。使用钢笔工具创建一个路径，如图 8-41 所示。选择文字工具，将鼠标指针移到路径上单击插入光标，输入文字，效果如图 8-42 所示。使用直接选择工具可任意改变路径的形状，而文字也会随之改变位置。

图 8-41 绘制路径

图 8-42 在路径上输入文字

8.5 文字变形

Photoshop CS2 提供了 15 种变形样式供选用，可用来创作艺术字体。选择文字工具，单击属性栏左侧的变形文字按钮，打开“变形文字”对话框，如图 8-43 所示。

样式：在其下拉列表中，可为文字设置一种变形样式，有扇形、拱形、旗帜、鱼眼等 15 种样式，如图 8-44 所示。

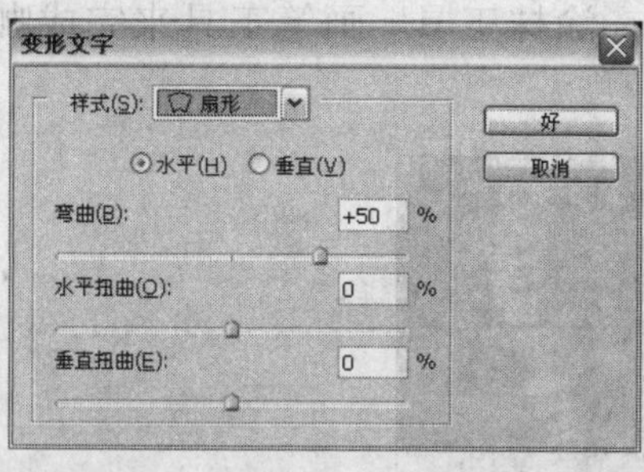

图 8-43　“变形文字”对话框

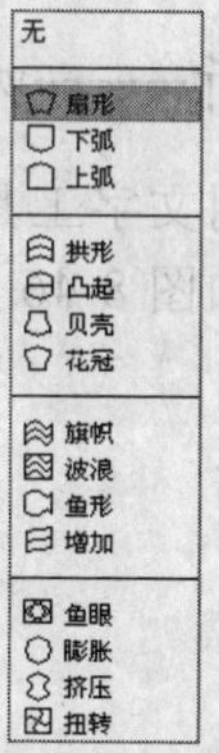

图 8-44　样式列表

- 水平或垂直：设置调整变形文字的方向。
- 弯曲：指定对图层应用的变形强度。
- 水平扭曲和垂直扭曲：可对文字应用透视变形。

各选项设置好后，单击“确定”按钮，然后单击属性栏中的✓按钮即可完成对文字的编辑。对于应用了变形文字的图层，图层的标识变成图标。如图 8-45 所示为几种简单的文字变形效果。

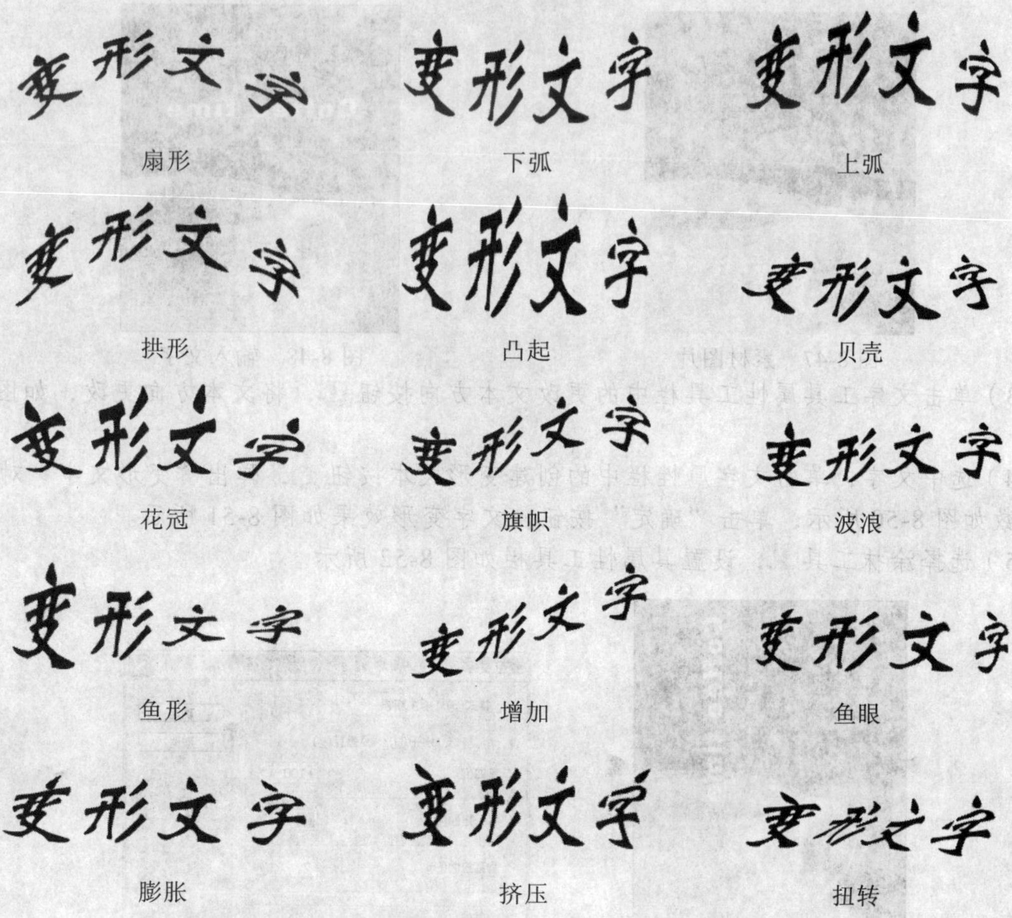

图 8-45　文字变形效果

实例解析——咖啡海报

本例将使用文字工具，创建变形文本命令、涂抹工具、画笔工具来完成咖啡广告的制作，完成后的效果如图 8-46 所示。

图 8-46　最终效果

（1）按“Ctrl+O”组合键打开素材图片，如图 8-47 所示。

（2）选择直排文字工具[T]，输入如图 8-48 所示文字。

图 8-47　素材图片

图 8-48　输入文字

（3）单击文字工具属性工具栏中的更改文本方向按钮[T]，将文本方向更改，如图 8-49 所示。

（4）选中文字，单击文字属性栏中的创建变形文本按钮[T]，弹出“变形文字”对话框，设置参数如图 8-50 所示，单击“确定”按钮，文字变形效果如图 8-51 所示。

（5）选择涂抹工具[涂抹]，设置其属性工具栏如图 8-52 所示。

图 8-49　更改文本方向

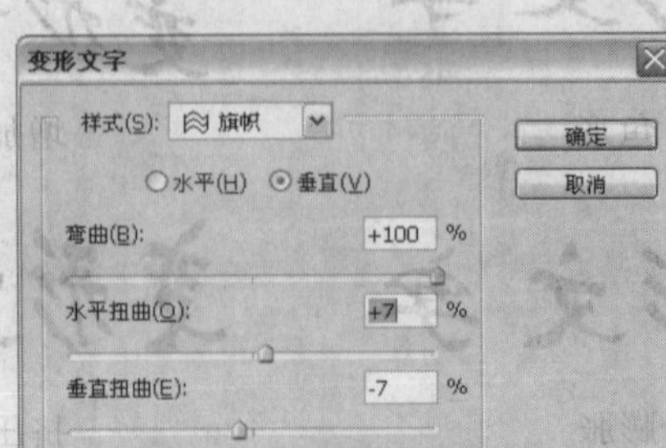

图 8-50　变形文字

图 8-51　文字变形效果　　　　图 8-52　设置涂抹工具属性工具栏

（6）用鼠标右键单击文字层，将其栅格化，用设置好的涂抹工具涂抹文字，使其像烟雾状，如图 8-53 所示。

（7）新建图层，选择工具箱中的画笔工具，绘制如图 8-54 所示效果。

图 8-53　涂抹文字　　　　图 8-54　绘制效果

（8）同样地使用涂抹工具涂抹画笔绘制的形状，使其呈烟雾状，并将此图层放置到文字层之下，效果如图 8-55 所示。

（9）最后使用文字工具输入广告词，咖啡海报制作完成，如图 8-56 所示。

图 8-55　烟雾效果　　　　图 8-56　最终效果

8.6 疑难解答

1．点文字和段落文字通常用于什么时候？

点文字一般用于少量文字的编排，而段落文字一般用于书籍、报刊等大量文字的编排。

2．在什么情况下要对文字进行栅格化？

文字本身不具备图像的属性，当用户想要对文字添加图像效果，进行各种变形或应用滤镜效果时，就需要将文字转换为普通图层，这样文字层将由矢量图变为位图，这样就可以对文字进行图像的编辑了。

3．用横排文字蒙版工具时，为什么不能自动建立一个文字层呢？

用文字蒙版工具编辑出来的文字是一个普通图层，所以要对文字蒙版进行编辑时，需要再新建一个普通图层。

4．如果文字不处于编辑状态，在字符面板中设置对文字有用吗？

如果当前工作区中的文字处于非编辑状态，在字符面板上设置的参数将应用到工作区中的所有文字中。

8.7 上机实践

通过本章的学习，相信大家对文字相关基础知识有了初步的认识和了解，下面通过上机操作来进一步巩固所学知识，达到举一反三的学习效果。

8.7.1 果汁酒广告

练习目的

在 Photoshop 中可以使文字沿着指定的路径形状输入文字，可以制作特殊文字效果。本例将选用沿路径输入文字制作果汁酒广告，完成后的效果如图 8-57 所示。

图 8-57 最终效果

解题思路

本例将使用选区转换路径，然后在路径中输入文字，再沿路径排列输入环绕文字。

操作步骤提示

（1）按“Ctrl+O”组合键打开如图 8-58 所示的素材图片。

（2）使用钢笔工具沿酒瓶创建路径，如图 8-59 所示。

图 8-58　素材图片

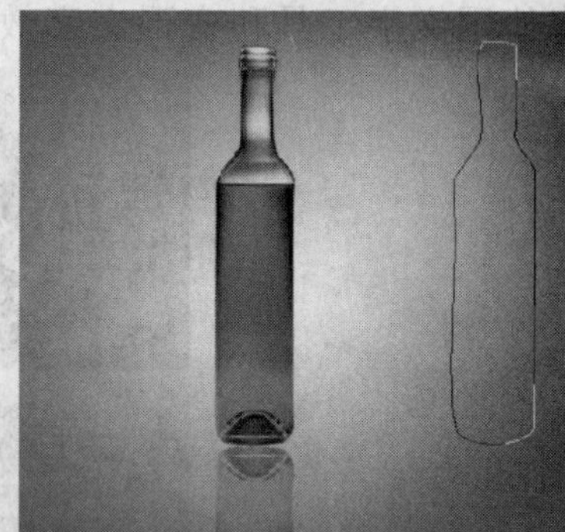

图 8-59　创建路径

（3）在路径中输入文字，如图 8-60 所示。

图 8-60　在路径中输入文字

（4）环绕路径输入文字，如图 8-61 瓶图形，输入广告词，果汁酒广告制作完成，如图 8-62 所示。

图 8-61　创建环绕路径文字

图 8-62　最终效果

8.7.2 公益广告

练习目的

本例将使用文字工具和变形文字效果制作公益广告，完成后的效果如图 8-63 所示。

图 8-63 最终效果

解题思路

分别载入图像，制作公益广告背景，再输入文字，制作变形文字，制作公益广告。

操作步骤提示

（1）新建文件，分别打开素材文件，调整好各图片位置，如图 8-64 所示。
（2）输入文字，如图 8-65 所示。

图 8-64 载入图像

图 8-65 输入文字

（3）输入文字，如图 8-66 所示，对文字进行变形，如图 8-67 所示。

图 8-66 输入文字

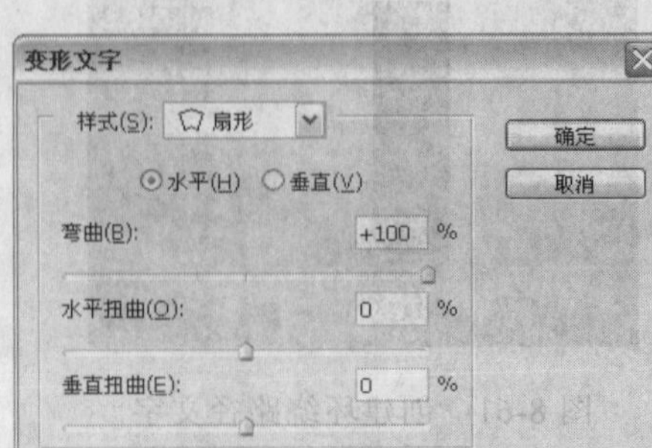

图 8-67 变形文字

（4）公益广告最终效果如图 8-68 所示。

图 8-68 最终效果

8.8 综合练习

1．填空题

（1）在 Photoshop CS2 中使用＿＿＿＿＿＿＿＿工具输入和编辑文字。

（2）点文字也称做＿＿＿＿＿＿，是一种不会自动换行的文字。

（3）对文字进行变换之前，首先要在文字图层上单击鼠标右键，在弹出的快捷菜单中选择＿＿＿＿＿＿选项。

2．选择题

（1）使用（ ）工具可以在图像中创建文字形状的选区？

A．横排文字工具　B．文字蒙版工具

C．竖排文字工具　D．选区工具

（2）段落文字最大的特点是在段落文本框创建，根据外框的尺寸在段落中（ ）。

A．创建行距　B．设置间距

C．自动跳段　D．自动换行

（3）文字工具可以沿（ ）输入文字。

A．选区　B．形状

C．路径　D．蒙版

第 9 章　蒙版和通道

本章要点

- ☑ 图层蒙版
- ☑ 通道的操作
- ☑ Alpha 通道

9.1　蒙版

使用蒙版可以将一部分图像区域保护起来。蒙版主要作用是合成图像和清除图像背景。蒙版通常是和图层、通道结合一起使用的，Photoshop CS2 的蒙版分为三种：快速蒙版、图层蒙版和矢量蒙版。

9.1.1　快速蒙版

快速蒙版是一种临时的由用户创建的蒙版。使用快速蒙版不会修改图像，只建立图像的选区。它可以在不使用通道的情况下快速地将选区范围转为蒙版，然后在快速蒙版编辑模式下进行编辑，当转为标准编辑模式时，未被蒙版遮住的部分变成选区范围。

在工具箱中有两个蒙版图标，如图 9-1 所示。左边的表示标准模式编辑状态；右边的表示快速蒙版模式编辑状态。

蒙版是一种 256 色的灰度图像，白色表示图像的显示，黑色表示图像的隐藏。快速蒙版可使用绘画、选区、擦除、滤镜等各种编辑工具，建立更复杂的蒙版。

双击快速蒙版图标，可以打开“快速蒙版选项”对话框，如图 9-2 所示。它是一种对选择区域进行快速修改的方式，大多用于较难选择的区域，如头发区域的选择等。首先通过选框工具建立大致的选区，然后单击工具箱中的快速蒙版图标，没有选中的区域便会被蒙上红色（表示蒙版的颜色，双击快速蒙版图标，在打开的对话框中可改变表示蒙版的颜色），这时就可以通过工具箱中的各种工具进行细致的修改。修改完成后，单击工具箱中的标准模式图标回到正常编辑状态，也可按下键盘上的“Q”键在两种模式间切换。

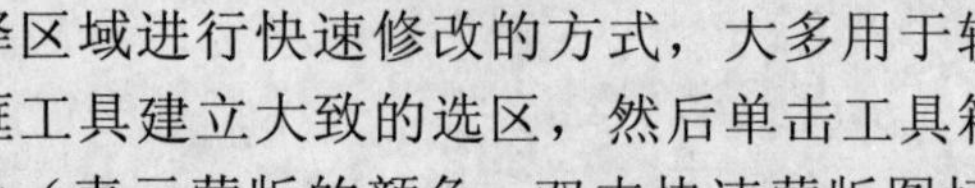

图 9-1　快速蒙版图标

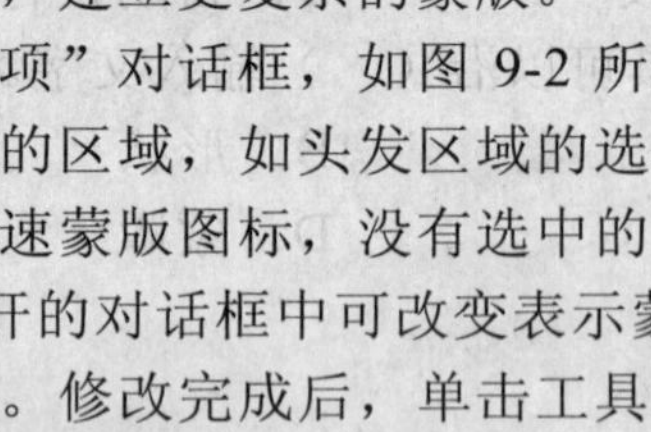

图 9-2　“快速蒙版选项”对话框

如图 9-3（a）所示，在图中已经建立了的一个选区，但还不太精确，下面就使用快速蒙版将花朵完整地选取下来。在工具箱中单击快速蒙版按钮 切换到快速蒙版编辑模式，如图 9-3（b）所示。

（a）创建选区

（b）切换到快速蒙版编辑模式

图 9-3　创建选区并切换到快速蒙版编辑模式

默认情况下，选区外的范围被 50%的红色蒙版遮挡。可以使用绘图工具对蒙版范围进行编辑，例如使用画笔工具将要选取的范围擦除，用画笔工具对选取范围填颜色。还可以使用滤境和图像调整命令对蒙版范围进行编辑。使用绘图工具调整蒙版时应注意，当前景色为白色时，使用绘图工具涂抹图像将清除蒙版，使选区扩大；当前景色为黑色时，涂抹图像可增加蒙版。如图 9-4 所示图像为使用绘图工具编辑蒙版后的效果。

编辑完成后，单击工具箱中的标准模式编辑按钮 ，切换到标准编辑模式，会得到一个比较精确的选取范围，如图 9-5 所示。

图 9-4　使用绘图工具编辑蒙版后的效果

图 9-5　切换成标准编辑模式后的效果

提　示

从快速蒙版模式切换到标准模式时，Photoshop CS2 会将颜色灰度值大于 50%的像素转换为被遮盖区域，而颜色灰度值小于或等于 50%的像素转换为选取范围。

9.1.2　图层蒙版

图层蒙版是一个 8 位灰度图像，黑色表示图层的透明部分，白色表示图层的不透明部分，灰色表示图层中的半透明部分。编辑图层蒙版，实际上就是对蒙版中黑、白、灰三个色彩区域进行编辑。使用图层蒙版可以控制图层中的不同区域如何被隐藏或显示。通过更改图层蒙版，可以将大量特殊效果应用到图层，而不会影响该图层上的像素。

使用下列任意方法均可创建图层蒙版。

- 利用工具箱中的任意一种选择区域工具在打开的图像中绘制选择区域，然后选择“图层”菜单中的“添加图层蒙版”命令，即可得到一个图层蒙版。

提　示

在打开的图像文件中绘制选择区域时，必须确认当前图层为普通层。另外，在图像中绘制选择区域后，选择“选择”菜单中的“羽化”命令，然后选择“图层”菜单中的“添加图层蒙版”命令，可以得到虚化的图像效果。

- 在图像中具有选择区域的状态下，在“图层”面板中单击按钮可以为选择区域以外的图像部分添加蒙版。如果图像中没有选择区域，单击按钮可以为整个画面添加蒙版。给图层添加蒙版后的“图层”面板如图 9-6 所示。

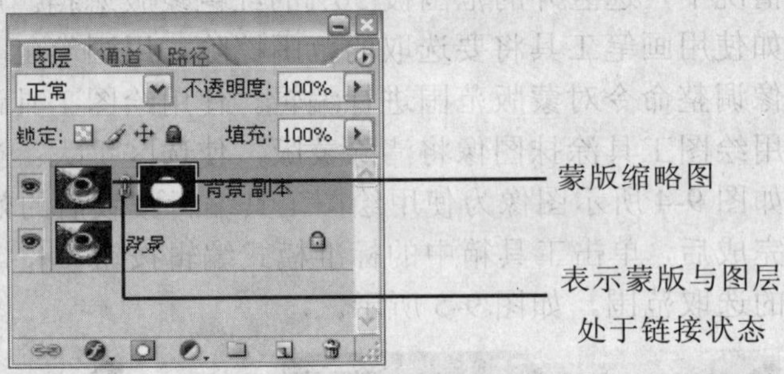

图 9-6　图层蒙版

提　示

不能为背景图层添加蒙版。当需要给一个背景图层添加蒙版时，可以先将背景图层转换为普通图层，然后再创建蒙版。

实例解析——海市蜃楼

本例将使用快速蒙版来制作海市蜃楼效果，完成后的效果如图 9-7 所示。

图 9-7　最终效果

（1）按“Ctrl+O”组合键打开一个素材图片，如图 9-8 所示。

图 9-8　素材图片

（2）选择工具箱中的多边形套索工具，沿着楼房的边缘拖动鼠标创建选区，如图 9-9 所示。

图 9-9　创建选区

（3）执行“选择→存储选区”命令，弹出“存储选区”对话框，设置参数如图 9-10 所示，单击确定按钮，选区存储到通道中，如图 9-11 所示。

图 9-10　存储选区

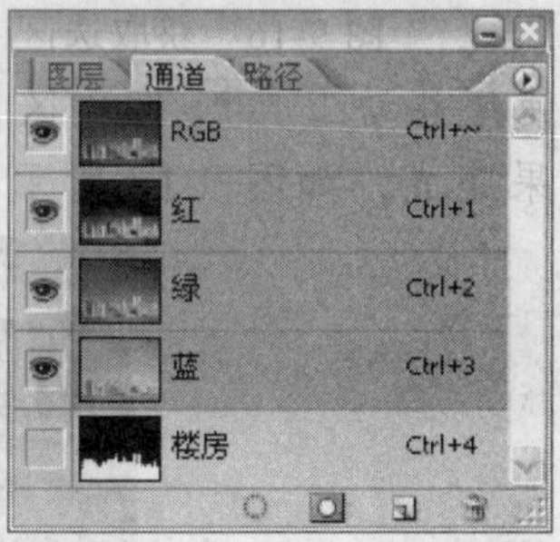

图 9-11　存储到通道中

（4）单击工具箱中的“以快速蒙版模式编辑”按钮，进入快速蒙版编辑状态，如图 9-12 所示。

（5）按快捷键“D”恢复前\背景色，使用渐变工具在图像窗口中创建线性渐变，如图 9-13 所示。

图 9-12　快速蒙版模式

图 9-13　创建线性渐变

（6）单击工具箱中的“以标准模式编辑”按钮，退出快速蒙版，效果如图 9-14 所示。

（7）执行“选择→载入选区”命令，打开“载入选区”对话框，设置参数如图 9-15 所示。

图 9-14　获取选区

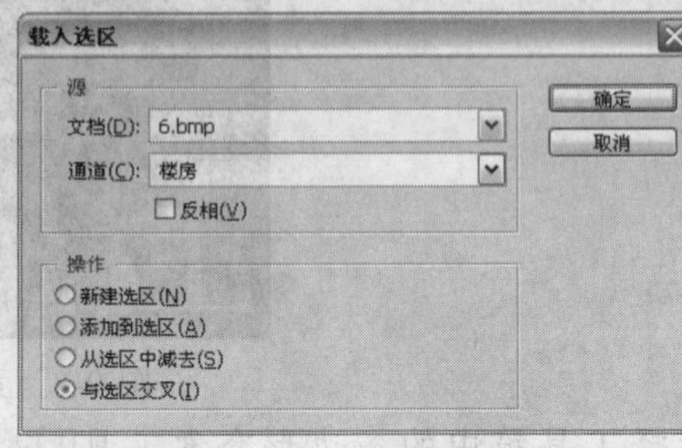

图 9-15　载入选区

（8）单击“确定”按钮，得到如图 9-16 所示选区。

（9）打开一张素材图像，如图 9-17 所示。

图 9-16　获取选区

图 9-17　素材图片

（10）使用移动工具将选区内图像拖入素材图像中，将图像模式设置为“正片叠底”，海市蜃楼效果完成，如图 9-18 所示。

图 9-18　最终效果

9.2　通道的功能

在 Photoshop CS2 中，打开图像后即会自动创建颜色信息通道，也就是说，通道面板中显示的颜色通道与所打开的图像文件有关。如果图像有多个图层，则每个图层都有自身的一套颜色通道。通道的数量取决于图像的模式，与图层的多少无关。

通道的功能根据其所属类型不同而不同。在 Photoshop CS2 中有三种通道类型：第一种是原色通道，用于描述图像色彩信息，如 RGB 颜色模式的图像包含有 3 个通道，分别为红

（R）、绿（G）、蓝（B），如图 9-19 所示。而 CMYK 模式的图像包含有 4 个通道，分别是青色（C）、洋红（M）、黄色（Y）、黑色（K），如图 9-20 所示。

图 9-19　RGB 模式通道

图 9-20　CMYK 模式通道

第二种是 Alpha 通道，用于存储选择范围，它将选区存储为 8 位灰度图像放入“通道”面板中，用来处理隔离和保护图像的特定部分。

第三种是专色通道，用于记录专色信息，指定用于专色（如银色、金色及特种色等）油墨印刷的附加印版。各种类型的通道在“通道”面板中的效果如图 9-21 所示。

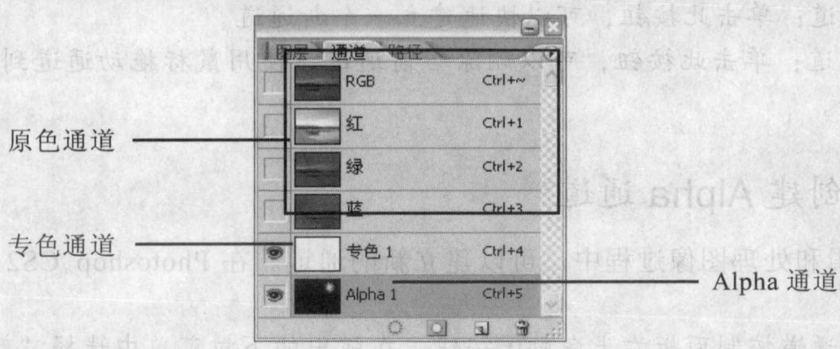

图 9-21　通道的类型

技　巧

只有以支持图像颜色模式的格式（如 PSD、PDF、PICT、TIFF 或 RAW 等格式）存储文件时才能保留 Alpha 通道。以其他格式存储文件可能会导致通道信息丢失。

9.3　通道的操作

通道的操作通常在“通道”面板中完成，通道的操作方法与图层相似，可以进行新建、复制与删除、复制通道、分离通道、合并通道等操作。下面就分别介绍这些操作方法。

9.3.1　通道面板

通过“通道”面板前面的眼睛图标可以显示或隐藏通道。按住“Shift”键点击需要选择的通道可同时选中多个通道。执行“窗口→通道”命令，可以显示“通道”面板，如图 9-22 所示。

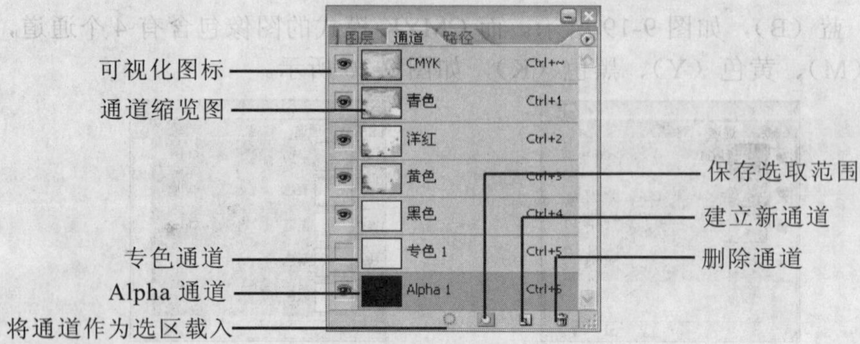

图 9-22 “通道”面板

- 载入选区：单击此按钮，可将当前通道中的内容转换为范围或者将某一通道内容直接拖至该按钮上建立选取范围。
- 保存选区：单击此按钮，可以将当前图像中的选取范围转变成蒙版保存到一个新增的 Alpha 通道中。该功能同“选择→存储选区”命令相同。
- 新建通道：单击此按钮，可以快速建立一个新通道。
- 删除通道：单击此按钮，可以删除当前通道，使用鼠标拖动通道到该按钮上也可将其删除。

9.3.2 创建 Alpha 通道

用户在编辑和处理图像过程中，可以建立新的通道。在 Photoshop CS2 中提供了以下建立通道的方法：

（1）单击通道控制面板右上角的按钮，在弹出的下拉菜单中选择“新建通道”命令，将弹出如图 9-23 所示的“新建通道”对话框。

（2）单击通道控制面板底部的创建新通道按钮，即可创建一个新的 Alpha 通道并在窗口中显示为黑色，如图 9-24 所示。

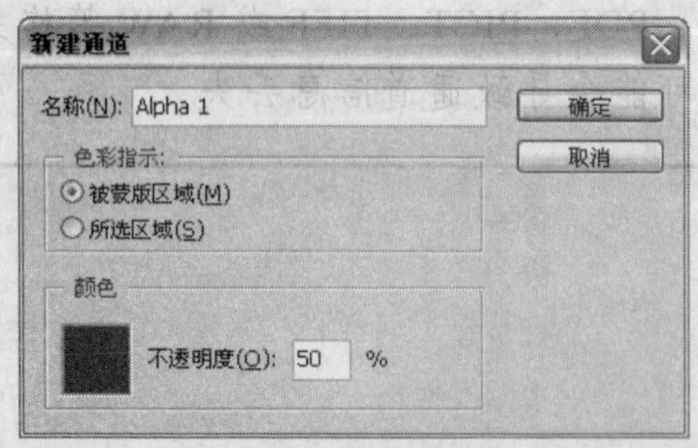

图 9-23 “新建通道”对话框

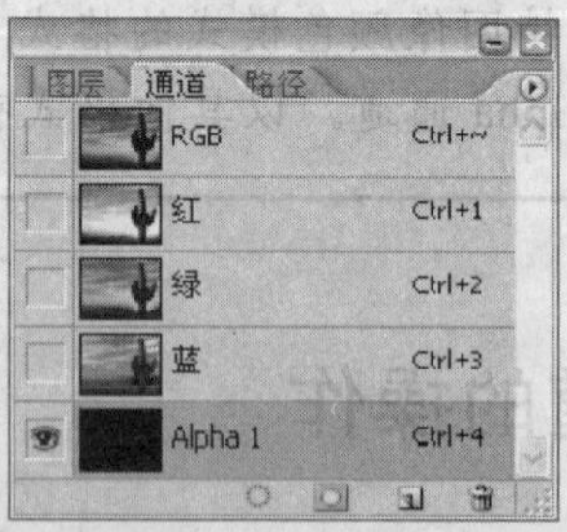

图 9-24 新建 Alpha 通道

其中，“被蒙版区域”表示设定蒙版区域为浅色；“所选区域”表示设定选区为深色；“颜色”可以设定填充用的颜色；“不透明度”可以设定通道的不透明度。设置完成后单击“确定”按钮即可创建一个新的 Alpha 通道。

（3）创建一个选区，执行“选择→存储选区”命令，打开“存储选区”对话框，如图 9-25 所示，若不输入名称，则会自动以 Alpha1 名称存储。

（4）在图像上创建一个选区，单击“将选区存储为通道”按钮，将选区存储为通道，该通道为 Alpha 通道，如图 9-26 所示。

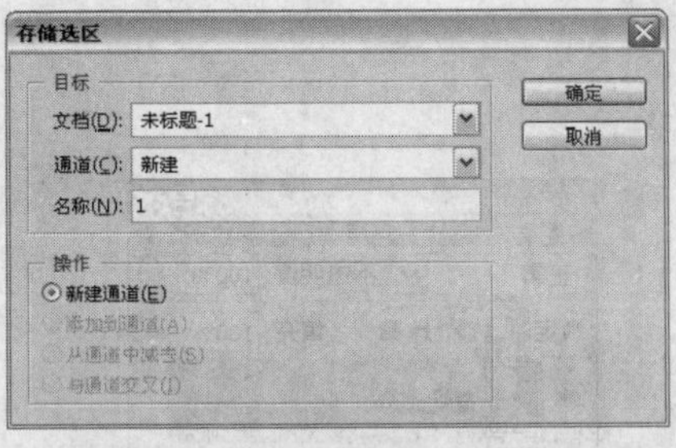

图 9-25 “存储选区”对话框

图 9-26 将选区存储为通道

9.3.3 删除通道

带有 Alpha 通道的图像会占有一定的磁盘空间，对于使用完毕的通道，可以删除多余的通道，减少系统资源的使用，提高运行速度，Photoshop CS2 为我们提供了以下删除通道的 3 种方法：

（1）用鼠标将要删除的通道直接拖动到通道控制面板底部的删除当前通道按钮上即可。

（2）在通道控制面板中激活要删除的通道，然后用鼠标单击面板右上角的按钮，在弹出菜单中执行“删除通道”命令，即可将该通道删除。

（3）在通道控制面板中激活要删除的通道，单击鼠标右键，在弹出快捷菜单中选择删除通道命令，将会直接删除该通道。

实例解析——浪漫婚纱照

本例将练习使用通道、色阶命令、反向命令、反选命令、魔棒工具以及画笔工具等制作浪漫婚纱照片效果，如图 9-27 所示。

图 9-27 最终效果

（1）按“Ctrl+O”组合键打开一张素材图像文件，如图 9-28 所示。

（2）将背景层拖至创建新层按钮上，复制一个“背景副本”层，如图 9-29 所示。

图 9-28　素材图片

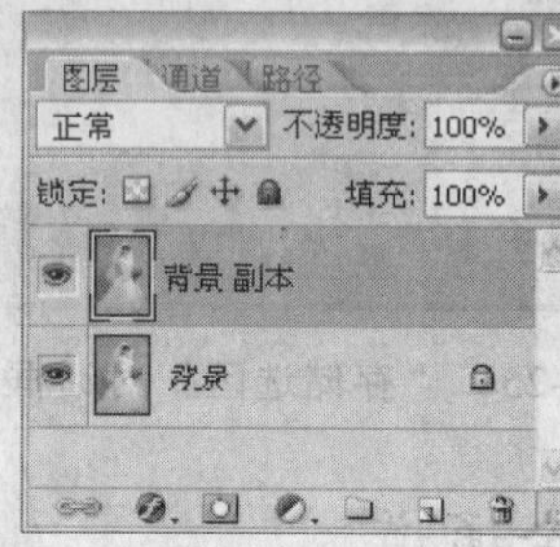

图 9-29　复制图层

（3）切换到通道面板中，选择一个图像对比度较强烈的通道，并复制一个通道副本，如图 9-30 所示。

（4）按“Ctrl+L”组合键打开“色阶”对话框，调整色阶参数如图 9-31 所示。

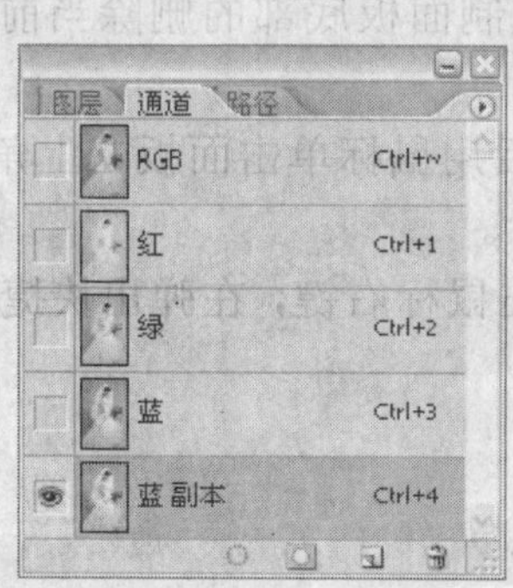

图 9-30　复制通道

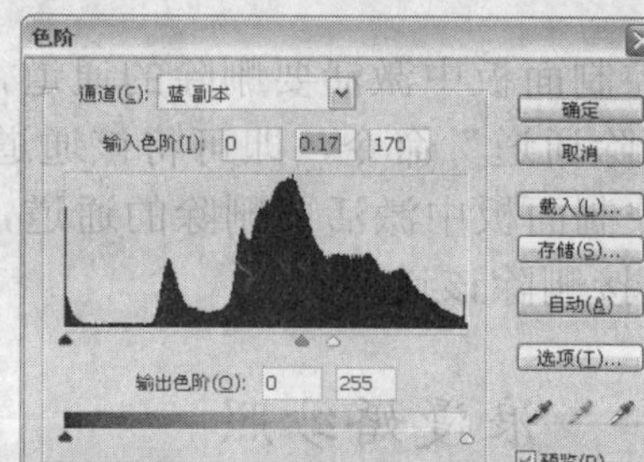

图 9-31　调整色阶参数

（5）单击“确定”按钮，图像效果如图 9-32 所示。

（6）按“Ctrl+I”组合键将图像反向，效果如图 9-33 所示。

图 9-32　调整色阶效果

图 9-33　反向效果

（7）使用魔棒工具单击浅灰色部分，获取如图 9-34 所示选区。

（8）用白色填充选区，如图 9-35 所示。

图 9-34　获取选区

图 9-35　填充白色

（9）按“Shift+Ctrl+I”组合键将选区反选，使用画笔工具，用黑色涂抹选区中白色部分，效果如图 9-36 所示。

（10）按住“Ctrl”键单击蓝通道副本，将其选区浮出，切换到图层面板，将选区载入背景副本层中，如图 9-37 所示。

图 9-36　涂抹黑色

图 9-37　载入通道选区

（11）按“Ctrl+J”组合键将选区图像复制并粘贴到新的图层中。

（12）按“Ctrl+O”组合键打开一张素材图像文件（玫瑰.jpg），使用移动工具将抠出的新娘图拖入玫瑰图像中，调整好位置，浪漫婚纱照制作完成，效果如图 9-38 所示。

图 9-38　最终效果

9.4　专色通道

专色，就是除了 CMYK 以外的颜色。如果要印刷带有专色的图像，就需要在图像中创建一个存储这种颜色的专色通道。专色通道是特殊的预混油墨，用来存放金银色以及一些特殊要求的专色，以替换或补充印刷色油墨。每一个专色通道都有一个属于自己的印版，如果要印刷带有专色的图像，则需要创建存储此颜色的专色通道，专色通道会作为一张单独的胶片输出。

建立专色通道的方法是：执行“通道”面板菜单中的“新建专色通道”命令或按住“Ctrl”键单击建立新通道按钮，打开“新建专色通道”对话框，如图 9-39 所示。

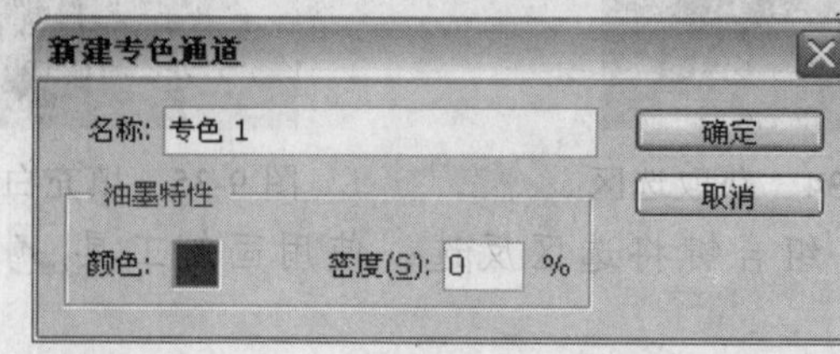

图 9-39 “新建专色通道”对话框

如果在建立专色通道前图像已有选区，则该区域会加入专色通道，如图 9-40 所示。

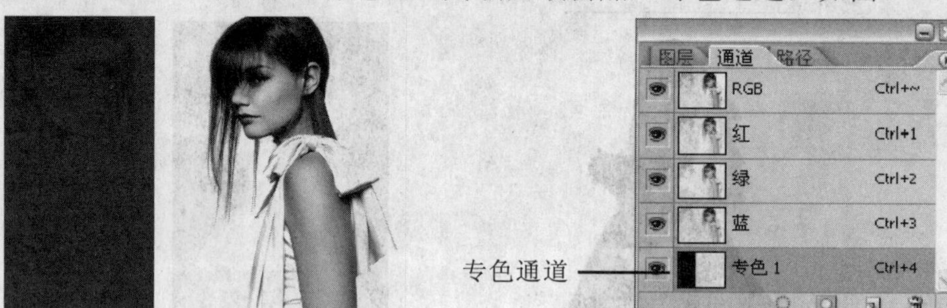

（a）专色通道在图像中的效果　　（b）“通道”面板中的专色通道

图 9-40 加上专色后的效果

实例解析——四色玫瑰

本例将使用建立专色通道制作四色玫瑰，效果如图 9-41 所示。

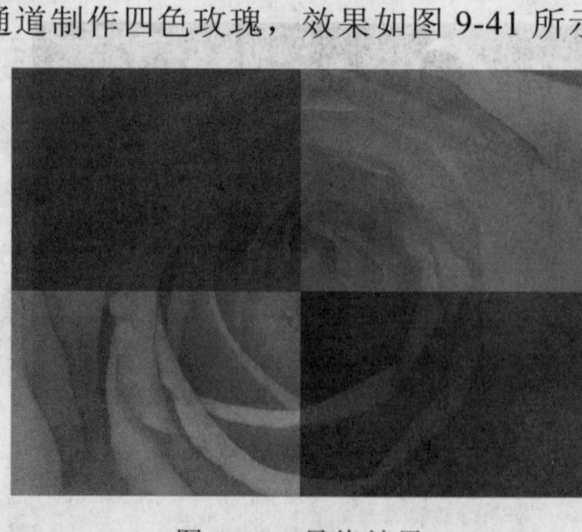

图 9-41 最终效果

（1）按“Ctrl+O”组合键打开一张素材图像文件，如图 9-42 所示。

（2）选择工具箱中的矩形选框工具，在如图 9-43 所示位置创建矩形选区。

图 9-42　素材图片

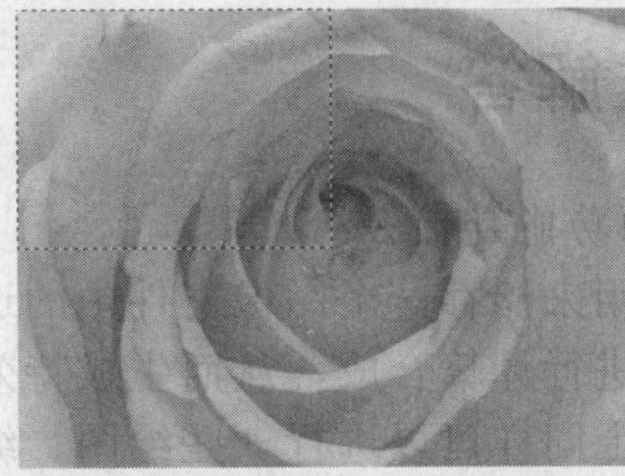

图 9-43　创建矩形选区

（3）切换到通道面板，单击面板上方的三角按钮，在弹出的菜单中选择新建专色通道命令，打开“新建专色通道”对话框，设置参数如图 9-44 所示。

（4）单击“确定”按钮，新建专色通道效果如图 9-45 所示。

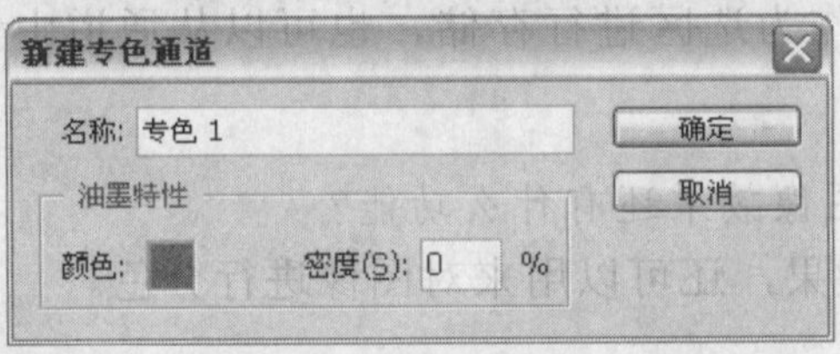

图 9-44　设置参数

图 9-45　新专色通道效果

（5）选择工具箱中的矩形选框工具，在如图 9-46 所示位置创建矩形选区。

（6）新建专色通道，设置参数如图 9-47 所示。

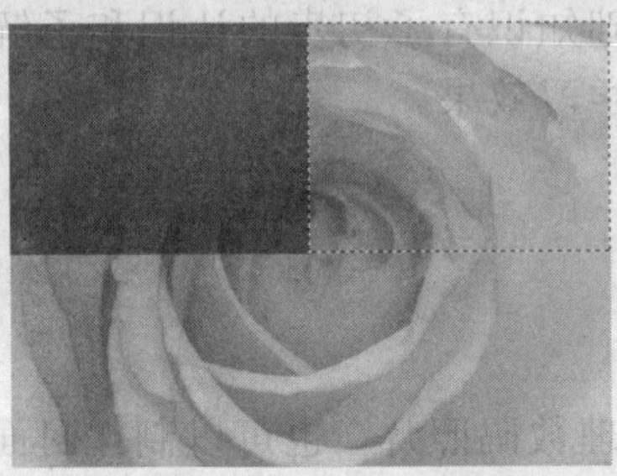

图 9-46　创建选区

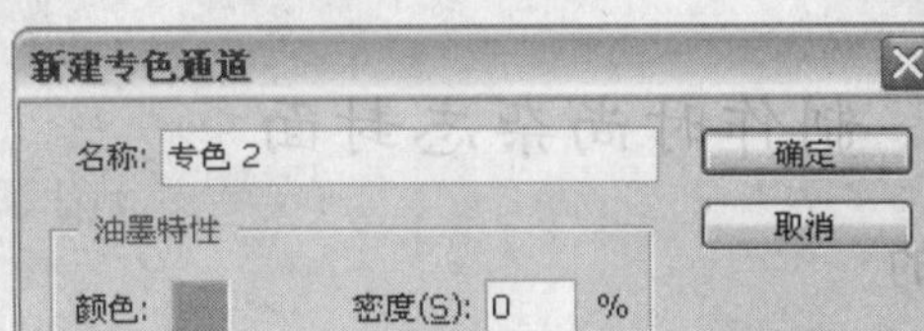

图 9-47　设置专色通道参数

（7）新专色通道效果如图 9-48 所示。

（8）用类似的方法分别创建另外两个专色通道，四色玫瑰制作完成，如图 9-49 所示。

图 9-48　新专色通道效果

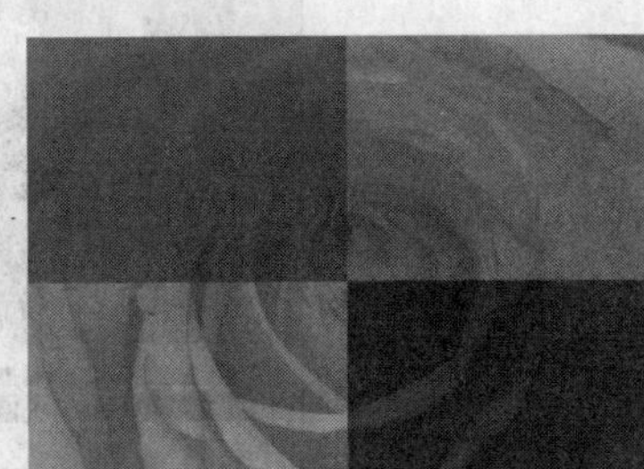

图 9-49　最终效果

9.5 疑难解答

1．通道的功能是什么？

通道可以用来储存一个图像文件中的选择内容及其他信息，通道的另一主要功能是用于通过与图像层进行计算合成，从而生成特效的图像效果，这一功能主要使用于特效文字的制作中。在通道上同样可以进行一些绘图、编辑和滤镜处理等操作。

2．在 Photoshop 里新建了一个通道，为什么按“Ctrl”键的同时点击所建的通道选区边将不可见？

按“Ctrl”键的同时点击通道的时候，通道上必须有物体，如果是空白的通道是没有选区的。

3．使用文字蒙版工具创建的文字选区能作为选区存储吗？

使用文字蒙版工具创建的文字选区可以作为选区进行存储，也可以从通道中调出重新使用。

4．请问 Photoshop 通道除了可以做特效图像效果还有什么功能？

通道最大的用处是做抠出图像及做透明效果，还可以用来对图像进行分色。

9.6 上机实践

通过本章的学习，相信大家对蒙版和通道相关基础知识有了初步的认识和了解，下面通过上机操作来进一步巩固所学知识，达到举一反三的学习效果。

9.6.1 制作时尚杂志封面

练习目的

Photoshop 图像制作应用广泛，可以制作广告、处理数码照片，也可以制作封面，本例将使用通道和文字等知识制作时尚杂志封面，完成后的效果如图 9-50 所示。

图 9-50　最终效果

解题思路

应用 RGB 模式的彩色图像由三个通道构成的原理，通过移动各个通道，制作错位效果。

操作步骤提示

（1）按“Ctrl+O”组合键打开一张素材图像文件，如图 9-51 所示。

（2）切换到通道面板，分别移动红、绿、蓝通道，得到错位效果，如图 9-52 所示。

（3）添加装饰条和文字，时尚杂志封面制作完成。

图 9-51 素材图片

图 9-52 错位效果

9.6.2 内衣广告

练习目的

本例将制作时尚内衣广告，完成后的效果如图 9-53 所示。

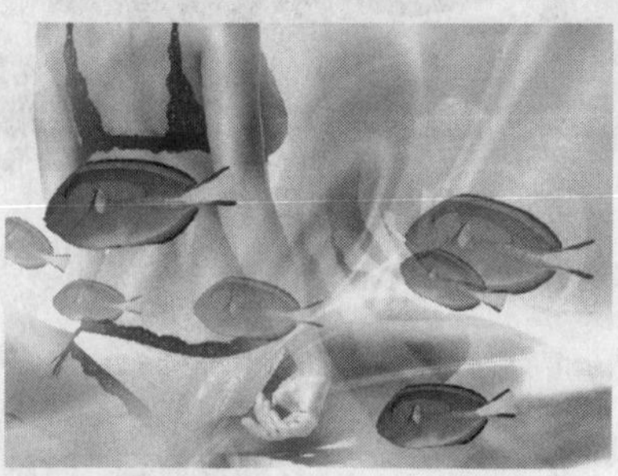

图 9-53 最终效果

解题思路

添加图层蒙版，创建径向渐变，添加图层混合模式。

操作步骤提示

（1）按“Ctrl+O”组合键打开两张素材图像文件，如图 9-54 和图 9-55 所示。

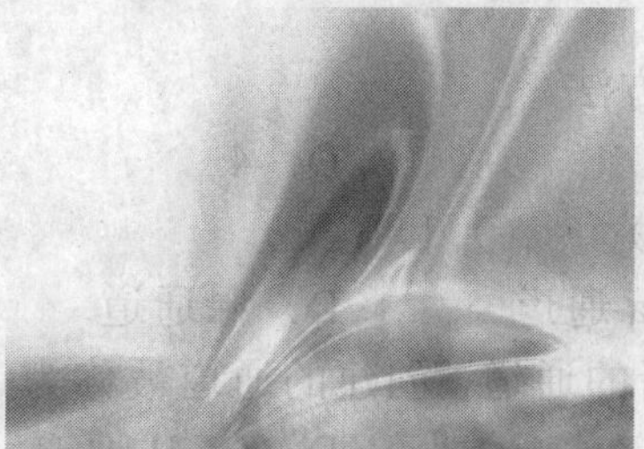

图 9-54 素材图片

图 9-55 素材图片

（2）使用移动工具将人体图像拖入波纹素材图片中，为人体图层添加图层蒙版，在蒙版中处理图像效果如图 9-56 所示。

（3）导入玫瑰素材图片，添加图层蒙版，创建径向渐变，将图层混合模式设置为“叠加”，效果如图 9-57 所示。

图 9-56　添加蒙版效果

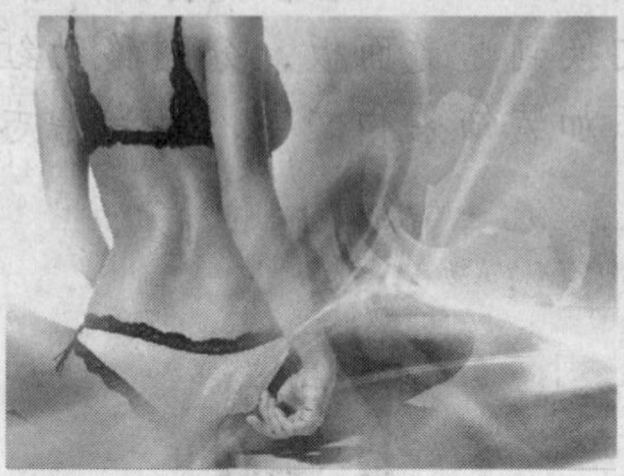

图 9-57　叠加效果

（4）导入鱼素材图片，调整好位置后内衣广告制作完成，如图 9-58 所示。

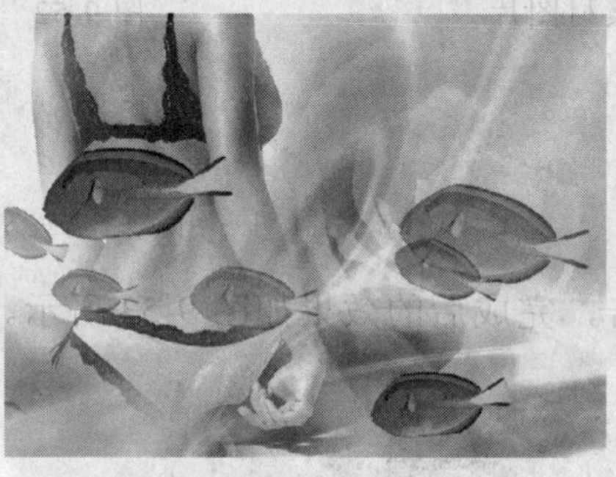

图 9-58　最终效果

9.7　综合练习

1．填空题

（1）使用____________可以将一部分图像区域保护起来。

（2）快速蒙版是一种临时的由用户创建的蒙版。使用快速蒙版不会修改图像，只建立图像的____________。

（3）默认情况下，原色通道以____________显示图像。

2．选择题

（1）Photoshop CS 提供了（　）种建立蒙版的方法。

A．5　　B．3　　C．2　　D．4

（2）在 Photoshop CS2 中有三种通道类型：（　）、（　）和（　）。

A．原色通道　　B．专色通道　　C．Alpha 通道　　D．绿通道

（3）用户在编辑和处理图像过程中，可以建立新的通道，创建的通道被称为（　）通道。

A．专色通道　　B．Alpha 通道　　C．红通道　　D．RGB 通道

第 10 章　神奇的滤镜

本章要点

- ☑ 扭曲滤镜组
- ☑ 杂色滤镜组
- ☑ 模糊滤镜组
- ☑ 渲染滤镜组
- ☑ 风格化滤镜组

10.1　认识滤镜

Photoshop CS2 中，可以使用强大的滤镜功能在原有图像的基础上产生许多特殊炫目的效果。滤镜包括多种特殊效果，如扭曲、素描、渲染、风格化等多种特效，使平淡的图像产生特殊有趣的效果。想要在图像中充分而适度地运用滤镜制作特效图像效果，必须将滤镜菜单中各组滤镜以及作用了解清楚，进一步运用到图像创作中，就能创造出各种特殊效果的图像。

10.1.1　滤镜菜单简介

单击 Photoshop CS2 菜单栏中的“滤镜”菜单项，弹出如图 10-1 所示的“滤镜”下拉菜单。每一组滤镜的名称后都有一个小三角按钮▸，打开此组滤镜还包含了滤镜子菜单。下面简单介绍一下滤镜下拉菜单。

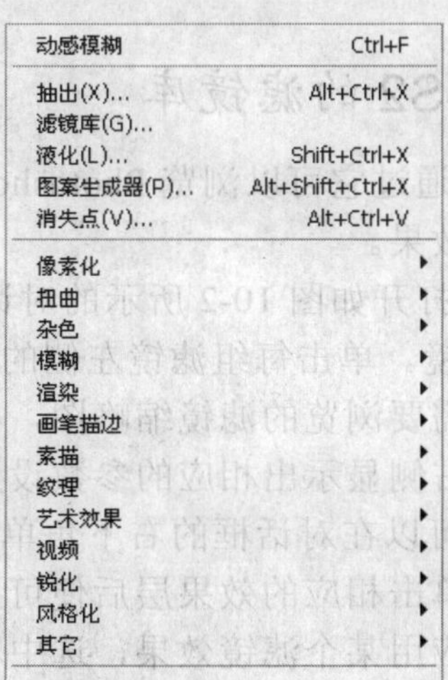

图 10-1　滤镜下拉菜单

提　示

当用户看到滤镜菜单中大部分命令呈灰色显示时，表示需要处理的图像不是 RGB 模式。

在 Photoshop CS2 中，最后一次使用过的滤镜将出现在滤镜菜单的顶部，通过执行此命令可以再次应用上次使用过的滤镜效果。也可以按下“Ctrl+F”组合键，重复执行相同的滤镜。若按“Ctrl+Alt+F”组合键则可打开上次执行该滤镜时的“滤镜参数设置”对话框。Photoshop CS2 把“抽出”、“滤镜库”、“液化”和“图案生成器”命令放到了“滤镜”菜单的第二栏中。Photoshop CS2 在“滤镜”菜单的下方提供了 16 组滤镜样式，每组滤镜的子菜单中又包含了几种不同的滤镜效果。

提　示

滤镜在处理图像时要耗费大量系统资源和时间。想终止正在执行的滤镜操作时，可按 ESC 键，Photoshop 则停止运算并恢复到以前的状态。

10.1.2　滤镜的使用方法

选择需要运用滤镜效果的图像或图层。在滤镜菜单中选择滤镜命令，如果滤镜名称后有省略号，将弹出“参数设置”对话框，在弹出的对话框中根据需要设置各项参数。单击“确定”按钮将应用滤镜效果。

提　示

滤镜不只应用于位图模式、索引色或 16 位图像中。一些滤镜只能应用 RGB 模式色彩模式的图像中。

10.1.3　Photoshop CS2 的滤镜库

Photoshop 中有滤镜库功能，通过它可以浏览 Photoshop CS2 中的常用滤镜，并可预览对同一幅图像应用多个滤镜的堆栈效果。

执行“滤镜→滤镜库”命令，打开如图 10-2 所示的对话框。在此对话框中提供了风格化、画笔描边、扭曲等 6 组常用的滤镜。单击每组滤镜左侧的▶按钮，即可展开该组滤镜，其中提供了直观的滤镜缩略图，单击需要浏览的滤镜缩略图，在对话框左侧的预览框中即可查看该滤镜的效果，同时将在对话框右侧显示出相应的参数设置选项。

如果要同时使用多个滤镜，可以在对话框的右下角单击“新建效果层”按钮，在原效果层上即可新建一个效果层。单击相应的效果层后便可以应用其他滤镜效果，从而实现多个滤镜的堆栈效果。如果不需要应用某个滤镜效果，选中相应的效果层，再单击下方的“删除效果层”按钮将其删除即可。完成后单击“确定”按钮即可应用设置的滤镜效果到图像中。

图 10-2 滤镜库

10.2 抽出滤镜

“抽出”滤镜可以将图像从背景中分离出来，常用于较纤细或有复杂边缘的图像选取。执行“滤镜→抽出”命令，或按“Alt+Ctrl+X”组合键，弹出“抽出”对话框，如图 10-3 所示，其中各选项含义如下：

图 10-3 “抽出”对话框

【工具选项】 设置工具的大小、颜色等。

【画笔大小】设置抽出工具的笔触大小。

【高光】 在下拉菜单中，可以选择使用边缘高光器工具描绘的抽出边缘的颜色。

【填充】 在下拉菜单中，可以选择红、绿、蓝或其他颜色来设置填充的蒙版颜色。

【智能高光显示】 勾选此复选框，在描绘抽出边缘时，Photoshop CS2 会自动判断并选择适合的画笔大小，以达到最佳的去背景效果。

【抽出】 设置抽出图像的边缘效果，包括“带纹理的图像”、“平滑”、“通道”、“强制前景”4 个设置。

【带纹理的图像】 选择此选项，可以将背景包含大量纹理的图像选择出来。

【平滑】 设置抽出边缘的柔化程度，以消除人工选取时产生的锯齿。

【通道】 如果图像文件有 Alpha 通道，就可以在这里选取该通道作为抽出的范围。

【强制前景】 勾选这个选项后，用吸管工具在取出边缘上吸取一个颜色作为前景颜色，那么在抽出边缘中的图像时，该颜色将被强制保留下来。

技 巧

选择“强制前景”选项可方便地进行火焰或婚纱等具有透明度图像的选取。单击“确定”按钮，可以在对话框中及时预览图像去背景后的效果。

【预览】 设置抽出图像的预览内容。

【显示】(预览设置栏中的第一个) 在弹出菜单中，可设置图像的预览模式。选取“原稿”会以不去背景的方式显示图像；选取“抽出”会以去了背景的方式显示图像。

【显示】(预览设置栏中的第二个) 在弹出菜单中，指定以无色、黑色杂边、灰色杂边、白色杂边作为预览的底色，或勾选“其他”以指定特别的底色。勾选“蒙版”选项，则以蒙版的方式预览图像。

【显示高光】 勾选此复选框，则图像去背景预览后可以再显示绿色的抽出边缘。

【显示填充】 勾选此复选框，则在图像去背景预览后可以再显示蓝色的填充蒙版。

提 示

使用清除工具可以修改不满意的图像抽出效果。按住“Alt”键的同时使用橡皮擦工具，可以消除图像内容，将挖空的图像还原成原样。

选择边缘修饰工具，可以对抽出后的图像边缘进行修整。按住“Ctrl”键涂抹图像边缘，则可以将图像的边缘挖空。

若要重新对图像进行抽出，可按住“Alt”键，当[取消]按钮变为[复位]按钮时单击[复位]按钮，可重新进行图像的抽出。

10.3 液化滤镜

Photoshop CS2 中的“液化”滤镜可使图像比较自然地变形。打开要使用液化效果的图像，执行“滤镜→液化”命令，或按“Shift+Ctrl+X”组合键打开“液化”对话框，如图 10-4 所示。

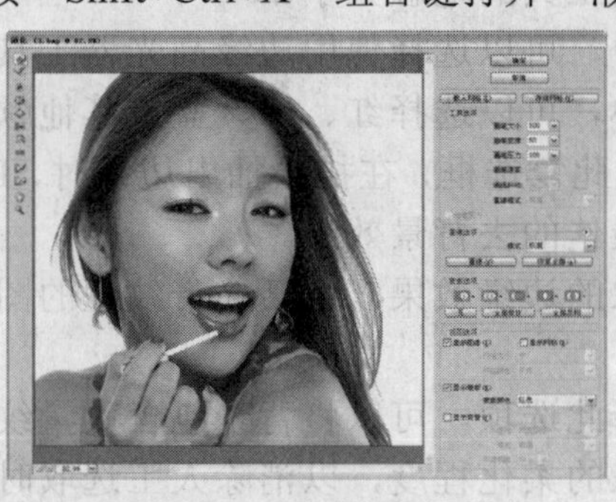

图 10-4 “液化”对话框

在使用工具前，首先要在“液化”对话框的“工具选项”中进行各种设置，如图 10-5 所示。

【画笔大小】　设置变形工具的画笔大小。

【画笔压力】　设置变形工具的变形程度，数值越大则变形程度越明显。

【湍流抖动】　设置变形变动数量，与湍流工具配合使用。

【光笔压力】　勾选此复选框，可以配合外置绘图设备——数字手写板使用。

图像在经过变形后，可以使用“重建选项”以“恢复”方式还原图像，如图 10-6 所示。

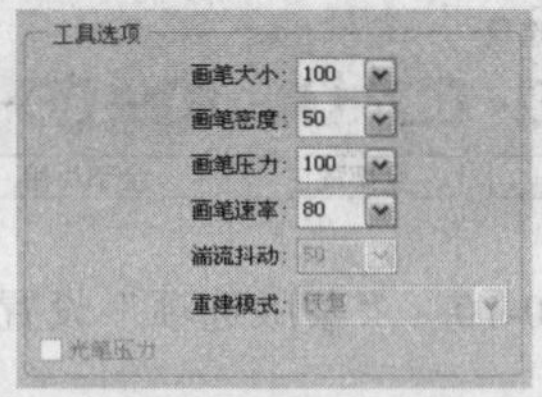

图 10-5　“工具选项”设置栏

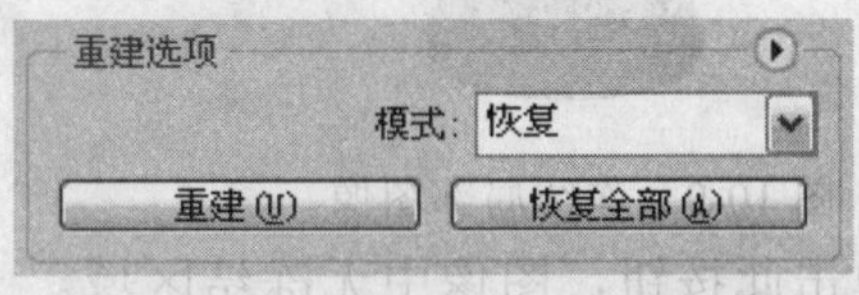

图 10-6　“重建选项”设置栏

【方式】　在下拉菜单中选择以哪种方式进行重置操作，包括：恢复、刚硬、僵硬、平滑、疏松。

【重建】　单击重建(U)按钮，使图像逐步降低变形的效果。

【恢复全部】　单击恢复全部(A)按钮，将图像还原到初始状态。

使用“重置选项”还原图像，如图 10-7 所示。

（a）原图　（b）变形效果　（c）使用“重建”　（d）使用“恢复全部”

图 10-7　使用“重建选项”还原图像

使用重建工具也可将图像还原。方法是：使用重建工具在“重置选项”栏的“方式”下拉菜单中选取不同的重置方式，在变形后的图像部分进行涂抹，可以还原图像到初始状态，如图 10-8 所示。

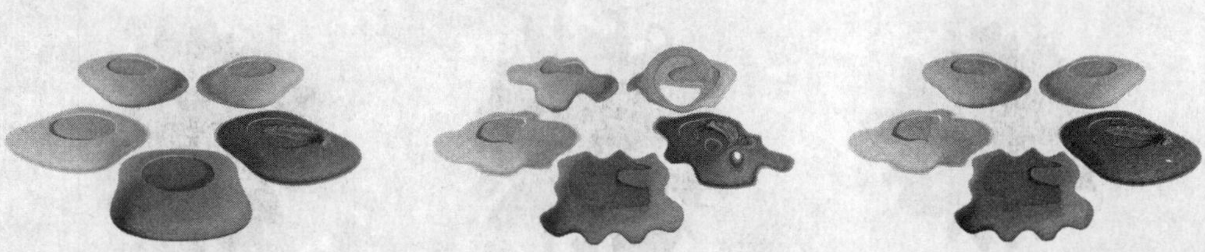

（a）原图　（b）变形的图像　（c）还原图像局部

图 10-8　重建工具的使用

对图像进行局部变形，除了可以设置选取范围外，还可以使用冻结蒙版工具和解冻蒙版工具设置图像的变形范围。

选取冻结蒙版工具，在“工具选项”设置栏中设置其画笔的大小与压力。在图像上涂抹，会出现红色的冻结保护蒙版，使该部分的图像不会受到变形工具的影响，如图 10-9 所示。

对于冻结保护蒙版，可使用解冻蒙版工具将冻结区域擦除掉。此外，还可以使用“蒙版选项”设置栏中的设置，协助设置变形范围，如图 10-10 所示。

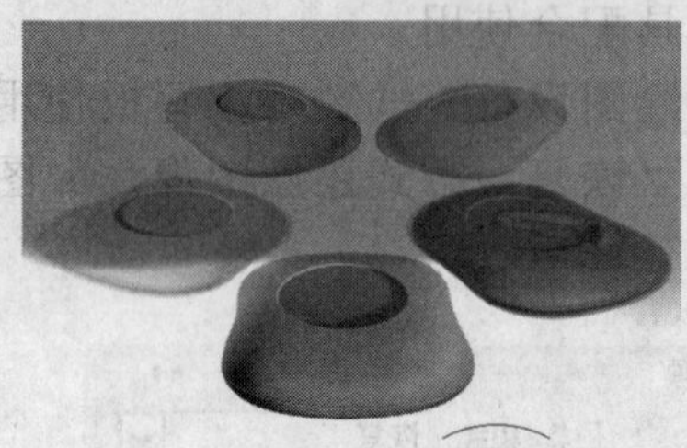

图 10-9　冻结局部图像

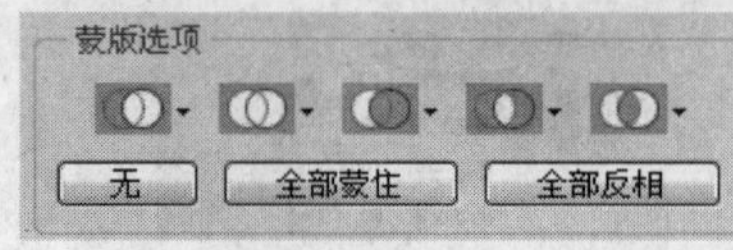

图 10-10　“蒙版选项”设置栏

无　单击此按钮，图像中无冻结区域。

全部蒙住　单击此按钮，可以将所有的图像全部冻结而不被更改。

全部反相　单击此按钮，可以使冻结区域完全解冻，而未冻结区域被冻结，如图 10-11 所示。

（a）全部反相前　（b）全部反相后

图 10-11　全部反相

在“视图选项”设置栏中可以进行以下几项设置：

【显示图像】　勾选此复选框，可以显示变形的图像。

【显示网格】　勾选此复选框，可以显示变形的网格。

【显示蒙版】　勾选此复选框，在创建冻结区域时显示红色蒙版。

【显示背景】　勾选此复选框，可以显示图形变形未变形前的样子，还可以通过设置不透明度来显示变形的强度，如图 10-12 所示。

（a）原图　（b）未显示背景　（c）72%不透明显示背景

图 10-12　显示背景效果

在使用向前变形工具以前，先设置画笔大小、压力、冻解区域等。

10.4　图案生成器

“图案生成器”可通过重排样本区域中的像素来创建拼贴以生成图案。拼贴的尺寸可以不同，从“1×1”像素到现用图层的尺寸不等。如果拼贴比现用图层小，则图案布置在网格中，以填充图层的多个拼贴组成。如果拼贴与现用图层的大小相同，则组成整个图案。

打开需要进行“图案生成器”编辑的图像，先使用矩形选框工具将作为图案的部分选取，产生的图案将以选取范围内的取样为样本，如图 10-13 所示。

提　示

“图案生成器”滤镜只对建立的矩形选区有效。

执行“滤镜→图案生成器”命令，打开“图案生成器”对话框，如图 10-14 所示，所有的“图案生成器”设置都可以在这个对话框中完成。

图 10-13　“图案生成器”对话框

图 10-14　取样图案

使用“图案生成器”对话框中左侧的矩形选框工具，在“图案生成器”对话框中的预览框中选取要作为图案产生的取样样本，如图 10-14 所示。

【使用剪贴板为样本】　勾选此项，则剪贴板里的图像将作为图案产生的取样样本，将图像复制到剪贴板中。

使用图像大小 使用图像大小　按下这个按钮，会以整个图像的大小作为图案的大小。

【宽度】和【高度】　设置生成图案的拼贴大小。

【位移】　在下拉列表中，有 3 种不同的选择。选择“无”，则表示不进行拼贴偏移；选择“水平”则表示水平偏移拼贴；选择“垂直”则表示垂直偏移拼贴，如图 10-15 所示。

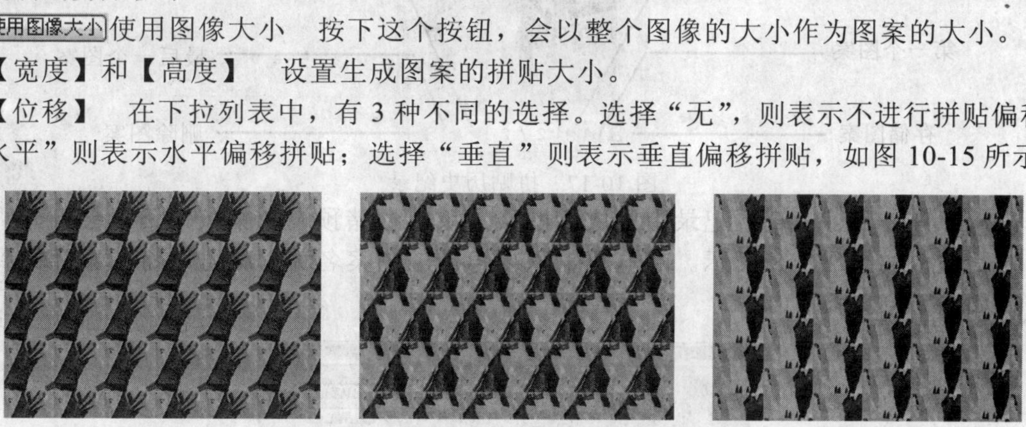

（a）无偏移　　（b）水平偏移　　（c）垂直偏移

图 10-15　偏移设置

【数量】 设置拼贴偏移的数值。

【平滑度】 在下拉列表中，选取由“1”到“3”的平滑数值，以修饰图案边缘的平滑度。

【样本细节】 修改当图案取样时的图像细节。一般情况下数值由“5”到“15”，数值越大则取样越详细。

技 巧

“平滑度”与“样本细节”这两项设置，通常是不需要作调整的，因为 Photoshop CS2 可以自行调整到最佳的数值；而且修改这两项的数值会影响图案产生的运算速度，“平滑度”越高，运算速度越慢。

设置完成以后，单击生成按钮就可以预览图案产生的结果，这时就可以使用“图案生成器”对话框左侧的抓手工具和缩放工具来移动或缩放查看产生的图案。还可在“预览”设置栏中进行预览图案的显示情况的设置，如图 10-16 所示。

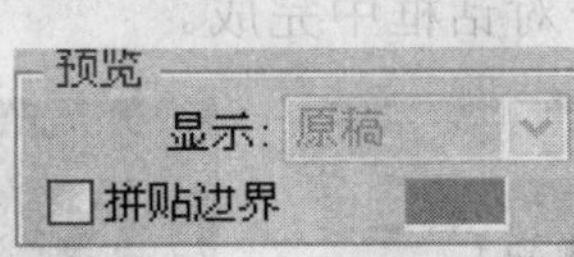

图 10-16 “预览”设置栏

【显示】 在弹出菜单中，可设置图像的预览模式，选取“原稿”会显示原图像，选取“生成”则会显示图案图像。

【拼贴边界】 勾选此复选框，则在每一个拼贴的图案上出现边线，以此来识别拼贴产生的位置。单击旁边的色块，可以在打开的“拾色器”对话框中选取适合的颜色。

再次单击生成按钮，可以重复对图案进行各项不同的设置，每一次都会预产生一个新的图案，这些结果都会存入拼贴历史纪录中，如图 10-17 所示。

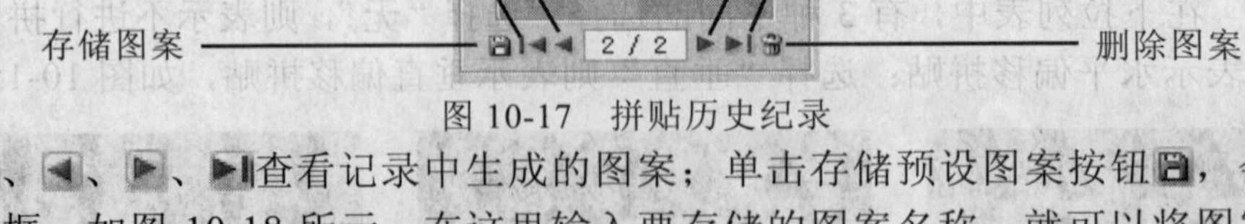

图 10-17 拼贴历史纪录

单击、、、查看记录中生成的图案；单击存储预设图案按钮，会打开“图案名称”对话框，如图 10-18 所示。在这里输入要存储的图案名称，就可以将图案存储到图案列表中，如图 10-19 所示。

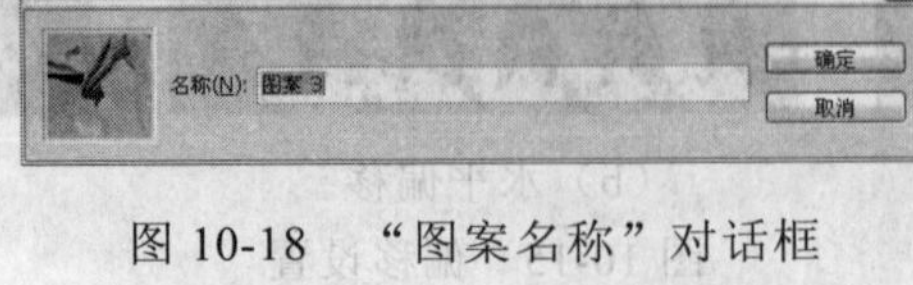

图 10-18 “图案名称”对话框

如果对产生的图案满意，单击“确定”按钮就可以产生用图案覆盖的图像，如图 10-20 所示；如果不满意，可以按住“Alt”键，使取消按钮变成复位按钮，单击复位按钮，就可以重新创建图案了。

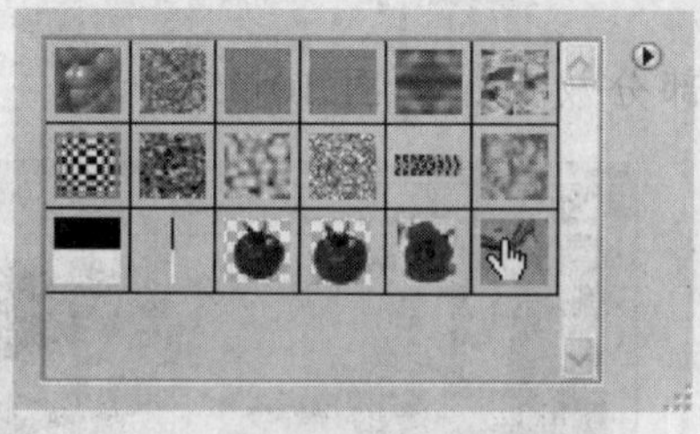

图 10-19　图案列表

图 10-20　使用后的图案效果

10.5　消失点

“消失点”滤镜允许在包含有透视平面（例如，建筑物侧面或任何矩形对象）的图像中进行透视校正编辑。使用“消失点”滤镜的方法如下：

（1）按“Ctrl+O”组合键打开一张素材图像文件，如图 10-21 所示。

图 10-21　沙发素材

（2）将背景层复制一个背景副本层，选择工具箱中的钢笔工具和转换点工具，将沙发选择出来。

（3）按“Ctrl+Enter”组合键将路径转换为选区，按“Ctrl+J”组合键将选区内容复制并粘贴至新层中，图层面板产生新层“图层 1”，如图 10-22 所示。

（4）按“Ctrl+O”组合键打开一张素材图像文件，如图 10-23 所示。

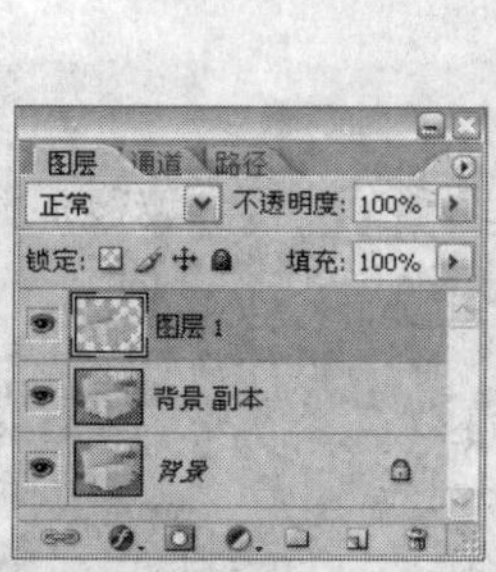

图 10-22　沙发图层

图 10-23　素材图片

（5）按“Ctrl+A”组合键将布料图像全选，再按“Ctrl+C”组合键将选中的图像复制以备后用。

（6）执行“滤镜→消失点”命令，或按“Alt+Ctrl+V”组合键打开“消失点”对话框，如图 10-24 所示。

（7）选择工具箱中的缩放工具，将沙发部分放大，如图 10-25 所示。

图 10-24 “消失点”对话框

图 10-25 放大图像

（8）选择创建平面工具，在沙发正面的下方创建一个面板，如图 10-26 所示。

（9）此时可以调整网格的尺寸，单击“消失点”对话框上方的网格大小右侧的三角按钮，拖动滑块，参数越大，网格越大，参数越小，网格越小，调整网格大小此时网格有了相应的变化，如图 10-27 所示。

（10）再使用创建平面工具，为沙发其他部分创建面板，如图 10-28 所示。

图 10-26 创建一个面板

图 10-27 调整后网格显示

图 10-28 为整个沙发创建面板

（11）在步骤 5 里我们已经将布料进行复制，按“Ctrl+V”组合键可以将复制的布料粘贴到建立的网格中，如图 10-29 所示。

（12）选择工具箱中的变换工具，对布料进行调整，调整后的布料适配到网格中整个沙发放入布料后的效果如图 10-30 所示。

图 10-29 复制布料

图 10-30 调整布料

（13）单击“确定”按钮，切换到路径面板，将前面勾选沙发的路径显示出来，按“Ctrl+Enter”组合键将路径转换为选区，如图 10-31 所示。

（14）按“Shift+Ctrl+I”组合键将选区反选，按“Delete”键将多余布料删除，如图 10-32 所示，按“Ctrl+D”组合键取消选区。

（15）将“图层 1”的图层混合模式设置为“正片叠底”，使用消失点工具为沙发换材质的效果完成，如图 10-33 所示。

图 10-31 路径转换选区

图 10-32 删除多余布料

图 10-33 最终效果

10.6 像素化滤镜组

大部分像素化滤镜会将图像转换成平面色块组成的图案，并通过不同的设置达到截然不同的效果。只有“彩块化”和“碎片”没有对应的参数设置对话框。

1. 彩块化

将纯色或相似颜色的像素结块为彩色像素块，使图像近似于手绘。此滤镜无对话框。

2. 彩色半调

该滤镜模拟在图像的每个通道上使用扩大的半调网屏效果。对于每个通道，该滤镜用小矩形将图像分割，并用圆形图像替换矩形图像，圆形大小与矩形的亮度成正比。打开如图 10-34（a）所示素材图片，执行“滤镜→像素化→彩色半调”命令，弹出如图 10-34（b）“彩色半调”对话框，其中各选项含义如下：

【最大半径】 设置栅格的大小。

【网角（度）】 设置屏蔽度数，共有 4 个通道，分别代表填入颜色之间的角度。

单击“确定”按钮，效果如图 10-34（c）所示。

（a）原图

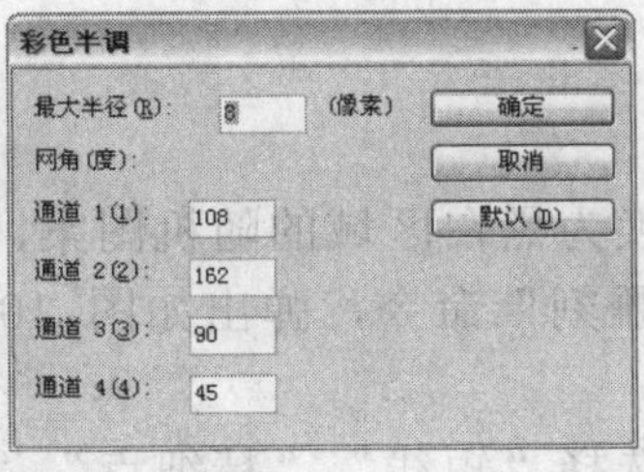

（b）“彩色半调”对话框

（c）“彩色半调”效果

图 10-34

3．晶格化

该滤镜将图像中的像素结块为纯色的多边形。执行“滤镜→像素化→晶格化”命令，弹出如图 10-35（a）“晶格化”对话框，其中各选项含义如下：

【单元格大小】　该选项的设置用于控制像素结块的大小。

单击“确定”按钮，效果如图 10-35（b）所示。

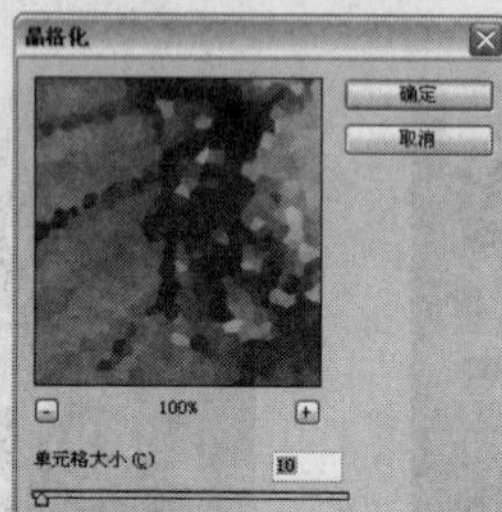

（a）“晶格化”对话框

（b）“晶格化”效果

图 10-35

4．点状化

该滤镜将图像中的颜色分散为随机分布的网点，就像点彩画派的绘画风格一样。执行“滤镜→像素化→点状化”命令，弹出如图 10-36（a）“点状化”对话框，其中各选项含义如下：

【单元格大小】　设置参数可调整网点的大小。

单击“确定”按钮，效果如图 10-36（b）所示。

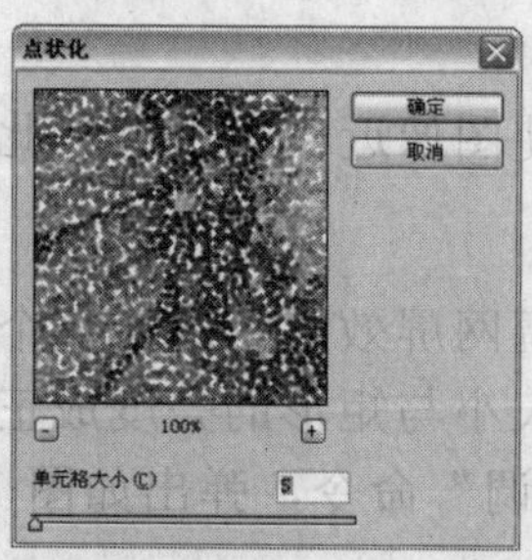

（a）“点状化”对话框

（b）“点状化”效果

图 10-36

5．碎片

“碎片”滤镜可将原图复制 4 份，然后再使它们互相偏移，形成一种重影效果，此滤镜没有对话框。

6．铜版雕刻

“铜版雕刻”滤镜将图像转换为黑白区域的随机图案，或彩色图像的全饱和颜色随机图案。执行“滤镜→像素化→铜版雕刻”命令，弹出如图 10-37（a）“铜版雕刻”对话框，其中各选项含义如下：

【类型】　在下拉列表中可选择“短线”、“精细点”、“长线”等 10 种类型。

单击“确定”按钮，效果如图 10-37（b）所示。

（a）“铜版雕刻”对话框　　　（b）“铜版雕刻”效果

图 10-37

7. 马赛克

“马赛克”滤镜模拟使用马赛克拼出图像的效果。与“纹理”滤镜组中的“马赛克拼贴”滤镜不同的是，“马赛克”滤镜是根据图像的变化使用某种颜色，而不是图像本身填充每一个拼贴块。执行“滤镜→像素化→马赛克”命令，弹出如图 10-38（a）“马赛克”对话框，其中各选项含义如下：

【单元格大小】　用于设置拼贴块的大小。

单击“确定”按钮，效果如图 10-38（b）所示。

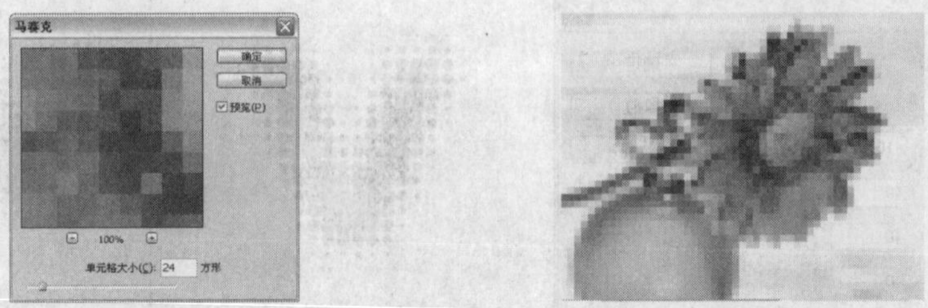

（a）“马赛克”对话框　　　（b）“马赛克”效果

图 10-38

实例解析——点状字

本例将使用文字工具、模糊工具、彩色半调命令、投影以及斜面和浮雕样式制作点状字，完成后的效果如图 10-39 所示。

图 10-39　最终效果

（1）按“Ctrl+N”组合键，弹出“新建”对话框，参数设置如图 10-40 所示，单击“确定”按钮。

（2）选择工具箱中的文字工具[T]，输入如图 10-41 所示红色文字。

（3）将文字层和背景层合并为一层，使用模糊工具[💧]将文字模糊到如图 10-42 所示效果。

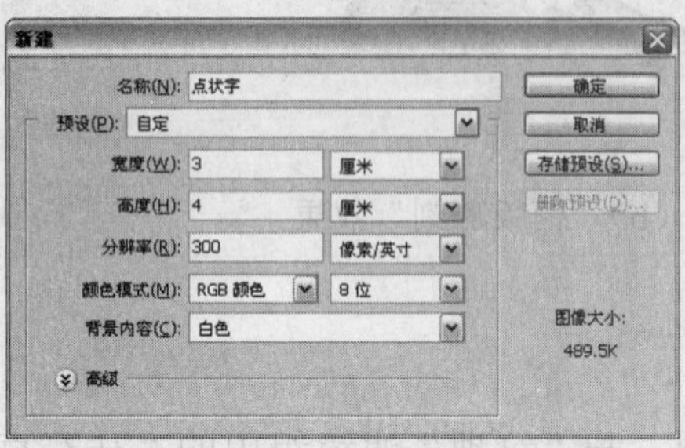

图 10-40　“新建”对话框

图 10-41　输入文字

图 10-42　模糊文字

（4）执行“滤镜→像素化→彩色半调”命令，弹出“彩色半调”对话框，设置参数如图 10-43 所示。

（5）单击“确定”按钮，文字效果如图 10-44 所示。

（6）使用魔棒工具单击白色部分，获取如图 10-45 所示选区。

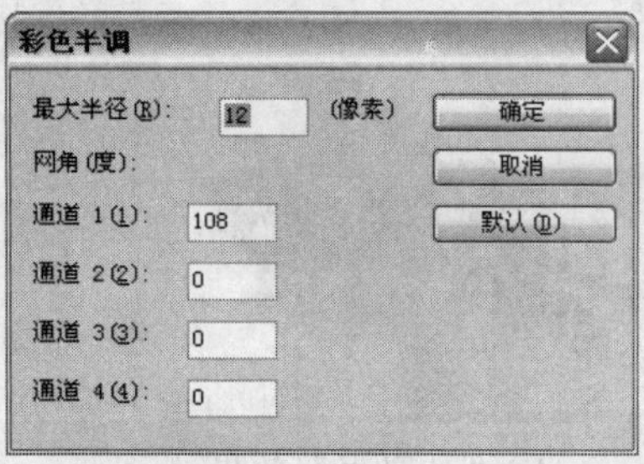

图 10-43　设置“彩色半调”对话框

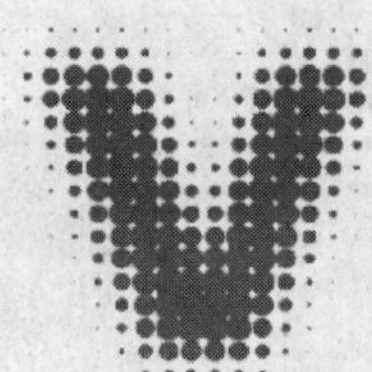

图 10-44　彩色半调效果

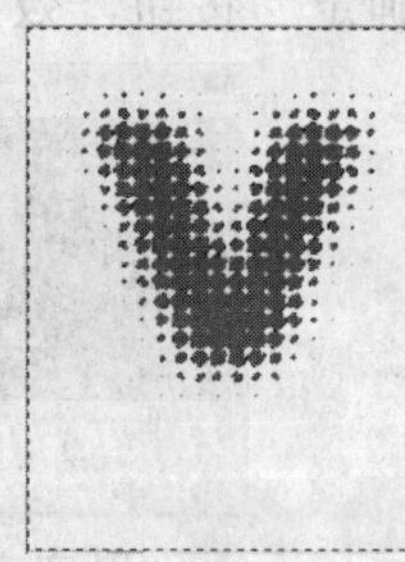

图 10-45　获取选区

（7）保持选区不变，新建“图层 1”，用灰色填充选区，如图 10-46 所示。

（8）取消选区，用红色填充背景层，效果如图 10-47 所示。

（9）使用矩形选框工具在“图层 1”中创建如图 10-48 所示矩形选区。

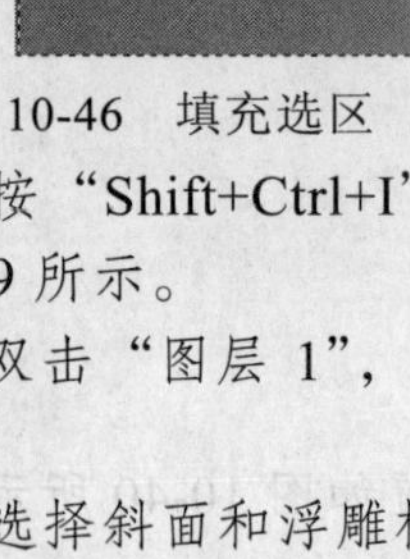

图 10-46　填充选区

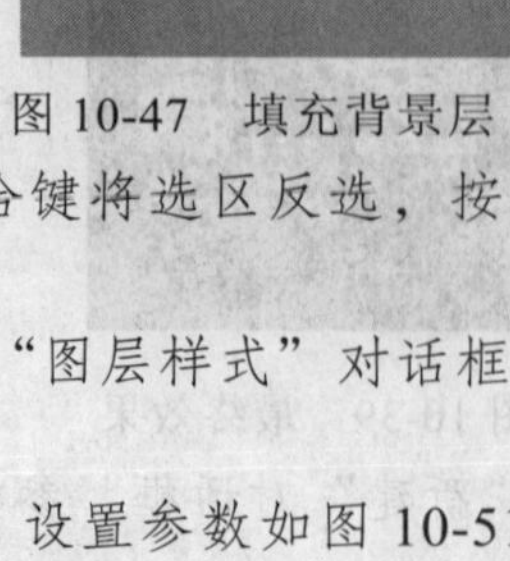

图 10-47　填充背景层

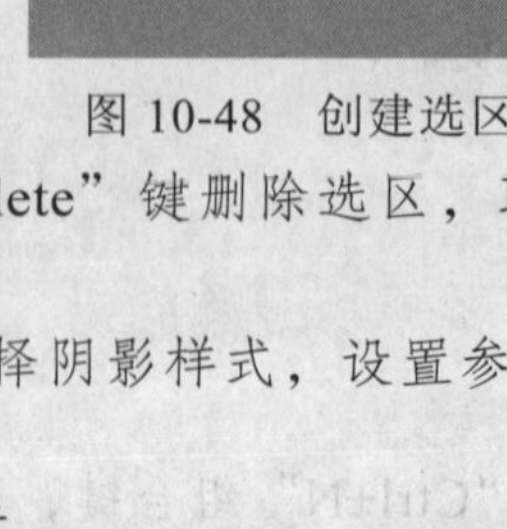

图 10-48　创建选区

（10）按“Shift+Ctrl+I”组合键将选区反选，按“Delete”键删除选区，取消选区，效果如图 10-49 所示。

（11）双击“图层 1”，打开“图层样式”对话框，选择阴影样式，设置参数如图 10-50 所示。

（12）选择斜面和浮雕样式，设置参数如图 10-51 所示。

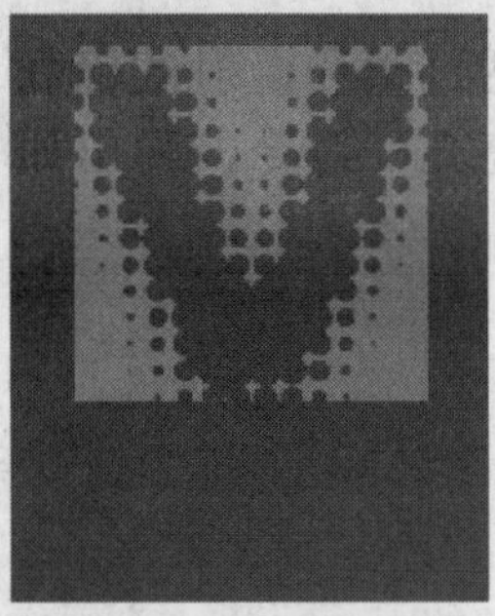

图 10-49　删除选区

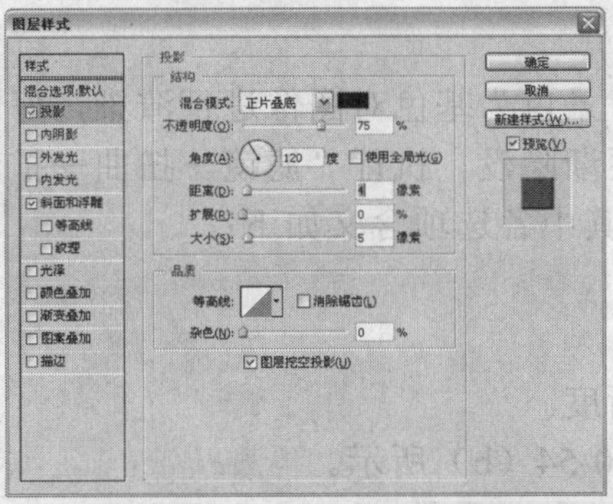

图 10-50　设置阴影样式

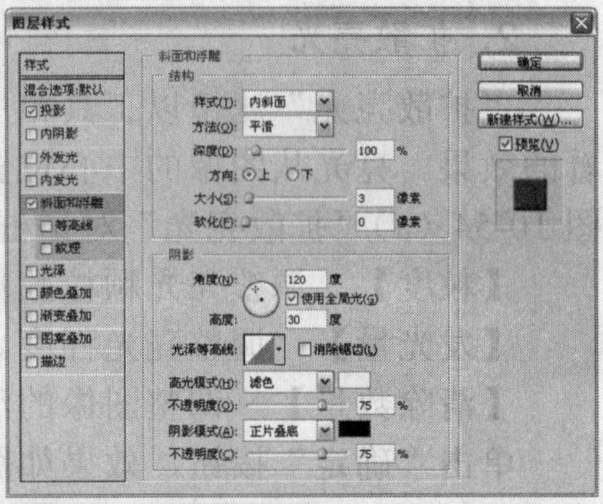

图 10-51　设置斜面和浮雕样式

（13）单击“确定”按钮，调整背景效果，文字效果如图 10-52 所示。

图 10-52　最终效果

10.7　扭曲滤镜组

使用扭曲滤镜组，可以对图像进行几何变形，创建三维或其他变形效果。

1．切变

使用“切变”滤镜可以使图像沿设定的曲线进行扭曲。打开如图 10-53（a）所示素材图片，执行“滤镜→扭曲→切变”命令，弹出如图 10-53（b）切变，其中各选项含义如下：

【折回】　在空白区域中填入溢出图像之外的图像内容。

【重复边缘像素】　在空白处填入扭曲边缘的像素颜色。

在其对话框中调整曲线，在曲线上单击可添加节点，单击“确定”按钮，效果如图 10-53（c）所示。

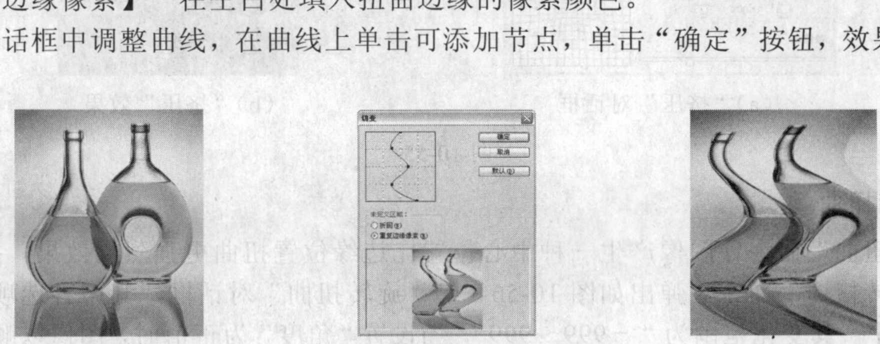

（a）原图　　（b）“切变”对话框　　（c）“切变”效果

图 10-53

2．扩散亮光

“扩散亮光”滤镜以工具箱中背景色为基色对图像进行渲染，好像透过柔和漫射滤镜观看的效果。亮光从图像的中心位置逐渐隐没。执行“滤镜→扭曲→扩散亮光”命令，弹出如图 10-54（a）“扩散亮光”对话框，其中各选项含义如下：

【粒度】　调整亮光颗粒数量。

【发光量】　调整亮光程度。

【清除数量】　调整图像的清晰度。

单击“确定”按钮，效果如图 10-54（b）所示。

（a）“扩散光亮”对话框　　　　（b）“扩散光亮”效果

图 10-54

3．挤压

“挤压”滤镜使选择区域或整个图像产生向内或向外挤压变形的效果。执行“滤镜→扭曲→挤压”命令，弹出如图 10-55（a）“挤压”对话框，其中各选项含义如下：

【数量】　取值范围为－100%～+100% 之间。取正值时图像向内收缩，取负值时使图像向外膨胀。当数值调整为正值时，图像向内凹陷；为负值时，图像向外凸出。

单击“确定”按钮，效果如图 10-55（b）所示。

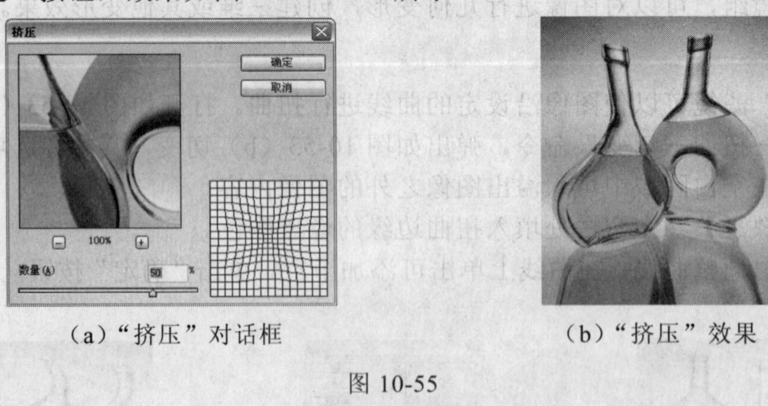

（a）“挤压”对话框　　　　（b）“挤压”效果

图 10-55

4．旋转扭曲

“旋转扭曲”命令使图像产生一种中心位置比边缘位置扭曲更强烈的效果。执行“滤镜→扭曲→旋转扭曲”命令，弹出如图 10-56（a）“旋转扭曲”对话框，其中各选项含义如下：

【角度】　其变化范围为“－999～999”，当设置“角度”为正值时，图像以顺时针旋转；为负值时，沿逆时针旋转。

单击“确定”按钮，效果如图 10-56（b）所示。

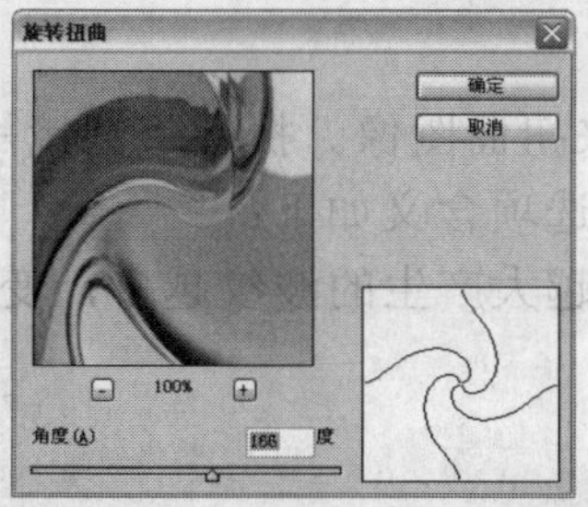

(a)“旋转扭曲”对话框

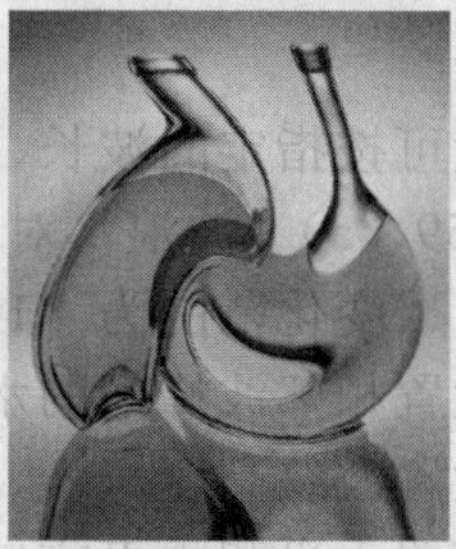

(b)“旋转扭曲”效果

图 10-56

5．极坐标

执行“滤镜→扭曲→极坐标”命令，弹出如图 10-57（a）“极坐标”对话框，其中各选项含义如下：

【平面坐标到极坐标】　从直角坐标系转换到极坐标系。

【极坐标到平面坐标】　从极坐标系转换到直角坐标系。

分别使用两种不同的极坐标效果，得到如图 10-57（b）和图 10-57（c）所示效果。

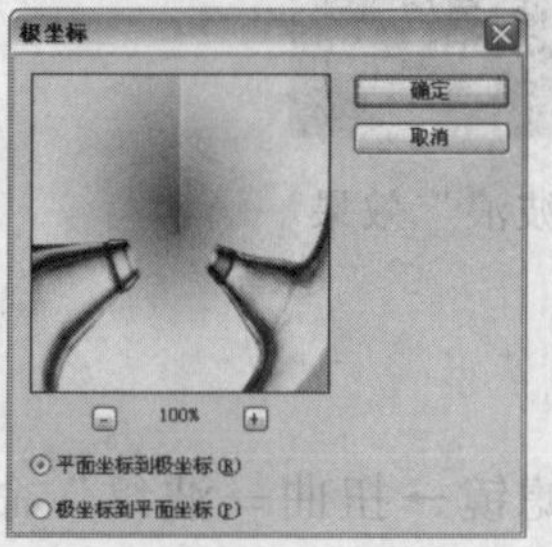

(a)“极坐标”对话框

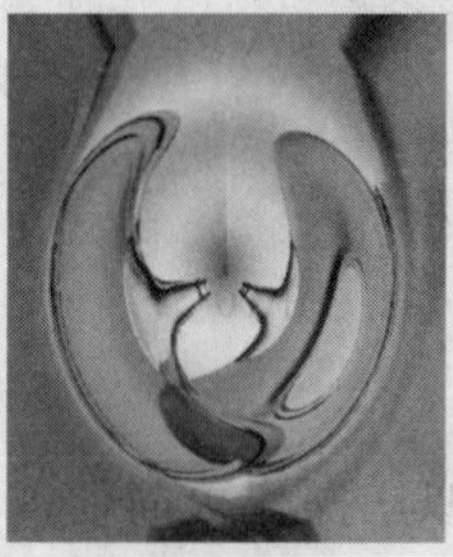

(b)“平面坐标到极坐标”效果

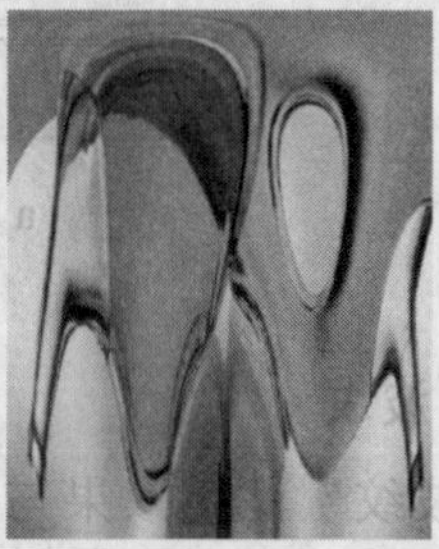

(c)“极坐标到平面坐标”效果

图 10-57

6．水波

使用“水波”滤镜产生类似于投石入水的涟漪效果。执行“滤镜→扭曲→水波”命令，弹出如图 10-58（a）“水波”对话框，其中各选项含义如下：

【数量】　设置水波的数量。

【起波】　设置从波源到边缘的波浪数目。

【样式】　设置水波纹的样式。

单击“确定”按钮，效果如图 10-58（b）所示。

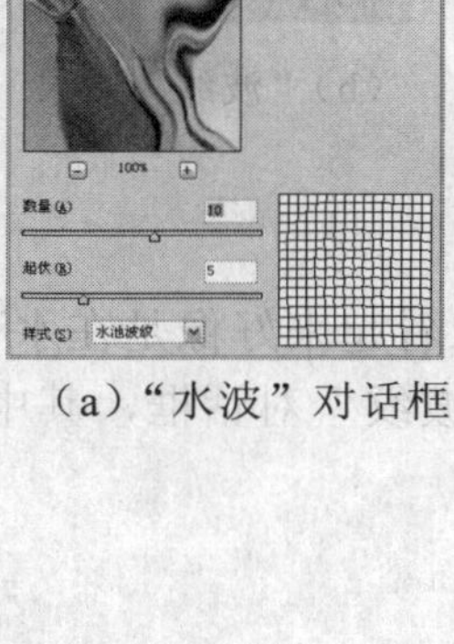

(a)“水波”对话框

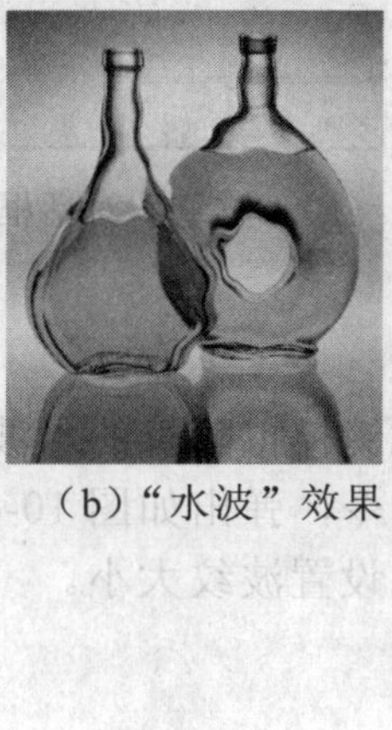

(b)“水波”效果

图 10-58

7．波浪

“波浪”滤镜可按指定的波长、波幅、类型来扭曲图像。执行“滤镜→扭曲→波浪”命令，弹出如图 10-59（a）“波浪”对话框，其中各选项含义如下：

【生成器数】　变化范围为“1～999”，数值越大产生的波纹越多，变形效果就越大。

【波长】　设置相邻波峰间的水平距离。

【波幅】　设置波纹高度。

【比例】　设置水平和垂直方向的波动幅度。

【类型】　设置波动类型，有正弦、三角形和方形。

随机化(Z)　单击此按钮，可按指定的设置随机生成一个波浪图案。

单击“确定”按钮，效果如图 10-59（b）所示。

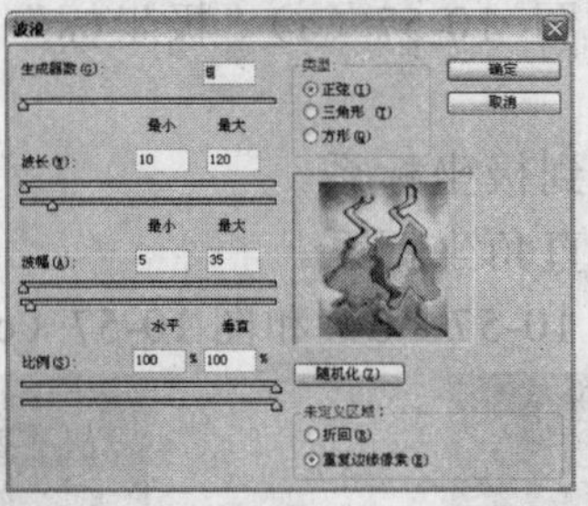

（a）“波浪”对话框

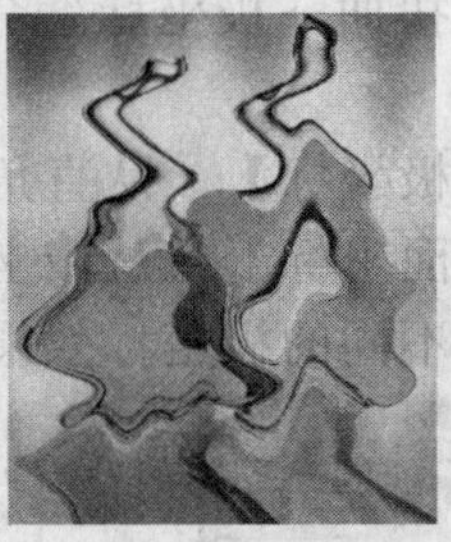

（b）“波浪”效果

图 10-59

8．波纹

“波纹”滤镜效果与波浪效果类似，操作更简便，执行“滤镜→扭曲→波纹”命令，弹出如图 10-60（a）“波纹”对话框，其中各选项含义如下：

【数量】　设置产生波纹的数量。当分数设置过高或过低时，图像会强烈变化；参数在“－300～300”之间会产生好的效果。

【大小】　设置波纹的大小。有大、中、小三种选择。

单击“确定”按钮，效果如图 10-60（b）所示。

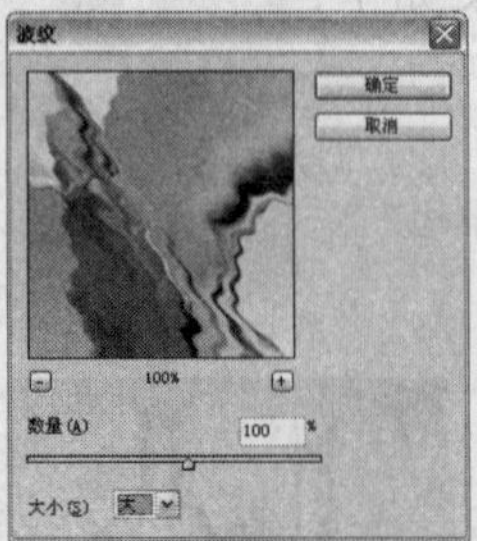

（a）“波纹”对话框

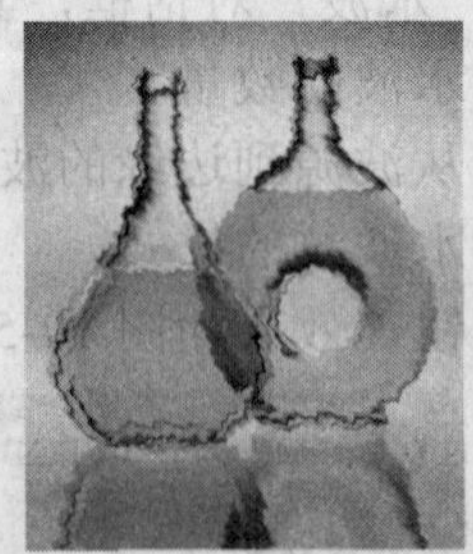

（b）“波纹”效果

图 10-60

9．海洋波纹

“海洋波纹”滤镜模拟随机的水波效果，使图像看起来好像是在水下面。执行“滤镜→扭曲→海洋波纹”命令，弹出如图 10-61（a）“海洋波纹”对话框，其中各选项含义如下：

【波纹大小】　设置波纹大小。

【波纹幅度】 设置波纹的数量。设置为 0 时，图像没有变化。其取值范围为“1～15”，一般设置为“3”以上才会有明显的波纹效果产生。

单击“确定”按钮，效果如图 10-61（b）所示。

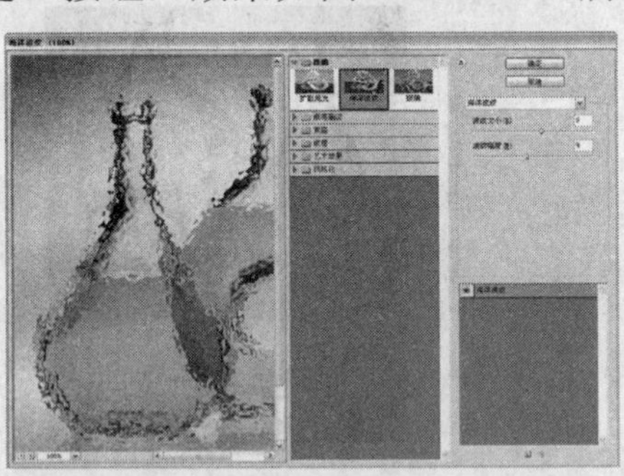

（a）“海洋波纹”对话框

（b）“海洋”效果

图 10-61

10．玻璃

“玻璃”滤镜使图像看起来像透过不同纹理的玻璃观看的效果。执行“滤镜→扭曲→玻璃”命令，弹出如图 10-62（a）“玻璃”对话框，其中各选项含义如下：

【扭曲度】 设置图像的扭曲程度。

【平滑度】 设置图像的平滑程度。

【纹理】 设置图像的玻璃纹理类型，其类型包括“块”、“画布”、“结霜”、“小镜头”和“载入纹理”，选择“载入纹理”时，可以打开“装载”对话框，选择一个图像文件做模板。

【缩放】 设置放大、缩小的比例。

【反相】 设置纹理表面的亮色和暗色，能够将凸出纹理设置为凹陷纹理。

单击“确定”按钮，效果如图 10-62（b）所示。

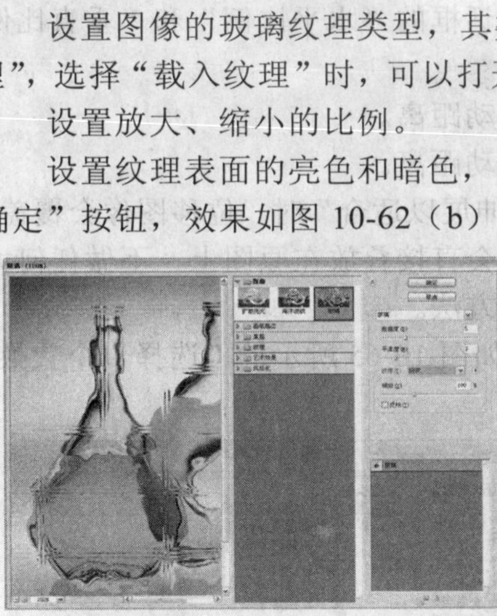

（a）“玻璃”对话框

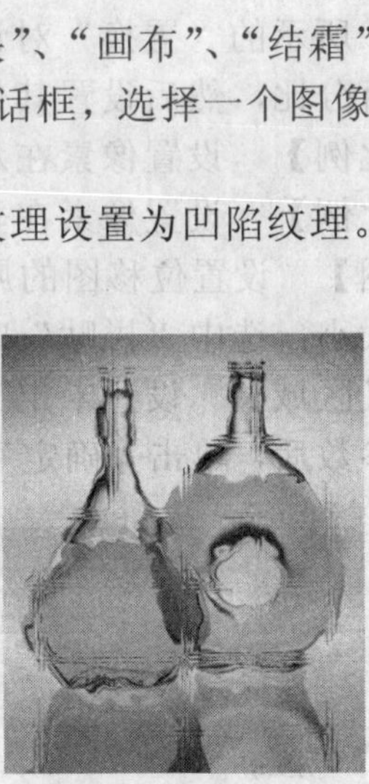

（b）“玻璃”效果

图 10-62

11．球面化

“球面化”滤镜可使图像沿球形、圆管的表面凸起或凹下，形成三维效果。执行“滤镜→扭曲→球面化”命令，弹出如图 10-63（a）“球面化”对话框，其中各选项含义如下：

【数量】 设置图像球面化变形的程度。

【模式】 在该下拉列表中，选择“水平优先”则按直圆管表面变形；选择“垂直优先”

按横圆管表面变形。

单击“确定”按钮，效果如图 10-63（b）所示。

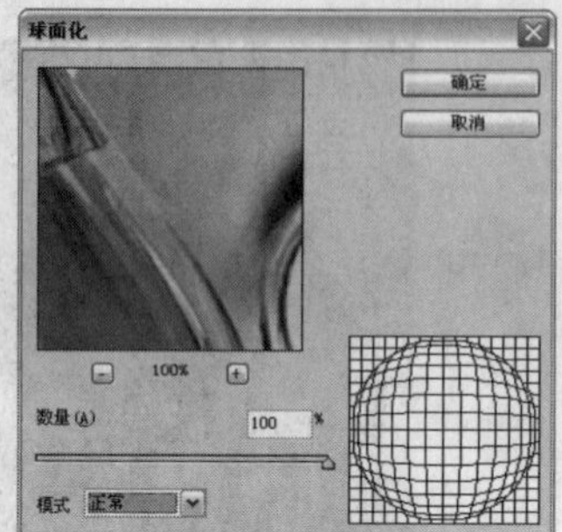

（a）“球面化”对话框

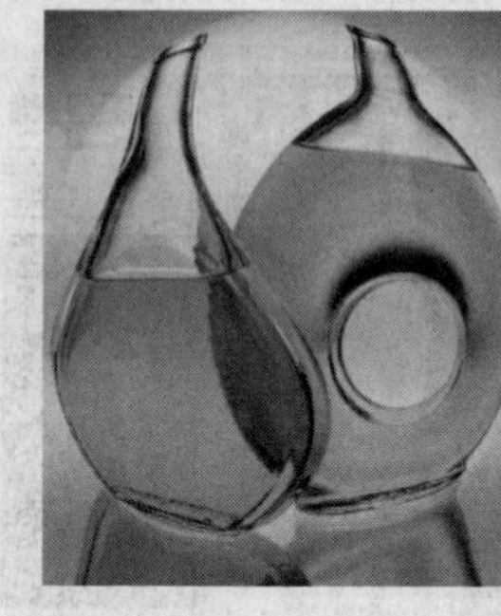

（b）“球面化”效果

图 10-63

12. 置换

“置换”滤镜的使用方法较特殊。使用该滤镜后，图像的像素可以向不同的方向移位，其效果不仅依赖于对话框，而且还依赖于置换的置换图。

准备一个用于置换的 PSD 文件作为置换图，Photoshop CS2 中有很多自带的置换图，位于“Photoshop CS2→Plug-INS→置换图”子文件夹中。执行“滤镜→扭曲→置换”命令，弹出如图 10-64 所示的“置换”对话框，在该对话框的“水平比例”和“垂直比例”框中输入需要扭曲的百分比，然后设置其他选项。

【水平比例】 设置像素在水平方向的移动距离。

【垂直比例】 设置像素在垂直方向的移动距离。

【置换图】 设置位移图的属性。选中“伸展以适合”时，位移图像会覆盖原图并放大，以适合原图大小；选中“拼贴”时，位移图像会直接叠放在原图上，不做任何大小调整。

【未定义区域】 设置未定义区域的处理方法。

设置好参数后，单击“确定”按钮，打开如图 10-65 所示的“选择一个置换图”对话框。

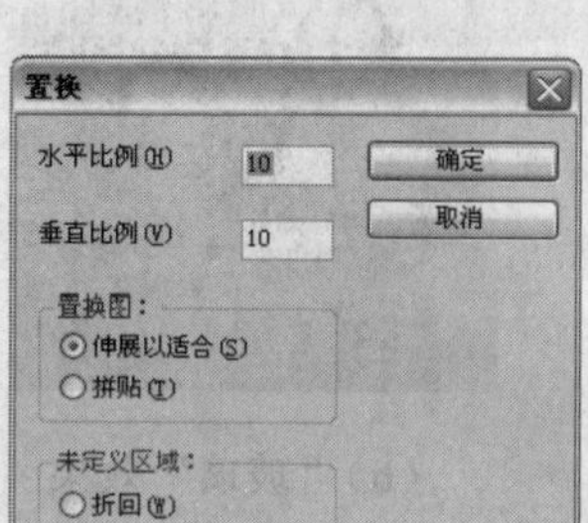

图 10-64 “置换”对话框

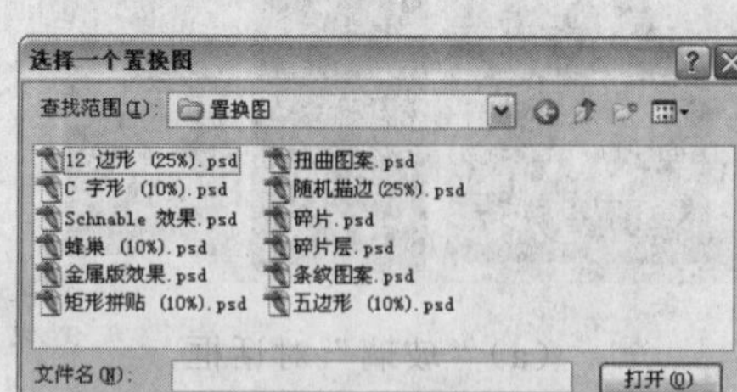

图 10-65 “选择一个置换图”对话框

选定置换图，单击 打开(O) 按钮，效果如图 10-66 所示。使用看图软件（如 ACDSee）可查看置换图纹理，如图 10-67 所示。

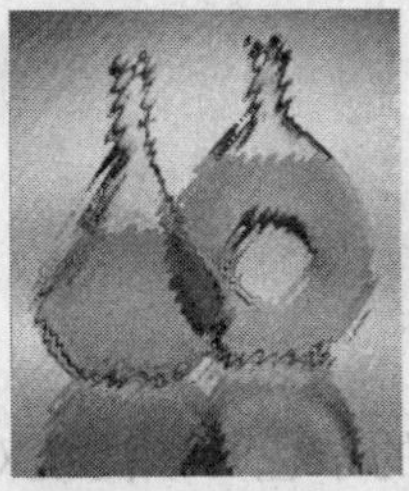

图 10-66　“置换”效果

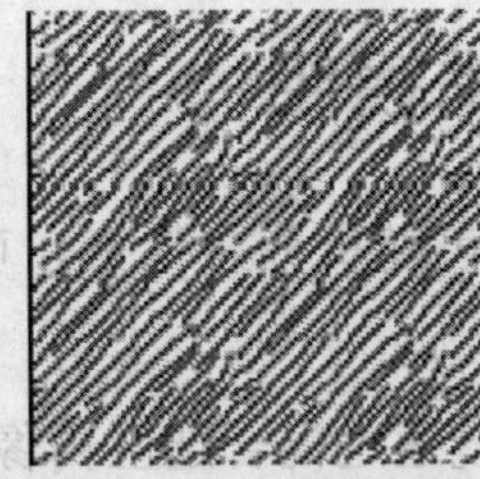

图 10-67　置换图

13．镜头校正

使用“镜头校正”滤镜可修复常见的镜头缺陷，如桶形和枕形失真、晕影以及色差。执行“滤镜→扭曲→镜头校正”命令，弹出如图 10-68（a）“镜头校正”对话框，其中各选项含义如下：

【移去扭曲】　校正镜头桶形或枕形失真。移动滑块可拉直从图像中心向外弯曲或朝图像中心弯曲的水平和垂直线条。也可以使用移去扭曲工具来进行这一校正。朝图像的中心拖移可校正枕形失真，而朝图像的边缘拖移可校正桶形失真。

【晕影】　校正由于镜头缺陷或镜头遮光处理不正确而导致边缘较暗的图像。

【数量】　设置沿图像边缘变亮或变暗的程度。

【中点】　指定受“数量”滑块影响的区域的宽度。如果指定较小的数，则会影响较多的图像区域。如果指定较大的数，则只会影响图像的边缘。

【色差】　校正色边。在进行校正时，放大预览的图像可更近距离地查看色边。

【修复红/青边】　通过调整红色通道相对于绿色通道的大小，针对红/青色边进行补偿。

【修复蓝/黄边】　通过调整蓝色通道相对于绿色通道的大小，针对蓝/黄色边进行补偿。

【垂直透视】　校正由于相机向上或向下倾斜而导致的图像透视。使图像中的垂直线平行。

【水平透视】　校正图像透视，并使水平线平行。

【角度】　旋转图像以针对相机歪斜加以校正，或在校正透视后进行调整，也可以使用旋转拉直工具来进行这一校正。

【边缘】　指定如何处理由于枕形失真、旋转或透视校正而产生的空白区域。

【比例】　向上或向下缩放图像，图像像素尺寸不会改变。主要用途是移去由于枕形失真、旋转或透视校正而产生的图像空白区域。放大实际上将导致裁剪图像，并使插值增大到原始像素尺寸。

单击“确定”按钮，效果如图 10-68（b）所示。

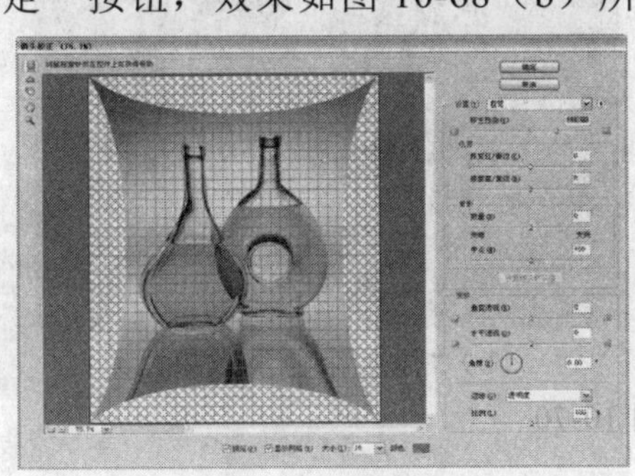

（a）“镜头校正”对话框

（b）“镜头校正”效果

图 10-68

10.8　杂色滤镜组

使用该滤镜组可随机分布像素，可添加或去掉杂色。

1．中间值

“中间值”滤镜通过混合选区内像素的亮度减少图像中的杂色。该滤镜对于消除或减少图像中的动感效果非常有用。打开如图 10-69（a）所示素材图片，执行“滤镜→杂色→中间值”命令，弹出图 10-69（b）“中间值”对话框。单击“确定”按钮，效果如图 10-69（c）所示。

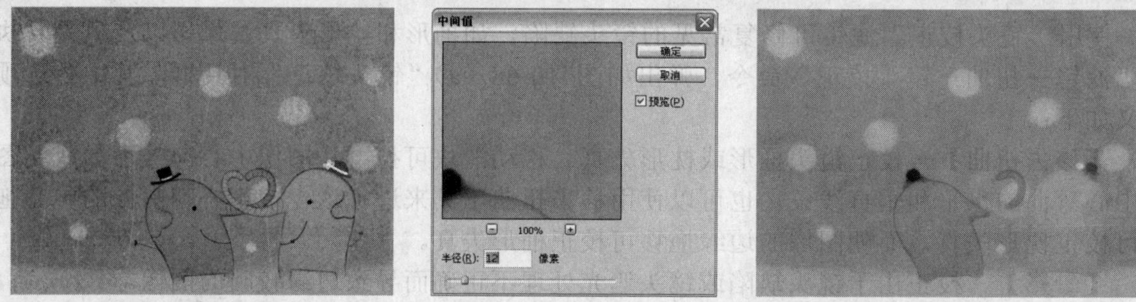

（a）原图　　（b）“中间值”对话框　　（c）“中间值”效果

图 10-69

2．添加杂色

使用“添加杂色”滤镜在图像上添加随机像素。配合“径向模糊”滤镜可模拟运动效果。执行“滤镜→杂色→添加杂色”命令，弹出如图 10-70（a）“添加杂色”对话框，其中各选项含义如下：

【数量】　设置杂色的数量，值越大效果越明显。

【分布】　设置杂色的分布方式。选择“平均分布”则颜色杂点统一平均分布；选择“高斯分布”则颜色杂点按高斯曲线分布。

【单色】　设置是否为单色色素，勾选此复选框，杂点只影响原图像像素的亮度而不改变其颜色。

单击“确定”按钮，效果如图 10-70（b）所示。

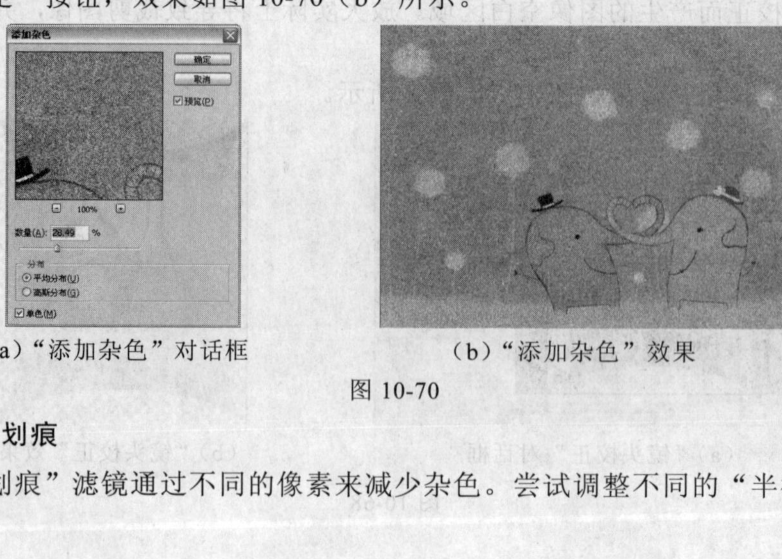

（a）“添加杂色”对话框　　（b）“添加杂色”效果

图 10-70

3．蒙尘与划痕

“蒙尘与划痕”滤镜通过不同的像素来减少杂色。尝试调整不同的“半径”和“阈值”

的设置组合，可在清晰化图像和隐藏缺陷之间达到平衡。执行“滤镜→杂色→蒙尘与划痕”命令，弹出如图 10-71（a）“蒙尘与划痕”对话框，其中各选项含义如下：

【半径】 设置清除缺陷的范围。

【阈值】 设置要进行处理像素的阈值，值越大图像所能容许的颜色越多，去杂效果越好。

单击“确定”按钮，效果如图 10-71（b）所示。

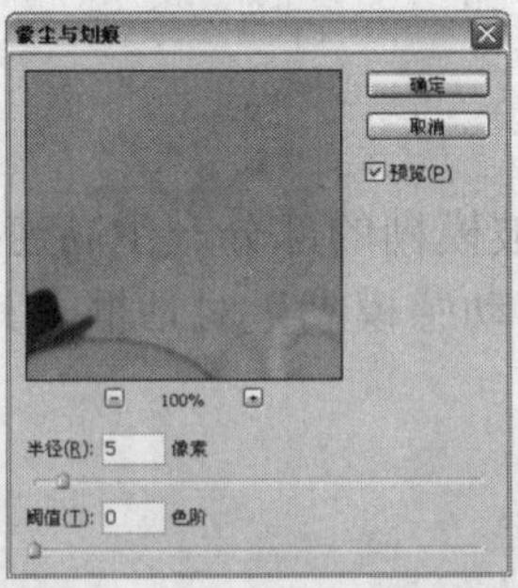

（a）“蒙尘与划痕”对话框

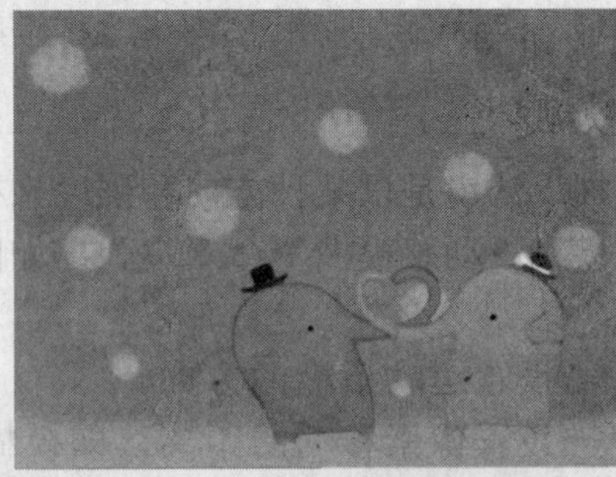

（b）去除蒙尘与划痕的效果

图 10-71

“去斑”滤镜可保留图像边缘而轻微模糊图像，从而去除较小的杂色。该滤镜无对话框，特点是去掉杂色的同时保留原来图像的细节。

4．减少杂色

“减少杂色”滤镜可以减少数字图像杂色、JPEG 不自然感以及扫描的胶片颗粒。执行“滤镜→杂色→减少杂色”命令，弹出如图 10-72（a）“减少杂色”对话框，其中各选项含义如下：

【保留细节】 保留边缘和图像细节（如头发或纹理对象）。如果值为 100，则会保留大多数图像细节，但会将亮度杂色减到最少。平衡设置“强度”和“保留细节”控件的值，以便对杂色减少操作进行微调。

【减少杂色】 移去随机的颜色像素。值越大，减少的颜色杂色越多。

【锐化细节】 对图像进行锐化。移去杂色将会降低图像的锐化程度。稍后可使用对话框中的锐化控件或其他某个 Photoshop 锐化滤镜来恢复锐化程度。

【移去 JPEG 不自然感】 移去由于使用低 JPEG 品质设置存储图像而导致的斑驳的图像和光晕。

单击“确定”按钮，效果如图 10-72（b）所示。

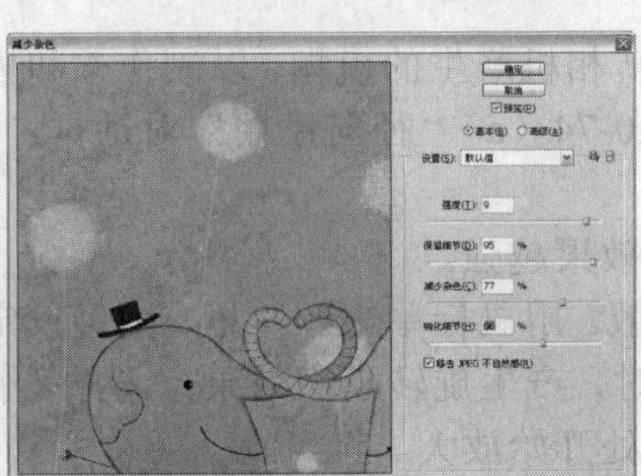

（a）“减少杂色”对话框

（b）“减少杂色”效果

图 10-72

10.9 模糊滤镜组

模糊滤镜组对选择区域或图层的图像执行模糊滤镜，使图像更柔和。通过对图像中线条和阴影区域硬边相邻的像素进行平均化，产生平滑的过渡效果。如果将模糊效果应用到图层的边缘，此过程中将会在图层的透明区域生成一些像素，所以必须确保没有按下图层调板的锁定透明像素按钮⊡。

1. 动感模糊

“动感模糊”滤镜是以某种方向和强度来模糊图像，使被模糊的部分产生高速运动的效果。执行“滤镜→模糊→动感模糊”命令，弹出如图 10-73（a）“动感模糊”对话框，其中各选项含义如下：

【角度】 设置运动模糊的方向。

【距离】 设置像素移动的距离，即模糊的强度。

单击“确定”按钮，效果如图 10-73（b）所示。

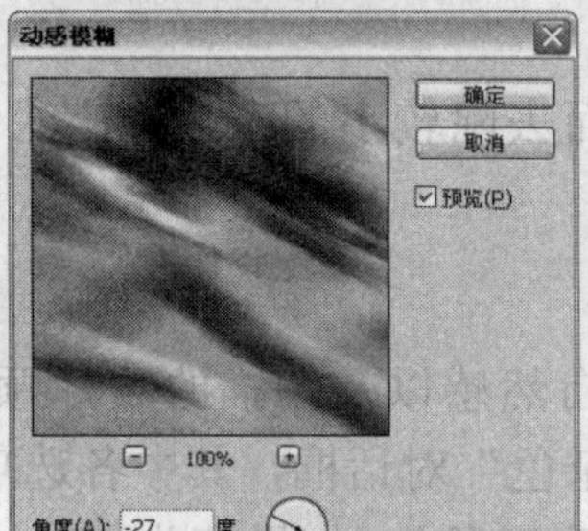

（a）“动感模糊”对话框

（b）“动感模糊”效果

图 10-73

2. 平均

执行“平均”命令后，系统自动查看图像或选区的平均颜色，然后使用该颜色填充图像，此滤镜没有对话框。

3. 径向模糊

“径向模糊”滤镜用于模拟前后移动相机或旋转相机产生的模糊，以制作柔和模糊效果。执行“滤镜→模糊→径向模糊”命令，弹出如图 10-74（a）“径向模糊”对话框，其中各选项含义如下：

【数量】 设置模糊效果的强度，值越大模糊效果越强。

【中心模糊】 设置模糊从哪一点开始向外扩散。用鼠标单击预览框，则可设定该位置。

【模糊方法】 设置模糊方法，选择“旋转”时，产生旋转模糊效果；选择“缩放模糊”时，产生放射模糊效果，被模糊的图像从模糊中心处开始放大。

【品质】 设置模糊质量。模糊质量分草图、好和最好三级。但模糊质量越好，处理的速度就越慢。

单击“确定”按钮，效果如图 10-74（b）所示。

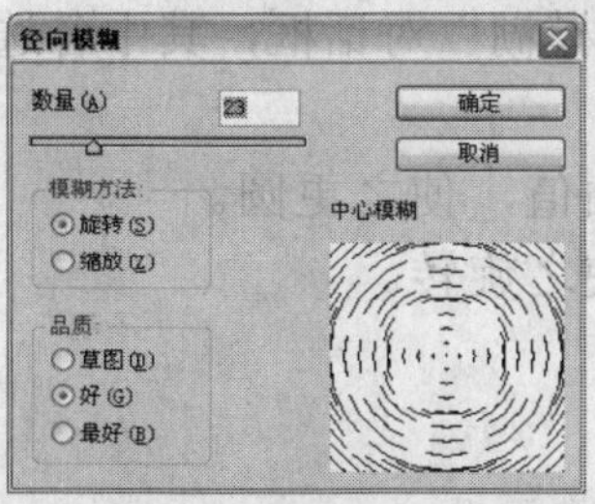

（a）“径向模糊”对话框

（b）“径向模糊”效果

图 10-74

4．模糊和进一步模糊

用于消除图像中颜色明显变化处的杂色，使图像更加柔和，并隐藏图像中的一些缺陷，柔化图像中过于强烈的区域。进一步模糊滤镜产生的效果比模糊滤镜强。这两个滤镜都没有选项，可多次应用这两个滤镜来加强模糊效果。

5．特殊模糊

用于对图像进行精确模糊，是唯一不模糊图像轮廓的模糊方式。执行“滤镜→模糊→特殊模糊”命令，弹出如图 10-75（a）“特殊模糊”对话框，其中各选项含义如下：

【半径】　范围在 0.1~100.0 之间，值越高模糊效果越明显。

【阈值】　范围在 0.1~100.0 之间，只有相邻像素间的亮度差别不超过临界值所限定的范围内的像素时，特殊模糊才能起作用。

【品质】　有“低”、“中”、“高”三种选择。

【模式】　在正常模式下，与其他模糊滤镜差别不大，在“边缘优先”模式下，适用于边缘有大量颜色变化的图像增大边缘，图像边缘将变白，其余部分将变黑；在“叠加边缘”模式下，滤镜将覆盖图像的边缘。

单击“确定”按钮，效果如图 10-75（b）所示。

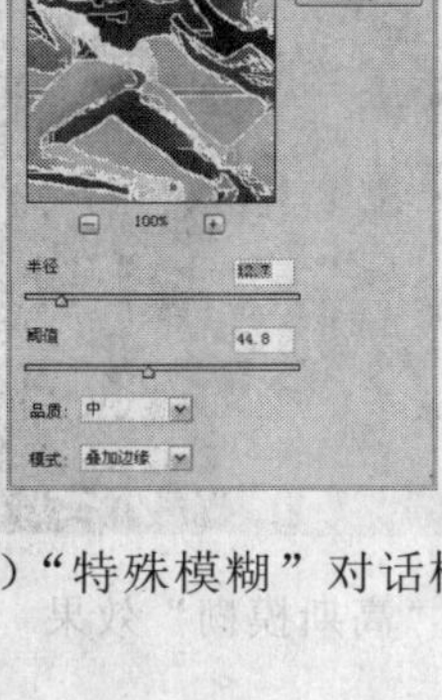

（a）“特殊模糊”对话框

（b）“特殊模糊”效果

图 10-75

6．镜头模糊

使用“镜头模糊”为图像添加一种带有较窄景深的模糊效果，即图像某些区域模糊，其他区域仍然清晰。可以使用选区来决定镜头模糊作用的区域，也可使用 Alpha 通道和图层蒙版创建深度映射，Alpha 通道中的黑色区域被当作近景处理，白色被当作远景处理。执行“滤镜→模糊→镜头模糊”命令，弹出如图 10-76（a）“镜头模糊”对话框，其中各选项含义如下：

【半径】　设置滤镜进行镜头演算的半径值。

【叶片弯度】　设置“形状”所包含的叶片的弯曲值，使之更圆。

【旋转】　设置“形状”所包含的叶片的数量，使之旋转。

【亮度】　设置图像的亮度值。

【阈值】　设置确定图像的低限亮度值。

【数量】　设置模糊效果的影响程度。

模糊显示的方式取决于设置的“形状”选项，“形状”是由它们所包含的片数决定的，通过弯曲使它们变得更圆或旋转它们来改变片数。

单击“确定”按钮，效果如图 10-76（b）所示。

（a）“镜头模糊”对话框

（b）“镜头模糊”效果

图 10-76

7．高斯模糊

“高斯模糊”利用高斯曲线的分布模式，有选择地快速模糊图像，产生朦胧的效果。执行“滤镜→模糊→高斯模糊”命令，弹出如图 10-77（a）“高斯模糊”对话框，其中【半径】用于设置滤镜进行高斯演算的半径值。单击“确定”按钮，效果如图 10-77（b）所示。

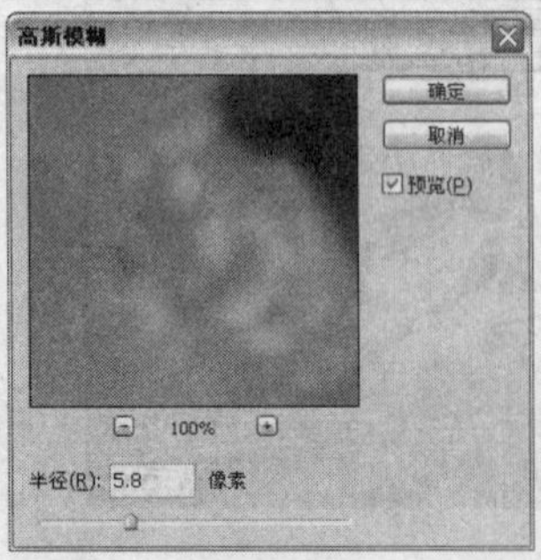

（a）“高斯模糊”对话框

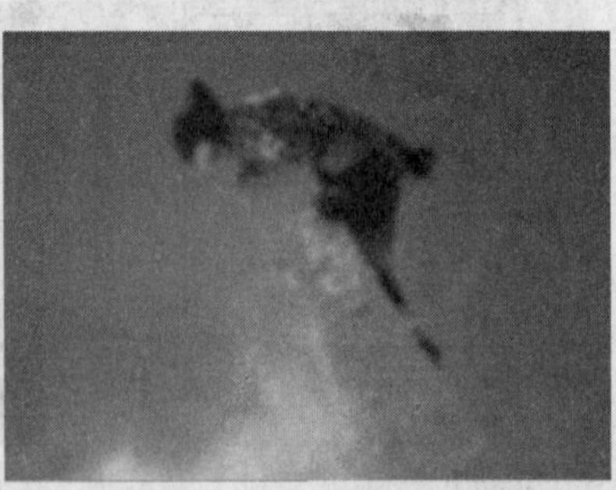

（b）“高斯模糊”效果

图 10-77

8．方框模糊

“方框模糊”基于相邻像素的平均颜色值来模糊图像。此滤镜用于创建特殊效果。可以调整用于计算给定像素的平均值的区域大小；半径越大，产生的模糊效果越好。其对话框如

图 10-78 所示。

图 10-78　“方框模糊”对话框

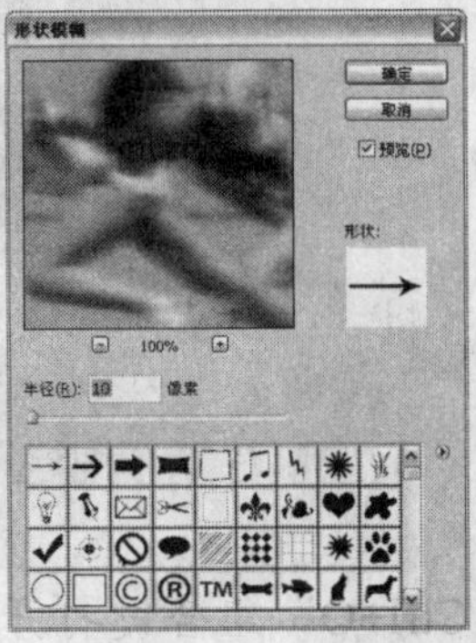

图 10-79　“形状模糊”对话框

9．形状模糊

“形状模糊”使用指定的内核来创建模糊。从自定形状预设列表中选取一种内核，并使用“半径”滑块来调整其大小。可以通过单击三角形按钮弹出的菜单中载入不同的形状库。半径决定了内核的大小；内核越大，模糊效果越好。其对话框如图 10-79 所示。

10．表面模糊

“表面模糊”在保留边缘的同时模糊图像。此滤镜用于创建特殊效果并消除杂色或粒度。执行“滤镜→模糊→表面模糊”命令，弹出如图 10-80（a）“表面模糊”对话框，其中各选项含义如下：

【半径】　指定模糊取样区域的大小。

【阈值】　控制相邻像素色调值与中心像素值相差多大时才能成为模糊的一部分。色调值差小于阈值的像素被排除在模糊之外。

单击“确定”按钮，效果如图 10-80（b）所示。

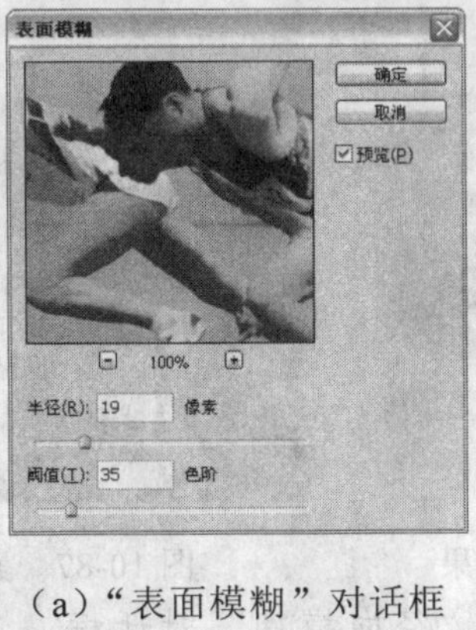

（a）“表面模糊”对话框

（b）“表面模糊”效果

图 10-80

实例解析——彩色旋风

本例将使用径向模糊、旋转扭曲和图层混合模式制作彩色旋风效果，如图 10-81 所示。

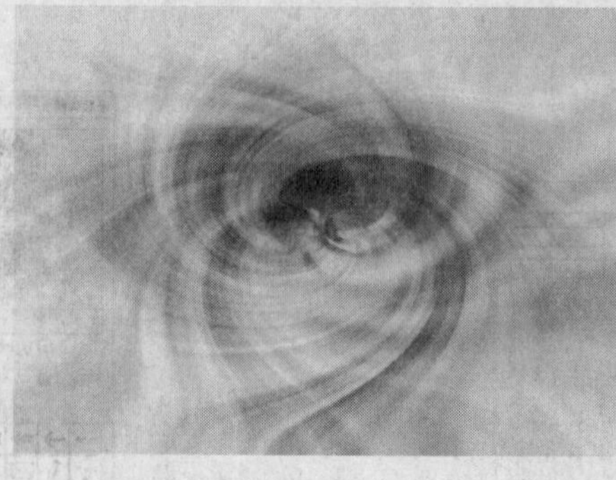

图 10-81　最终效果

（1）按“Ctrl+O”组合键打开一张素材图像文件，如图 10-82 所示。

（2）执行“滤镜→模糊→径向模糊”命令，弹出“径向模糊”对话框，设置参数如图 10-83 所示。

（3）单击“确定”按钮，图像效果如图 10-84 所示。

图 10-82　素材图片

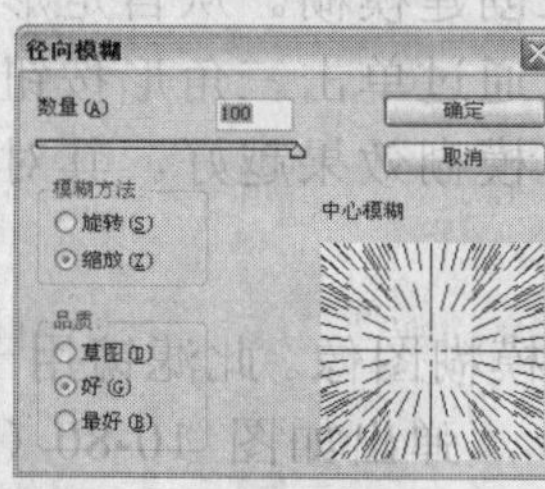

图 10-83　设置“径向模糊”对话框

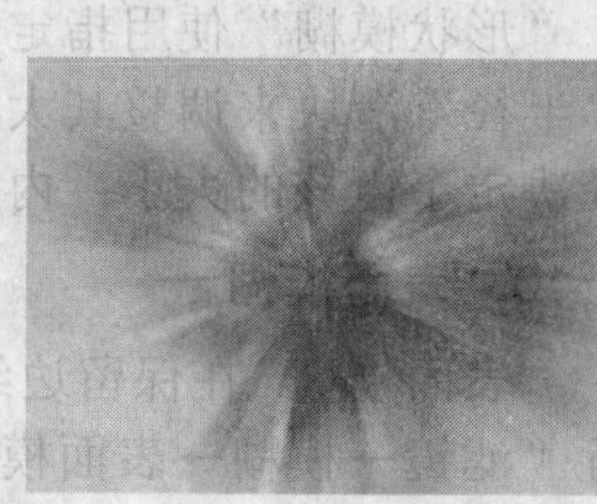

图 10-84　径向模糊效果

（4）执行“滤镜→扭曲→旋转扭曲”命令，弹出“旋转扭曲”对话框，设置参数如图 10-85 所示。

（5）单击“确定”按钮，图像效果如图 10-86 所示。

（6）按“Ctrl+O”组合键打开一张素材图像文件，如图 10-87 所示。使用移动工具将桃花拖入当前工作区中。

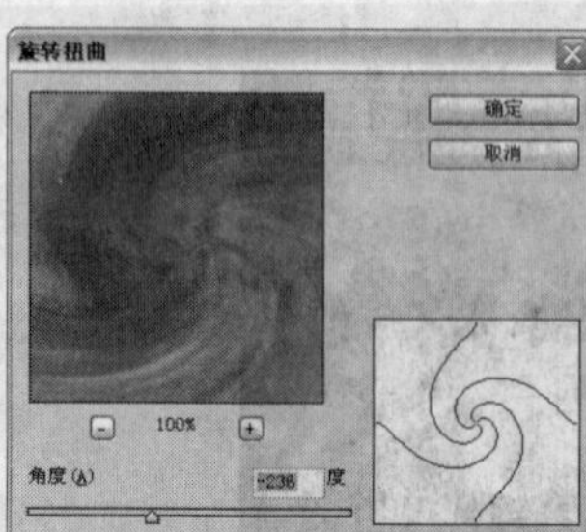

图 10-85　设置“旋转扭曲”对话框

图 10-86　旋转扭曲效果

图 10-87　素材图片

（7）执行“滤镜→模糊→径向模糊”命令，弹出“径向模糊”对话框，设置参数如图 10-88 所示。

（8）单击“确定”按钮，图像效果如图 10-89 所示。

（9）执行“滤镜→扭曲→旋转扭曲”命令，弹出“旋转扭曲”对话框，设置参数如图 10-90 所示。

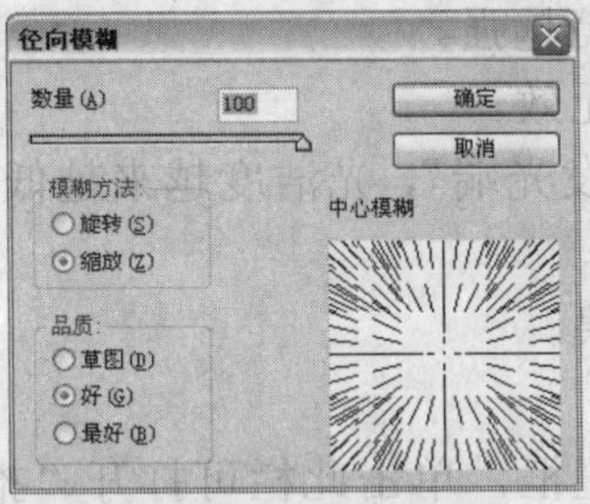

图 10-88 设置“径向模糊”对话框

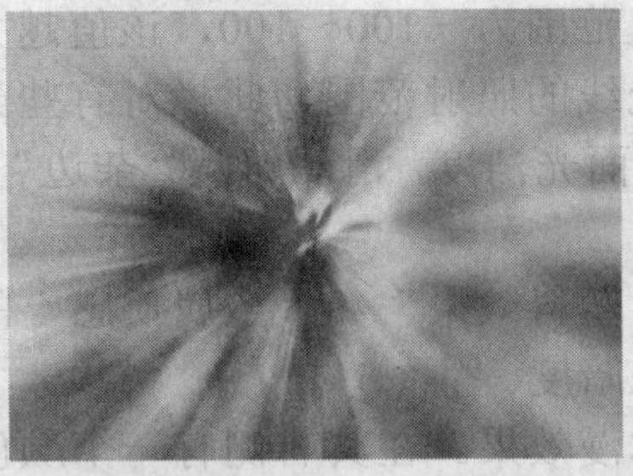

图 10-89 径向模糊效果

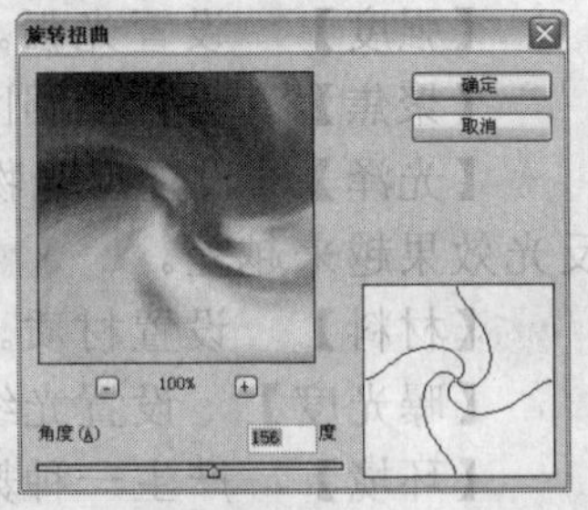

图 10-90 设置“旋转扭曲”对话框

（10）单击“确定”按钮，图像效果如图 10-91 所示。

（11）将桃花所在层的图层混合模式设置为“叠加”，得到如图 10-92 所示效果，彩色旋风制作完成。

图 10-91 旋转扭曲效果

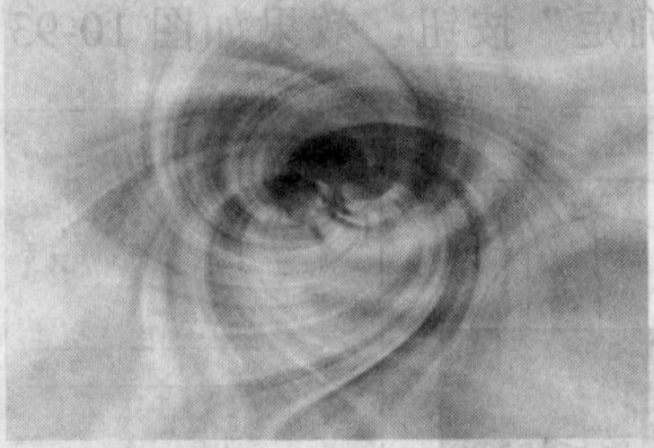

图 10-92 最终效果

10.10 渲染滤镜组

该滤镜组用于在图像中创建云彩、折射和模拟光线等。

1. 云彩

“云彩”滤镜使用前景色和背景色相融合，随机生成云彩状图案，并填充到当前图层或选区中。该滤镜无对话框。

技 巧

在选择“云彩”滤镜时，按下“Shift”键可产生低漫射云彩的效果。

2. 光照效果

“光照效果”滤镜只能用于 RGB 颜色模式的图像。执行“滤镜→渲染→光照效果”命令，弹出如图 10-93（a）“光照效果”对话框，其中各选项含义如下：

【样式】 设置光源款式，该栏模拟了各种舞台光源，系统缺省提供了 17 种款式，还可以保存和删除某些光源模式。

【光照类型】 设置灯光类型，该项在勾选“开”复选框后才有效，系统提供了 3 种灯光类型：“平行光”、“全光源”和“点光”。

【强度】 设置光强。取值范围为－100～100，该值越大光亮越强。

【聚焦】 设置椭圆区内光线的照射范围，此栏对有些光源无效。

【光泽】 设置反光物的表面光洁度，滑动钮从“杂边”到“发光端”，光洁度越来越低，反光效果越来越差。

【材料】 设置材质。有“塑料效果”和“金属质感”的效果。

【曝光度】 设置光线的亮暗度。

【环境】 产生一种舞台弥漫效果。在其右侧有一个颜色设置框，单击此栏可打开“拾色器”对话框，然后进行灯光颜色设置。

【纹理通道】 应用此项能在图像中加入纹理，产生一种浮雕的效果。若选择“无”以外的设置，则可在高度栏中调整纹理通道的深浅。

【高度】 若选中“白色部分凸出”复选框，表示纹理中凸出部分用白色表示，凹陷部分用黑色表示，滑动钮从“平滑”到“凸起”，纹理越来越深。

单击“确定”按钮，效果如图 10-93（b）所示。

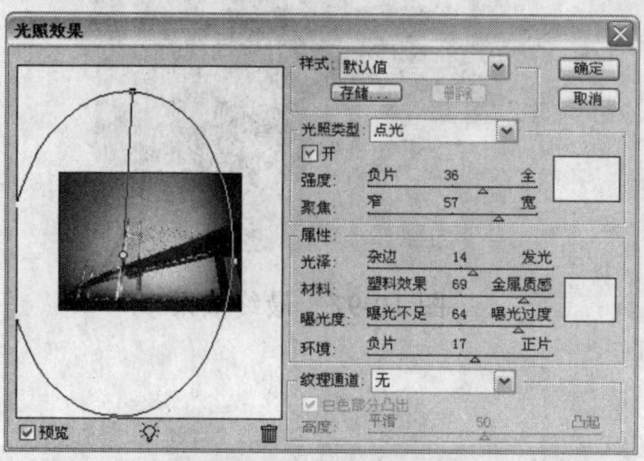

（a）“光照效果”对话框

（b）“光照效果”效果

图 10-93

3．分层云彩

“分层云彩”滤镜和“云彩”滤镜类似，都是使用前景色和背景色随机产生云彩图案。不同的是“分层云彩”生成的云彩图案不会替换原图，而是按差值模式与原图混合。

4．镜头光晕

该滤镜模拟照相机镜头产生的折射光。执行“滤镜→渲染→镜头光晕”命令，弹出如图 10-94（a）“镜头光晕”对话框，其中各选项含义如下：

【亮度】 该选项用于调整光晕效果的亮度。

【镜头类型】 在该选项中选择不同的镜头，所产生的光晕也不同。

提　示

在预览图中拖动十字光标可移动光晕中心的位置。

单击“确定”按钮，效果如图 10-94（b）所示。

（a）“镜头光晕”对话框

（b）“镜头光晕”效果

图 10-94

5．纤维

“纤维”滤镜可以生成纤维效果，颜色受前景色和背景色影响。执行“滤镜→渲染→纤维”命令，弹出如图 10-95（a）“纤维”对话框，其中各选项含义如下：

【变化】　用于控制纤维的变化程度。

【浓度】　用于控制纤维的浓密度。

随机化　单击此按钮，可产生随机的纤维变化效果。

单击“确定”按钮，效果如图 10-95（b）所示。

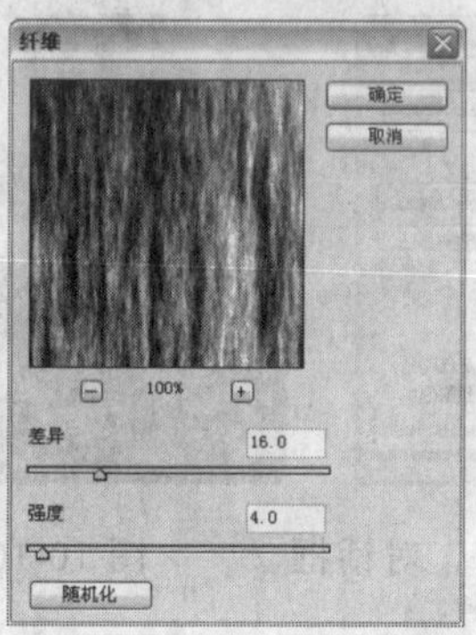

（a）“镜纤维”对话框

（b）“镜纤维”效果

图 10-95

实例解析——石头材质

本例将使用云彩和光照效果滤镜制作石头材质，效果如图 10-96 所示。

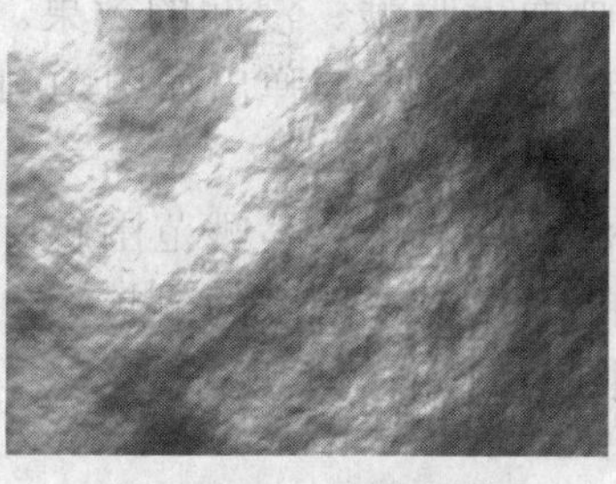

图 10-96　最终效果

（1）按“Ctrl+N”组合键，打开“新建”对话框，参数设置如图 10-97 所示，单击“确定”按钮。

（2）按“D”键确认前/背景色为系统默认色，执行“滤镜→渲染→云彩”命令，再按“Ctrl+F”组合键重复执行此命令，直到效果满意为止，如图 10-98 所示为本例得到的云彩效果。

（3）执行“滤镜→渲染→光照效果”命令，弹出“光照效果”对话框，设置参数如图 10-99 所示。

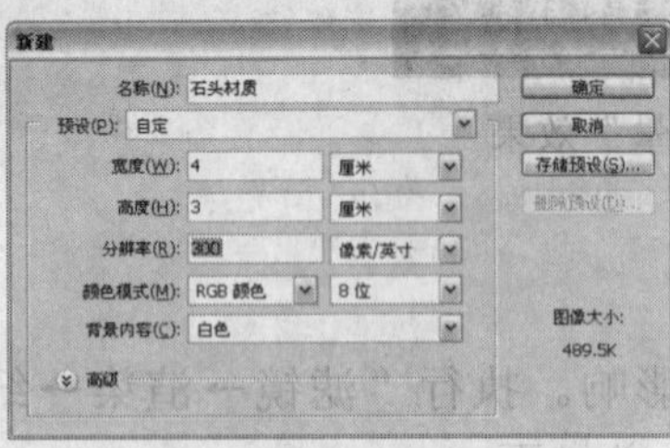

图 10-97 “新建”对话框

图 10-98 云彩效果

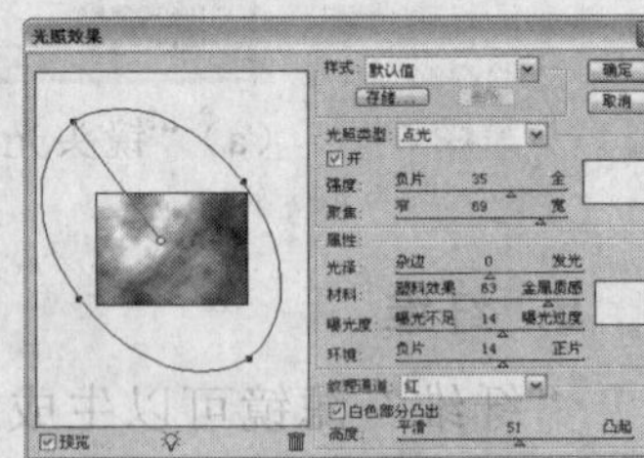

图 10-99 设置“光照效果”对话框

（4）单击“确定”按钮，得到如图 10-100 所示效果。

（5）按“Ctrl+U”组合键打开“色相/饱和度”对话框，设置参数如图 10-101 所示。

（6）单击“确定”按钮，石头材质制作完成，效果如图 10-102 所示。

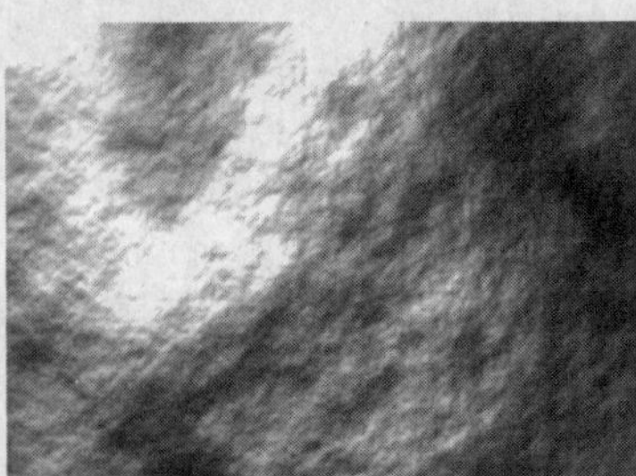

图 10-100 应用光照效果

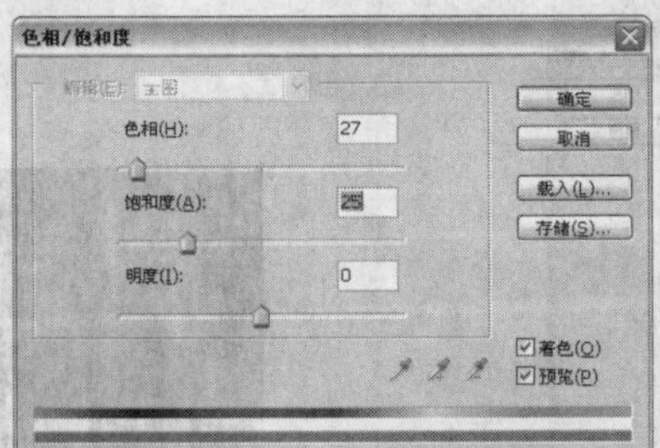

图 10-101 设置“色相/饱和度”对话框

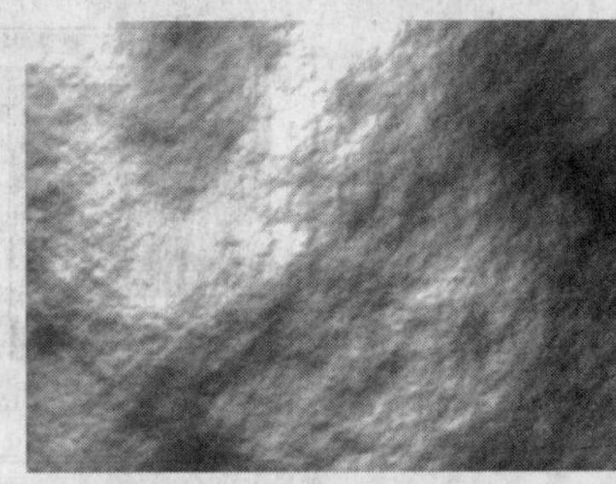

图 10-102 最终效果

10.11 画笔描边滤镜组

画笔描边滤镜组可以模拟不同的画笔和油墨描边，创造出绘画效果的外观。

1．喷溅

“喷溅”滤镜能产生用水在画面上喷溅、浸润的效果。打开如图 10-103（a）所示素材图片，执行“滤镜→画笔描边→喷溅”命令，弹出如图 10-103（b）“喷溅”对话框，其中各选项含义如下：

【喷色半径】 设置喷溅的范围。值越大喷溅范围越广。

【平滑度】 设置喷溅效果的轻重或平滑度的值越大，喷溅浪花越光滑，画面越模糊。

单击“确定”按钮，效果如图 10-103（c）所示。

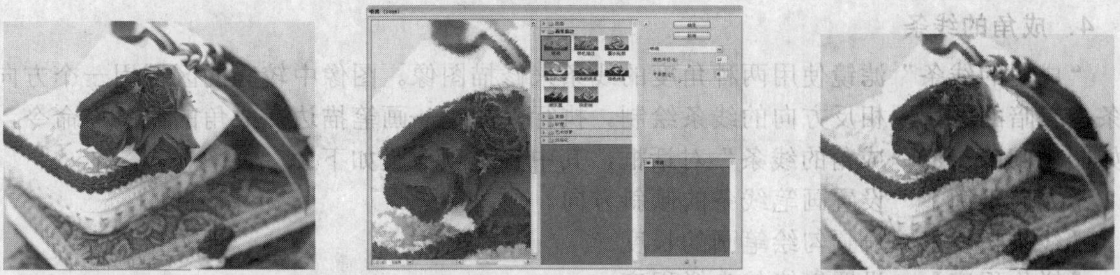

（a）原图　　（b）“喷溅”对话框　　（c）“喷溅”效果

图 10-103

2．喷色描边

使用带有角度的喷色线条的主色重绘图像。执行“滤镜→画笔描边→喷色描边”命令，弹出如图 10-104（a）“喷色描边”对话框，其中各选项含义如下：

【线条长度】　设置笔画长度。参数设置在 3 以下，图像才能够产生一定的效果。

【喷色半径】　设置喷色的范围。值越大喷色范围越广。

【描边方向】　共有右对角线、水平、左对角线和垂直四种描边方向供选择。

单击“确定”按钮，效果如图 10-104（b）所示。

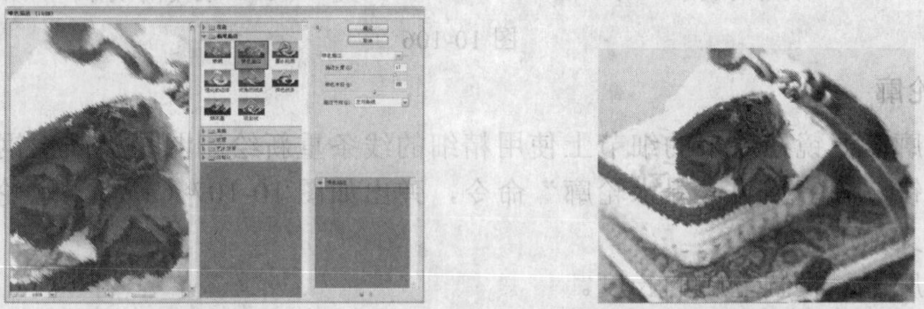

（a）“喷色描边”对话框　　（b）“喷色描边”效果

图 10-104

3．强化的边缘 图 10-104

强化的边缘滤镜的作用是强化勾勒图像的边缘。执行“滤镜→画笔描边→强化的边缘”命令，弹出如图 10-105（a）“强化的边缘”对话框，其中各选项含义如下：

【边缘宽度】　设置边缘宽度。值越大边界越粗。

【边缘亮度】　设置边界的亮度。值越大则用白色强化边缘；值越小则用黑色强化边缘。

【平滑度】　设置处理边界的平滑度。

单击“确定”按钮，效果如图 10-105（b）所示。

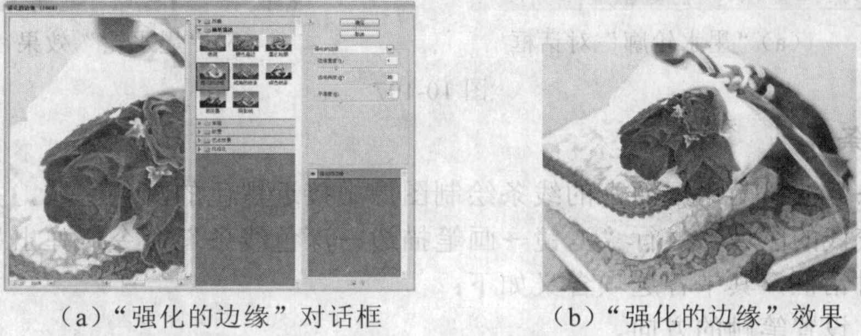

（a）“强化的边缘”对话框　　（b）“强化的边缘”效果

图 10-105

4．成角的线条

“成角的线条”滤镜使用两种角度的线条来修描图像。图像中较亮的区域用一个方向的线条，较暗的区域用相反方向的线条绘制。执行“滤镜→画笔描边→成角的线条”命令，弹出如图 10-106（a）“成角的线条”对话框，其中各选项含义如下：

【方向平衡】 设置画笔线条的倾斜方向。

【线条长度】 设置勾绘笔画的长度。

【锐化程度】 设置笔锋的尖锐程度。

单击“确定”按钮，效果如图 10-106（b）所示。

（a）“成角的线条”对话框

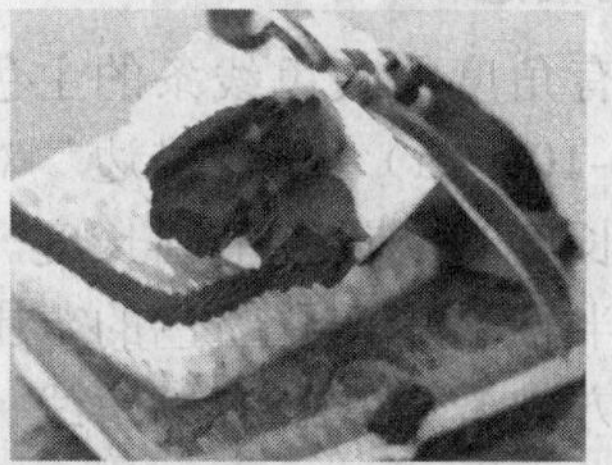

（b）“成角的线条”效果

图 10-106

5．墨水轮廓

“墨水轮廓”滤镜在原来的细节上使用精细的线条重新绘制图像，产生钢笔油墨画的风格。执行“滤镜→画笔描边→墨水轮廓”命令，弹出如图 10-107（a）“墨水轮廓”对话框，其中各选项含义如下：

【线条长度】 设置笔触的长度。

【深色强度】 设置黑色轮廓强度。数值为“60”时，图像中深色的区域将变成黑色。

【光照强度】 设置白色区域强度。数值为“60”时，图像中浅色的区域将变得更亮。

单击“确定”按钮，效果如图 10-107（b）所示。

（a）“墨水轮廓”对话框

（b）“墨水轮”效果

图 10-107

6．深色线条

“深色线条”滤镜是用短而密的线条绘制图像中接近黑色的深色区域，并用长而白的线条绘制图像中较浅的区域。执行“滤镜→画笔描边→深色线条”命令，弹出如图 10-108（a）“深色线条”对话框，其中各选项含义如下：

【平衡】 设置笔触的方向。

【黑色强度】 设置黑色区域的强度。值越大变黑的深色区域越多。

【白色强度】 设置白色区域的强度。值越大变亮的浅色区域越多。

单击“确定”按钮，效果如图 10-108（b）所示。

（a）“深色线条”对话框　　（b）“深色线条”效果

图 10-108

7．烟灰墨

“烟灰墨”滤镜用于表现日本风格的图像，类似于用包含黑色墨水的画笔在宣纸上绘画的效果。执行“滤镜→画笔描边→烟灰墨”命令，弹出如图 10-109（a）“烟灰墨”对话框，其中各选项含义如下：

【描边宽度】 设置画笔的宽度。数值较低时产生柔和光滑的笔触效果；数值较高时，处理后的图像层次分明，笔触有些粗糙。

【描边压力】 设置图像产生黑色的数量。数值较高时，处理的图像将产生大量的黑色；数值较低时，产生一种平滑而模糊的效果。

【对比度】 设置图像的对比度。值越大产生的对比效果越强烈。

单击“确定”按钮，效果如图 10-109（b）所示。

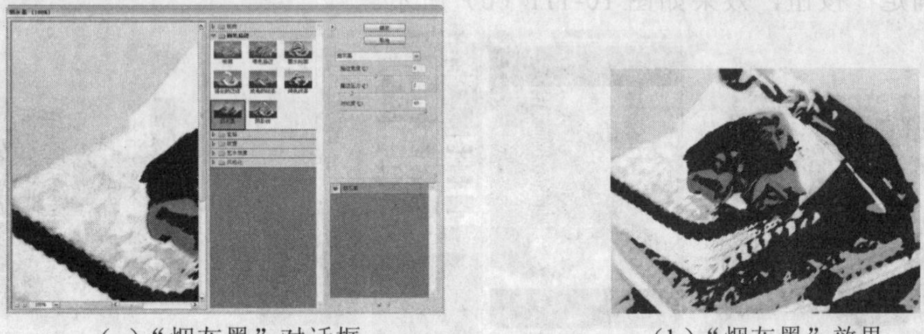

（a）“烟灰墨”对话框　　（b）“烟灰墨”效果

图 10-109

8．阴影线

“阴影线”滤镜是模拟使用铅笔勾画阴影线、添加纹理和粗糙化图像的效果。并且在勾画彩色区域边缘时保留原图的细节和特征。执行“滤镜→画笔描边→阴影线”命令，弹出如图 10-110（a）“阴影线”对话框，其中各选项含义如下：

【线条长度】 设置交叉网线笔触的长度。

【锐化程度】 设置交叉网线的锐化程度。

【强度】 设置交叉网线的力度感。

单击“确定”按钮，效果如图 10-110（b）所示。

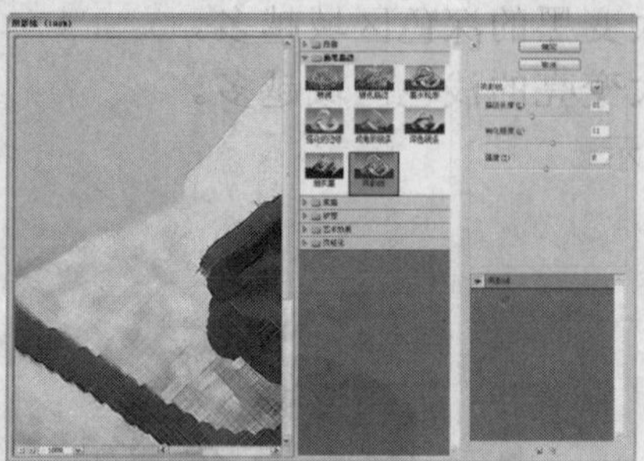

（a）“阴影线”对话框

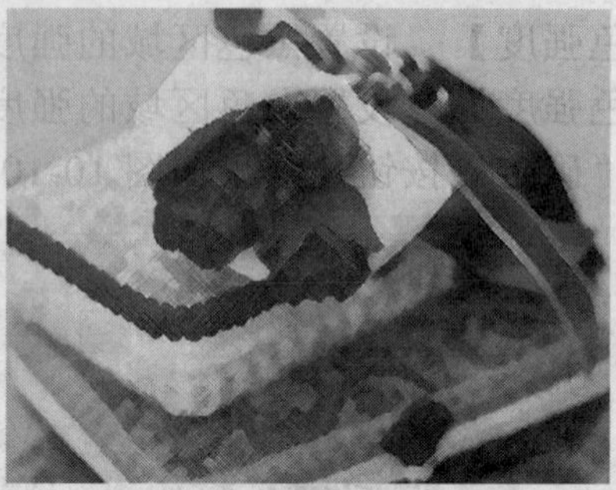

（b）“阴影线”效果

图 10-110

10.12　素描滤镜组

这是一个丰富而适用的滤镜组。使用该滤镜组时应当注意许多滤镜在重绘图像时使用前景色和背景色。

1．便条纸

使用“便条纸”滤镜的图像呈现颗粒状的浮雕效果。打开如图 10-111（a）所示素材图片，执行“滤镜→素描→便条纸”命令，弹出如图 10-111（b）“便条纸”对话框，其中各选项含义如下：

【图像平衡】　调整图像明暗部分的平衡。

【粒度】　调整颗粒化的程度。

【凸现】　调整颗粒凸现的程度。

单击“确定”按钮，效果如图 10-111（c）所示。

（a）原图

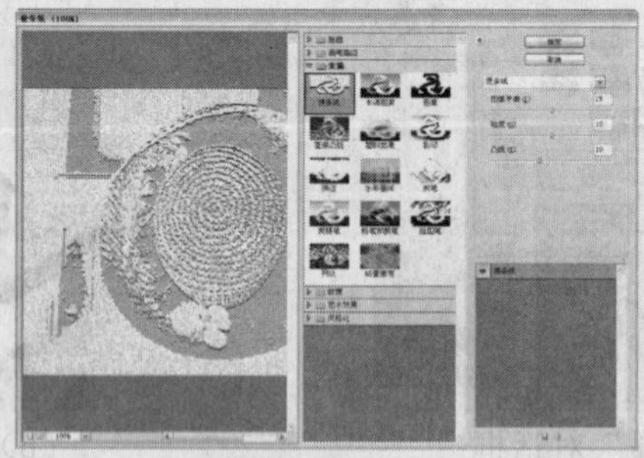

（b）“便条纸”对话框

（c）“便条纸”效果

图 10-111

2．半调图案

该滤镜用于模拟半调网屏的效果，并保持色调的连续范围。执行“滤镜→素描→半调图案”命令，弹出如图 10-112（a）“半调图案”对话框，其中各选项含义如下：

【大小】　设置网格间距的大小。此参数取值越大产生的网格间距也越大。

【对比度】　设置前景色的对比度。

【类型】　有“网点”、“圆圈”、“直线”三种类型供选择。

单击“确定”按钮，效果如图 10-112（b）所示。

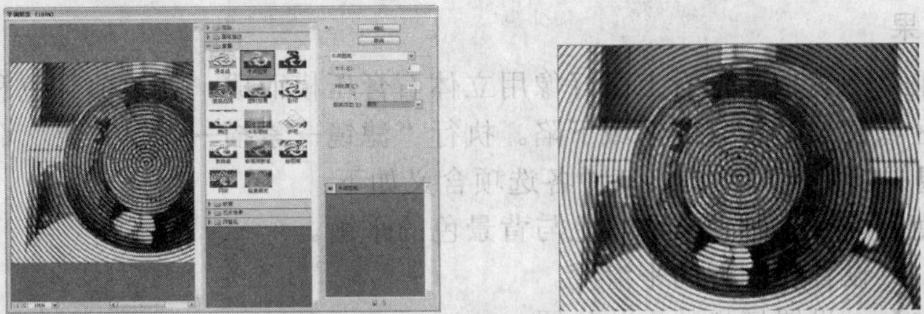

（a）“半调图案”对话框　　（b）“半调图案”效果

图 10-112

3．图章

“图章”滤镜使图像简化、突出主体，看起来好像用橡皮和木制图章盖上去一样。执行“滤镜→素描→图章”命令，弹出如图 10-113（a）“图章”对话框，其中各选项含义如下：

【明/暗平衡】　可调节图像中前景色和背景色的比例平衡。参数设置范围在 0-50 之间。

【平滑度】　调节图像线条的平滑程度。参数设置范围为 1-50 之间。

单击“确定”按钮，效果如图 10-113（b）所示。

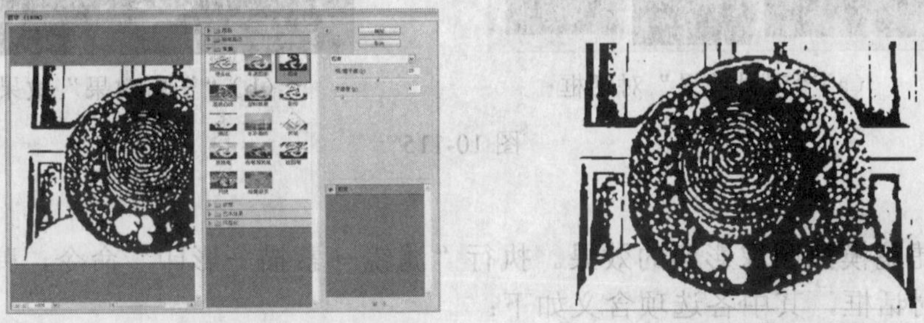

（a）“图章”对话框　　（b）“图章”效果

图 10-113

4．基底凸现

“基底凸现”滤镜模拟浅浮雕在光照下的效果。执行“滤镜→素描→基底凸现”命令，弹出如图 10-114（a）“基底凸现”对话框，其中各选项含义如下：

【细节】　设置效果的细节。此项参数在最小值或最大值都能取得很好的效果。

【平滑度】　设置画面效果的平滑度。参数为 1 时，图像最平滑。

【光照方向】　设置灯光的方向，灯光的方向有“底”、“左下”、“左”、“左上”、“顶”、“右下”、“右”、“右下”，此栏设置可以进一步强调浮雕表面的变化。

单击“确定”按钮，效果如图 10-114（b）所示。

（a）“基底凸现”对话框　　（b）“基底凸现”效果

图 10-114

5．塑料效果

“塑料效果”滤镜使图像看上去好像用立体石膏压模而成。使用前景色和背景色上色，图像中较暗的区域突出，较亮的区域下陷。执行“滤镜→素描→塑料效果”命令，弹出如图10-115（a）“塑料效果”对话框，其中各选项含义如下：

【图像平衡】 设置图像中前景色与背景色的平衡。

【平滑度】 设置喷刷面的平滑度。

【光照方向】 设置灯光的安放位置。

单击“确定”按钮，效果如图 10-115（b）所示。

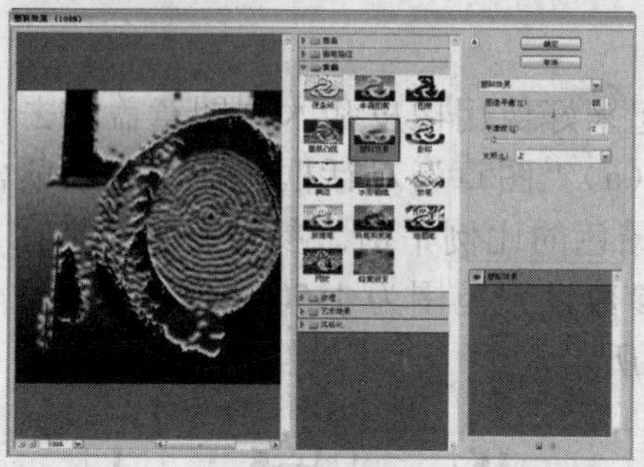

（a）“塑料效果”对话框

（b）“塑料效果”效果

图 10-115

6．影印

“影印”滤镜模拟图像影印的效果。执行“滤镜→素描→影印”命令，弹出如图 10-116（a）“影印”对话框，其中各选项含义如下：

【细节】 调整细节表现的程度。

【暗度】 调整暗度。

单击“确定”按钮，效果如图 10-116（b）所示。

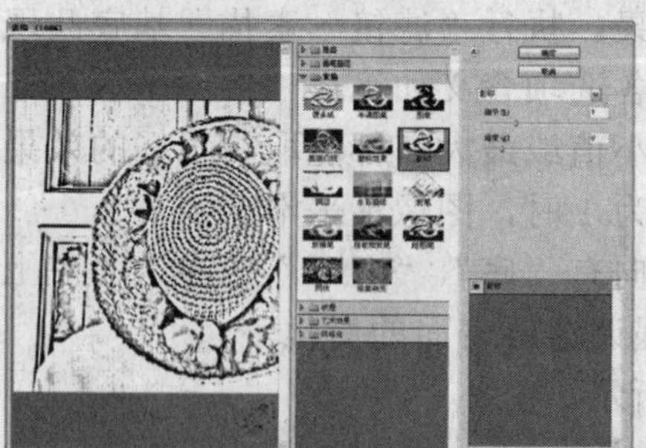

（a）“影印”对话框

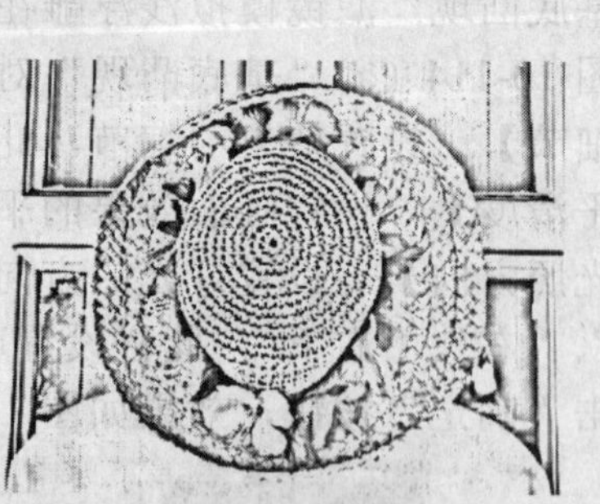

（b）“影印”效果

图 10-116

7．撕边

“撕边”滤镜模拟撕破的纸片效果，适用于高对比度图像。执行“滤镜→素描→撕边”命令，弹出如图 10-117（a）“撕边”对话框，其中各选项含义如下：

【图像平衡】 设置前景色与背景色的平衡比例。

【平滑度】 设置边界的平滑度效果。参数为 1 时，图像的黑、白交界处有模糊。

【对比度】　设置图像的对比度。参数为 1 时，前景色与背景色将柔和地融合在一起。

单击“确定”按钮，效果如图 10-117（b）所示。

（a）“撕边”对话框　　（b）“撕边”效果

图 10-117

8．水彩画纸

“水彩画纸”滤镜使图像好像是绘制在潮湿的纤维纸上，颜色溢出、混合，产生渗透效果。执行“滤镜→素描→水彩画纸”命令，弹出如图 10-118（a）“水彩画纸”对话框，其中各选项含义如下：

【纸纹长度】　设置纸张湿润的程度及笔触的长度。

【亮度】　设置图像的亮度。

【对比度】　设置图像的对比度。此项参数的设置将受到“亮度”参数的影响。

单击“确定”按钮，效果如图 10-118（b）所示。

（a）“水彩画纸”对话框　　（b）“水彩画纸”效果

图 10-118

9．炭笔

“炭笔”滤镜是在图像中创建海报化、涂抹的效果。图像中主要的边缘用粗线绘制，中间色调用对角线素描。其中炭笔使用前景色，纸张使用背景色。执行“滤镜→素描→炭笔”命令，弹出如图 10-119（a）“炭笔”对话框，其中各选项含义如下：

【炭笔粗细】　设置炭精的厚度。取值较大时，炭精会变得非常深厚。

【细节】　设置炭精效果细节。

【明/暗平衡】　设置明暗平衡度，即控制前景色与背景色的比例。

单击“确定”按钮，效果如图 10-119（b）所示。

（a）“炭笔”对话框

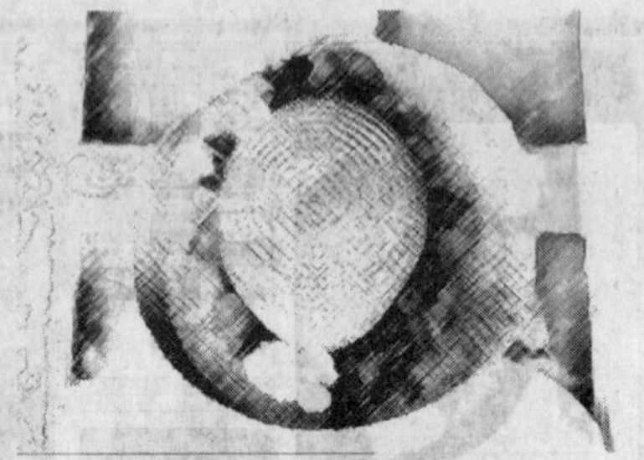

（b）“炭笔”效果

图 10-119

10．炭精笔

“炭精笔”滤镜模拟使用炭精笔绘制图像的效果。执行“滤镜→素描→炭精笔”命令，弹出如图 10-120（a）“炭精笔”对话框，其中各选项含义如下：

【前景色阶】 设置前景颜色的色阶变化范围。

【背景色阶】 设置背景颜色的色阶变化范围。

【纹理】 设置粗糙面纹理，有“砖形”、“粗麻布”、“画布”及“砂岩”4 种内置的纹理，也可以载入自制的纹理。

【缩放】 调节纹理的疏密程度。

【凸现】 设置凹凸程度。

【光照】 根据具体图像进行灯光的设置。

【反相】 设置纹理凹进部和凸出部互换。

单击“确定”按钮，效果如图 10-120（b）所示。

（a）“炭精笔”对话框

（b）“炭精笔”效果

图 10-120

11．粉笔和炭笔

“粉笔和炭笔”滤镜模拟粗糙粉笔绘制的灰色背景来重绘图像的高光和中间色调部分，暗调区的图像用黑色对角线炭笔线替换。执行“滤镜→素描→粉笔和炭笔”命令，弹出如图 10-121（a）“粉笔和炭笔”对话框，其中各选项含义如下：

【炭笔区】 设置炭笔区域的面积。

【粉笔区】 设置粉笔的深浅程度。参数设置很小时，画面中会有极少数笔迹。

【描边压力】 设置控制笔触的压力。

单击“确定”按钮，效果如图 10-121（b）所示。

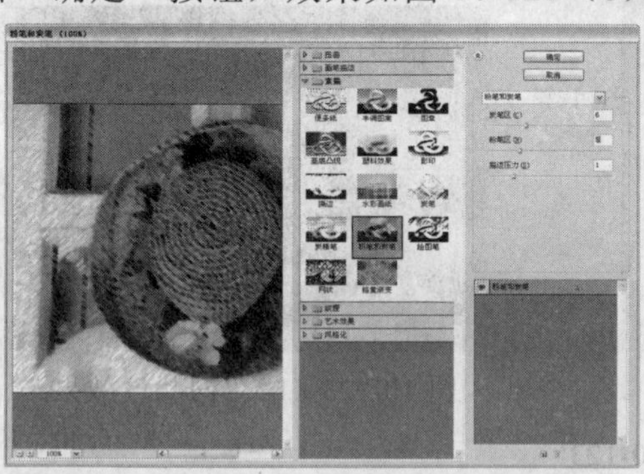

（a）“粉笔和炭笔”对话框

（b）“粉笔和炭笔”效果

图 10-121

12. 绘图笔

“绘图笔”滤镜使用精细的、具有一定方向的油墨线条重绘图像效果。执行“滤镜→素描→绘图笔”命令，弹出如图 10-122（a）“绘图笔”对话框，其中各选项含义如下：

【线条长度】 设置绘图笔触的长度，参数值为最小时，笔触将变为点。

【明/暗平衡】 设置亮度和暗度的对比，可以改变图像的颜色显示。

【描边方向】 设置笔触的方向，有“右对角线”、“水平”、“左对角线”和“垂直”4个方向。

单击“确定”按钮，效果如图 10-122（b）所示。

（a）“绘图笔”对话框

（b）“绘图笔”效果

图 10-122

13. 网状

“网状”滤镜模拟胶片感光乳剂的受控收缩和扭曲的效果。执行“滤镜→素描→网状”命令，弹出如图 10-123（a）“网状”对话框，其中各选项含义如下：

【浓度】 设置网纹的密度。

【前景色阶】 设置前景色的层次。参数越高则图像的灰阶层次越小，实色块越多。

【背景色阶】 设置背景色的层次。参数越小，图像层次越丰富。

单击“确定”按钮，效果如图 10-123（b）所示。

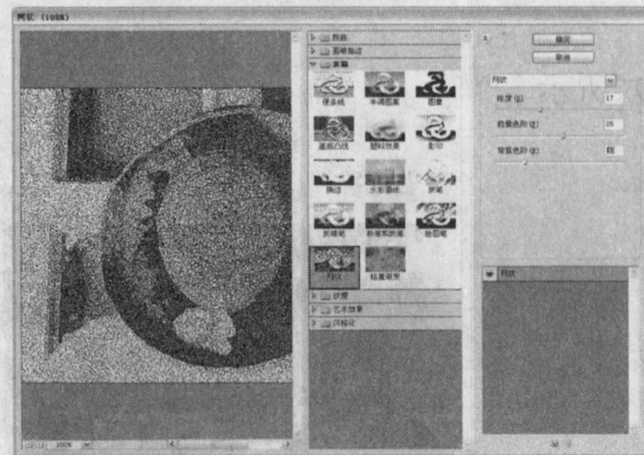

（a）“网状”对话框

图 10-123（b）“网状”效果

图 10-123

14. 铬黄渐变

“铬黄渐变”滤镜使图像好像被磨光的铬的表面，看起来像金属表面。执行“滤镜→素描→铬黄渐变”命令，弹出如图 10-124（a）“铬黄渐变”对话框，其中各选项含义如下：

【细节】 设置细节效果。

【平滑度】 设置调节效果的光滑程度。参数越高时边缘的像素数量减少越多。

单击“确定”按钮，效果如图 10-124（b）所示。

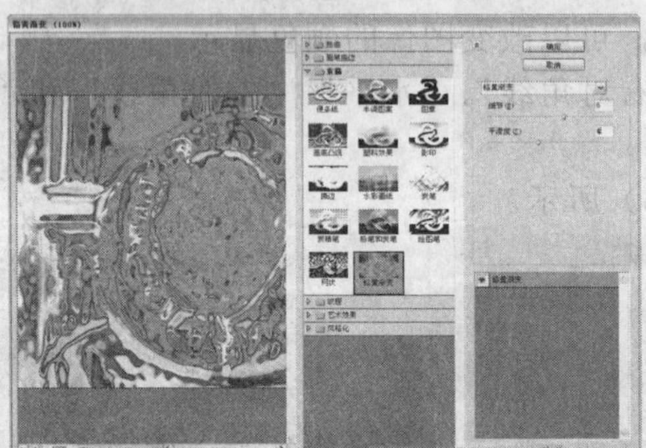

（a）“铬黄渐变”对话框

（b）“铬黄渐变”效果

图 10-124

10.13 纹理滤镜组

使用该纹理滤镜组可以为图像添加各种纹理，造成深度感和材质感。

1. 拼缀图

“拼缀图”滤镜将图像拆分为方块，并选取图像中的颜色填充各方块，随机减少或增加拼贴深度以重复高光和暗调。打开如图 10-125（a）所示素材图片，执行“滤镜→纹理→拼缀图”命令，弹出如图 10-125（b）“拼缀图”对话框，其中各选项含义如下：

【平方大小】 设置方块的大小。

【凸现】 设置凸出的程度。

单击“确定”按钮，效果如图 10-125（c）所示。

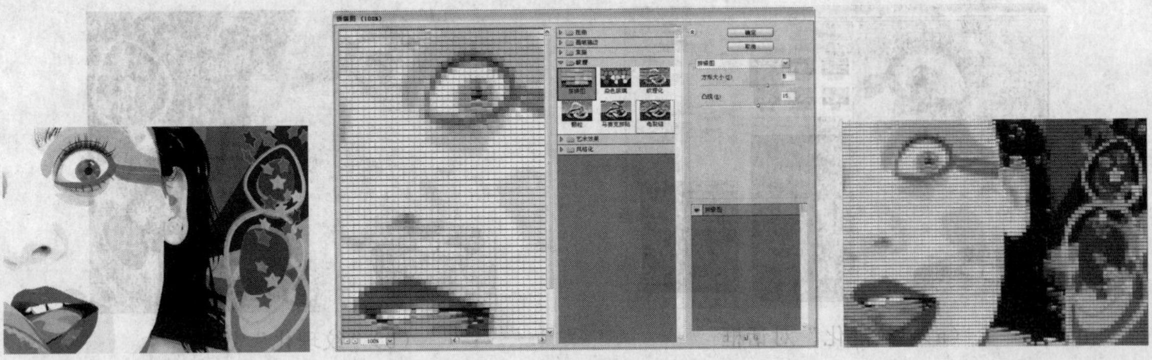

（a）原图　　（b）“拼缀图”对话框　　（c）“拼缀图”效果

图 10-125

2. 染色玻璃

“染色玻璃”滤镜模拟透过花玻璃看图像的效果。执行“滤镜→纹理→染色玻璃”命令，弹出如图 10-126（a）“染色玻璃”对话框，其中各选项含义如下：

【单元格大小】　设置产生格子的大小。参数值较大时，整个图像将变成一个由对角线分隔的两大方格。

【边框粗细】　设置边线的宽度。四边线使用的颜色是前景色。

【光照强度】　设置灯光的强度。参数为“0”时，没有任何光照效果；参数过高时，会使图像中心变成白色。

单击“确定”按钮，效果如图 10-126（b）所示。

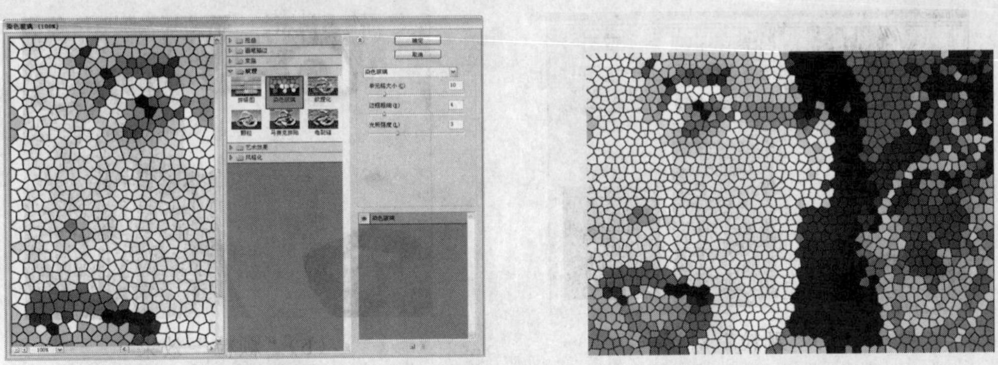

（a）“染色玻璃”对话框　　（b）“染色玻璃”效果

图 10-126

3. 纹理化

使用“纹理化”滤镜为图像应用预设的纹理或者自己创建的纹理。执行“滤镜→纹理→纹理化”命令，弹出如图 10-127（a）“纹理化”对话框，其中各选项含义如下：

【纹理】　设置图像纹理，在下拉列表中可选择“画布”、“粗麻布”等纹理。

【缩放】　调整图像的显示比例。

【凸现】　调整纹理的凸现程度。

单击“确定”按钮，效果如图 10-127（b）所示。

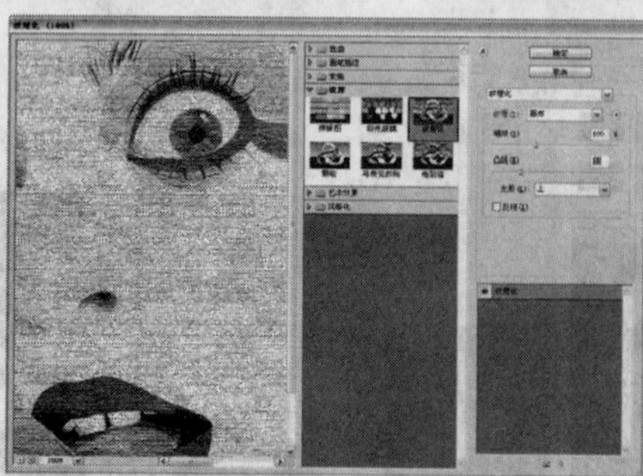

（a）“纹理化”对话框

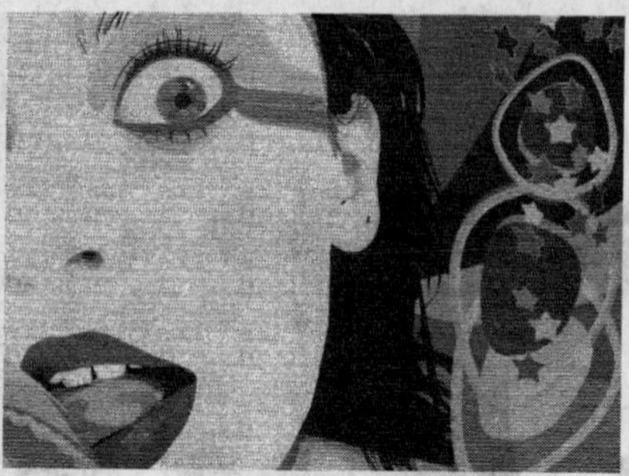

（b）“纹理化”效果

图 10-127

提　示

除了系统提供的纹理外，单击▶按钮可载入其他 PSD 格式的图像文件作为纹理。

4．颗粒

“颗粒”滤镜通过模拟不同种类的颗粒纹理添加到图像中。执行“滤镜→纹理→颗粒”命令，弹出如图 10-128（a）“颗粒”对话框，其中各选项含义如下：

【强度】　设置颗粒的强度。取值范围为 10～100。

【对比度】　设置图像的对比度。当参数为 60 时，表示明与暗处于平衡状态。

【颗粒类型】　供选择的颗粒类型有“常规”、“软化”、“喷洒”、“强反差”等十种颗粒。

单击“确定”按钮，效果如图 10-128（b）所示。

（a）“颗粒”对话框

（b）“颗粒”效果

图 10-128

5．马赛克拼贴

“马赛克拼贴”滤镜可将图像分解为许多拼贴块，执行“滤镜→纹理→马赛克拼贴”命令，弹出如图 10-129（a）“马赛克拼贴”对话框，其中各选项含义如下：

【拼贴大小】　设置马赛克的大小。

【缝隙宽度】　设置马赛克间隙的宽度，通常该参数值应小于拼贴大小的值。

【加亮缝隙】　设置马赛克间隙的亮度。

单击“确定”按钮，效果如图 10-129（b）所示。

(a)“马赛克拼贴”对话框

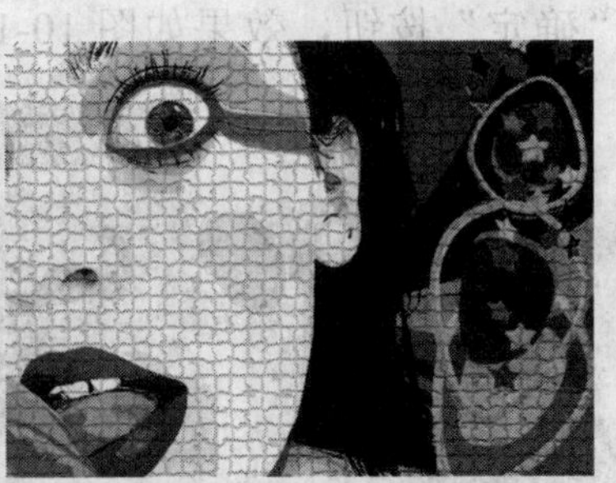
(b)“马赛克拼贴”效果

图 10-129

6. 龟裂缝

“龟裂缝”滤镜模拟一种龟裂的效果。执行“滤镜→纹理→龟裂缝”命令，弹出如图 10-130（a）“龟裂缝”对话框，其中各选项含义如下：

【裂缝间距】　设置裂纹理间的间距。当参数为“0”时，图像中的裂纹非常稀疏。

【裂缝深度】　设置裂痕深度。当参数为“0”时，裂痕很浅；参数为 10 时，裂痕很深。

【裂缝亮度】　设置裂痕的亮度。参数为“0”时，裂痕为黑色。

单击“确定”按钮，效果如图 10-130（b）所示。

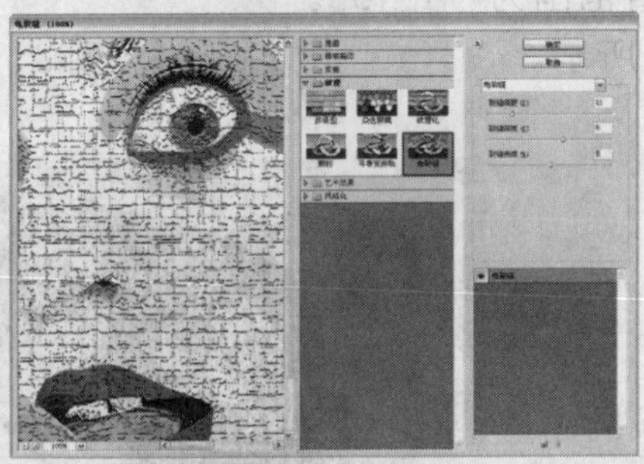
(a)“龟裂缝”对话框

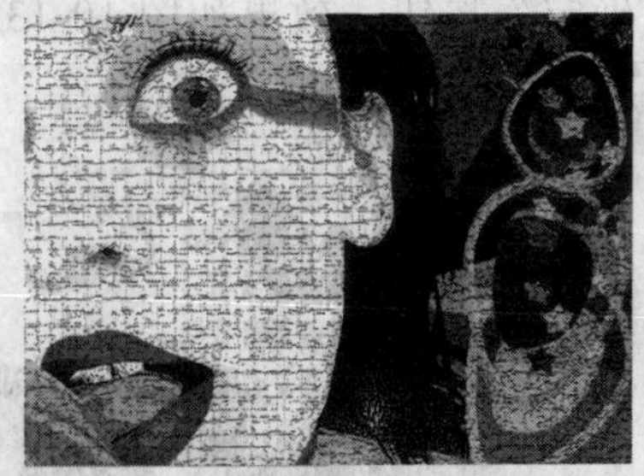
(b)“龟裂缝”效果

图 10-130

10.14　艺术效果滤镜组

艺术效果滤镜组用于产生各种绘画风格的图像。

1. 塑料包装

使用“塑料包装”滤镜后，图像好像被闪亮的塑料纸包起来了，表面细节很突出。打开如图 10-131（a）所示素材图片，执行“滤镜→艺术效果→塑料包装”命令，弹出如图 10-131（b）“塑料包装”对话框，其中各选项含义如下：

【高光强度】　设置塑料包装效果中高亮度点的亮度。值越大，高亮度上产生的反光也越强。

【细节】　设置效果的细节。值越大，塑料包装效果越明显。

【平滑度】　值越大，产生的塑料包装效果越光滑。

单击“确定”按钮，效果如图 10-131（c）所示。

（a）原图

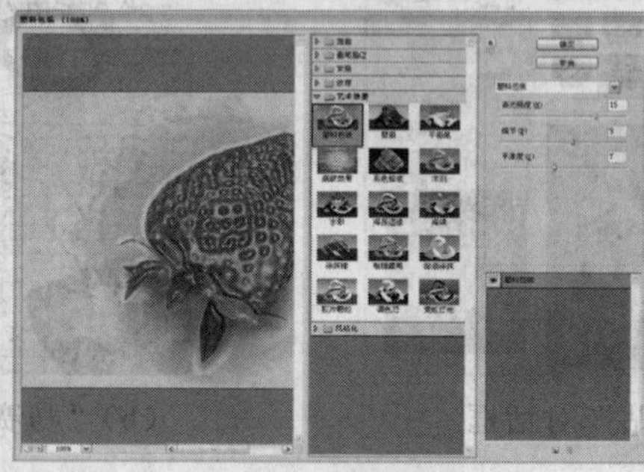

（b）“塑料包装”对话框

（c）“塑料包装”效果

图 10-131

2. 壁画

“壁画”滤镜使用短、圆和潦草的斑点模拟粗糙的绘画风格。执行“滤镜→艺术效果→壁画”命令，弹出如图 10-132（a）“壁画”对话框，其中各选项含义如下：

【画笔大小】 值越大，笔画效果越明显，取值范围为“0～10”。

【画笔细节】 值越小，笔画效果越多，取值范围为“0～10”。

【纹理】 值越大，纹理效果越明显，取值范围为“1～3”。

单击“确定”按钮，效果如图 10-132（b）所示。

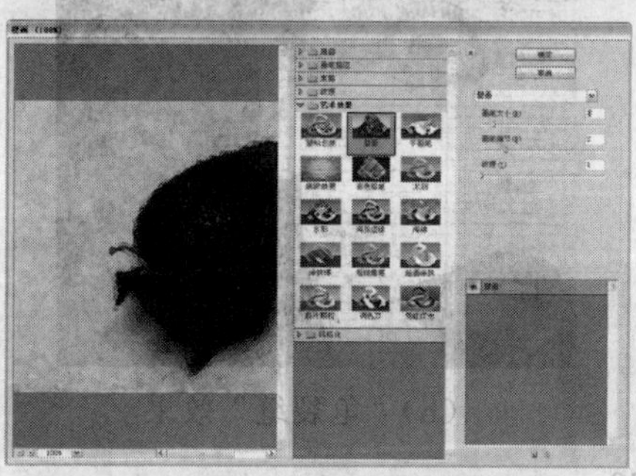

（a）“壁画”对话框

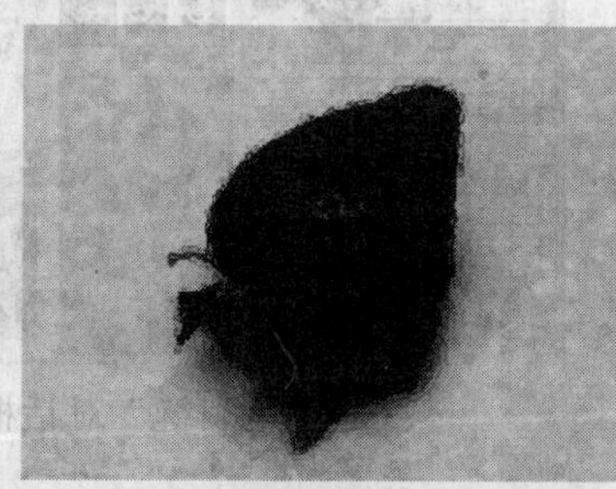

（b）“壁画”效果

图 10-132

3. 底纹效果

该滤镜模拟在带纹理的底图上绘画。执行“滤镜→艺术效果→底纹效果”命令，弹出如图 10-133（a）“底纹效果”对话框，其中各选项含义如下：

【画笔大小】 设置笔刷的大小。参数为“0”时，图像模糊并会出现明显的斑点。

【纹理覆盖】设置纹理覆盖的范围。

【纹理】设置纹理的类型。

【缩放】 设置纹理的缩放比例。

【凸现】设置纹理的起伏程度。

【光照方向】 设置光线的照射方向。

【反相】 设置纹理是否以反向处理。

单击“确定”按钮，效果如图 10-133（b）所示。

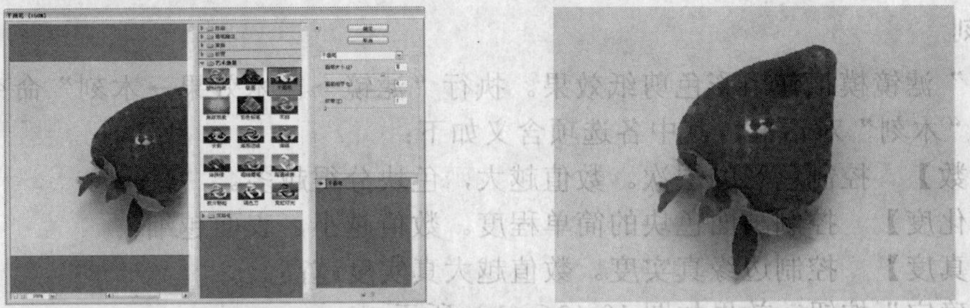

（a）“底纹效果”对话框　　（b）“底纹效果”效果

图 10-133

4．干画笔

“干画笔”滤镜模拟使用干画笔绘制图像边缘的效果。执行“滤镜→艺术效果→干画笔”命令，弹出如图 10-134（a）“干画笔”对话框，其中各选项含义如下：

【画笔大小】　设置笔刷的粗细，取值范围为“0～10”。数值越大画笔越大。

【画笔细节】　设置笔刷描画后，对原图保留细节的丰富程度。数值越小，效果越细。

【纹理】　设置笔触纹理的效果。数值越大，对比效果越强。

单击“确定”按钮，效果如图 10-134（b）所示。

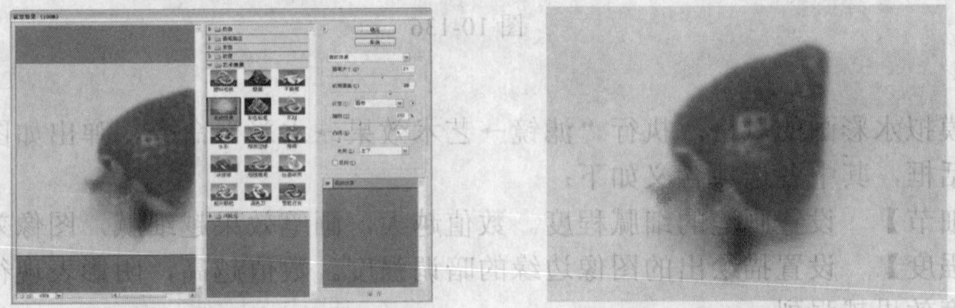

（a）“干画笔”对话框　　（b）“干画笔”效果

图 10-134

5．彩色铅笔

该滤镜模拟彩色铅笔在纯色背景上绘画的效果。执行“滤镜→艺术效果→彩色铅笔”命令，弹出如图 10-135（a）“彩色铅笔”对话框，其中各选项含义如下：

【铅笔宽度】　设置画笔的大小。值越大画笔越大，产生的效果也越粗糙。

【描边压力】　设置笔画的力度。值越大，力度越强，对比度越明显。

【纸张宽度】　设置滤镜中笔画所采用的色彩和亮度。

单击“确定”按钮，效果如图 10-135（b）所示。

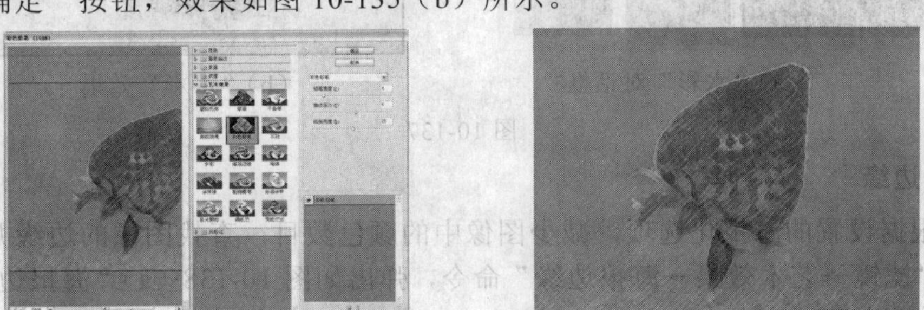

（a）“彩色铅笔”对话框　　（b）“彩色铅笔”效果

图 10-135

6. 木刻

“木刻”滤镜模拟使用彩色剪纸效果。执行“滤镜→艺术效果→木刻”命令，弹出如图10-136（a）“木刻”对话框，其中各选项含义如下：

【色阶数】 控制色彩的层次。数值越大，色块分得越多。

【边简化度】 控制画面色块的简单程度。数值越小，表面越细。

【边逼真度】 控制边缘真实度。数值越大真实度越高。

单击“确定”按钮，效果如图 10-136（b）所示。

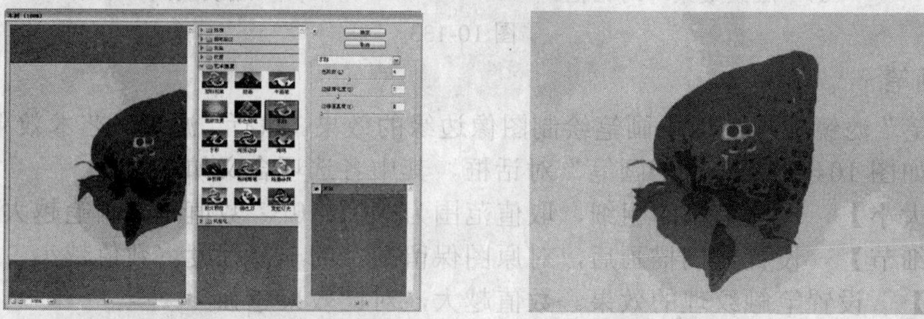

（a）“木刻”对话框　　（b）“木刻”效果

图 10-136

7. 水彩

该滤镜模拟水彩画的风格。执行“滤镜→艺术效果→水彩”命令，弹出如图 10-137（a）“水彩”对话框，其中各选项含义如下：

【画笔细节】 设置画笔的细腻程度。数值越大，画笔效果越细腻，图像效果越细腻。

【暗调强度】 设置描绘出的图像边缘的暗调强度。数值越高，阴影表现得越强，图像产生的对比度效果越强烈。

【纹理】 控制色彩的过渡效果。数值越大，色彩过渡得越好。

单击“确定”按钮，效果如图 10-137（b）所示。

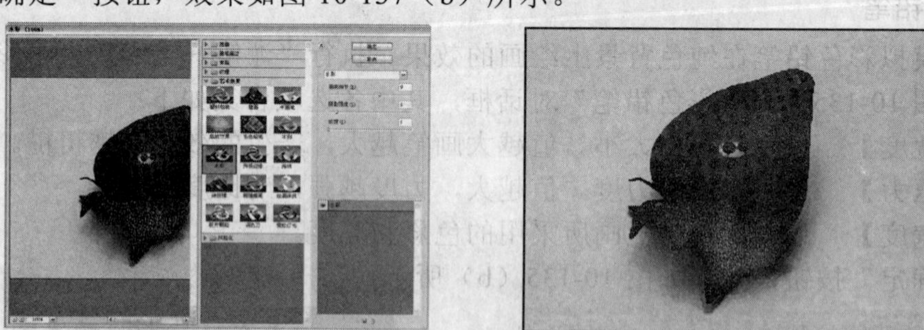

（a）“水彩”对话框　　（b）“水彩”效果

图 10-137

8. 海报边缘

该滤镜根据设置的海报化选项，减少图像中的颜色数目，查找图像的边缘并在上面绘制黑线。执行“滤镜→艺术效果→海报边缘”命令，弹出如图 10-138（a）“海报边缘”对话框，其中各选项含义如下：

【边缘厚度】 设置边界的宽度。数值越大，边缘线条越粗。

【边缘强度】　设置边界的可见度。数值越大，边缘越明显，效果越强烈。

【海报化】　设置颜色在图像上的渲染效果。数值越大，色调阶数越多，效果越柔和。单击“确定”按钮，效果如图 10-138（b）所示。

（a）“海报边缘”对话框

（b）“海报边缘”效果

图 10-138

9．海绵

“海绵”滤镜模拟海绵在图像上画过的效果，使图像带有强烈对比色纹理。执行“滤镜→艺术效果→海绵”命令，弹出如图 10-139（a）“海绵”对话框，其中各选项含义如下：

【画笔大小】　设置笔刷的大小。取值越大则所控制的海绵也越大。

【定义】　设置海绵颜色的深度。数值越大，所取得的颜色越深。

【平滑度】　设置效果的光滑程度。

单击“确定”按钮，效果如图 10-139（b）所示。

（a）“海绵”对话框

（b）“海绵”效果

图 10-139

10．涂抹棒

“涂抹棒”滤镜使用短的对角线涂抹图像的较暗区域来柔和图像。可增大图像的对比度。执行“滤镜→艺术效果→涂抹棒”命令，弹出如图 10-140（a）“涂抹棒”对话框，其中各选项含义如下：

【线条长度】　设置笔画的长度。数值越大，被处理的图像中的颜色暗调部分会变亮；数值为 0 时，被处理的图像中颜色暗调的部分变得更暗。

【高光区域】　设置高光区域的面积。数值越大，图像中的亮部变得越亮。

【强度】　设置涂抹强度。数值越大，产生的涂抹强度越大，有很强的反差效果；数值越小，产生的效果越不明显。

单击“确定”按钮，效果如图 10-140（b）所示。

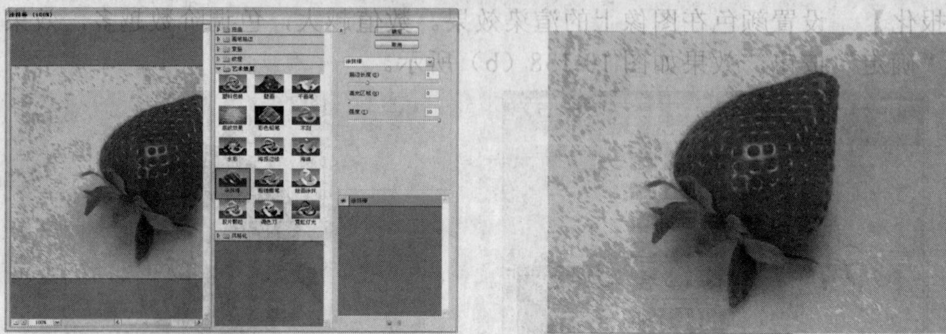

（a）“涂抹棒”对话框　　　　（b）“涂抹棒”效果

图 10-140

11．粗糙蜡笔

该滤镜模拟彩色粉笔在纹理背景上描边的效果。执行“滤镜→艺术效果→粗糙蜡笔”命令，弹出如图 10-141（a）“粗糙蜡笔”对话框，其中各选项含义如下：

【线条长度】　设置笔触的长度。值越小，勾画线条断续现象越明显。

【线条细节】　设置笔触的细腻程度。值越大，笔画越粗，勾绘效果越淡。

【纹理】　通过该选项控制纹理类型。

【缩放】　设置纹理的大小。

【凸现】　设置纹理的深度。

【光照方向】　设置灯光照射方向。

单击“确定”按钮，效果如图 10-141（b）所示。

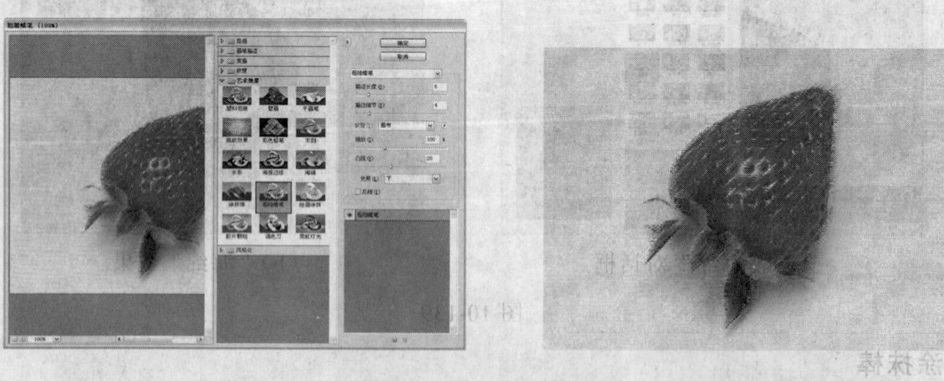

（a）“粗糙蜡笔”对话框　　　　（b）“粗糙蜡笔”效果

图 10-141

12．绘画涂抹

该滤镜模拟使用各种画笔涂抹的效果。执行“滤镜→艺术效果→绘画涂抹”命令，弹出如图 10-142（a）“绘画涂抹”对话框，其中各选项含义如下：

【画笔大小】　设置笔刷的范围。值越大，笔刷的控制区域的范围也就越大。

【锐化程度】　设置笔刷的锐化程度。值越大，笔触越尖锐。

【画笔类型】　设置笔刷的类型。在“画笔类型”下拉列表供选择的类型有“简单”、“宽锐化”、“火花”等。

单击“确定”按钮，效果如图 10-142（b）所示。

（a）“绘画涂抹”对话框

（b）“绘画涂抹”效果

图 10-142

13．胶片颗粒

该滤镜使图像产生胶片颗粒的效果。执行“滤镜→艺术效果→胶片颗粒”命令，弹出如图 10-143（a）“胶片颗粒”对话框，其中各选项含义如下：

【高光区域】　设置高光区域的颗粒总数。值越大，亮度区域范围越大。

【强度】　设置颗粒纹理的强度。值越大，亮度、强度越大。

单击“确定”按钮，效果如图 10-143（b）所示。

（a）“胶片颗粒”对话框

（b）“胶片颗粒”效果

图 10-143

14．调色刀

该滤镜使图像中的细节减少，图像产生薄薄的画布效果，露出下面的纹理。执行“滤镜→艺术效果→调色刀”命令，弹出如图 10-144（a）“调色刀”对话框，其中各选项含义如下：

【描边大小】　设置描边的大小。数值为最大值“50”时，会推动图像的所有颜色的颜色层次；数值为最小值“1”时，处理的图像没有任何变化，数值最好为“25”。

【线条细节】　设置颜色的相近程度。

【软化度】　设置边界模糊程度。数值为“0”时，边缘呈锯齿状。

单击“确定”按钮，效果如图 10-144（b）所示。

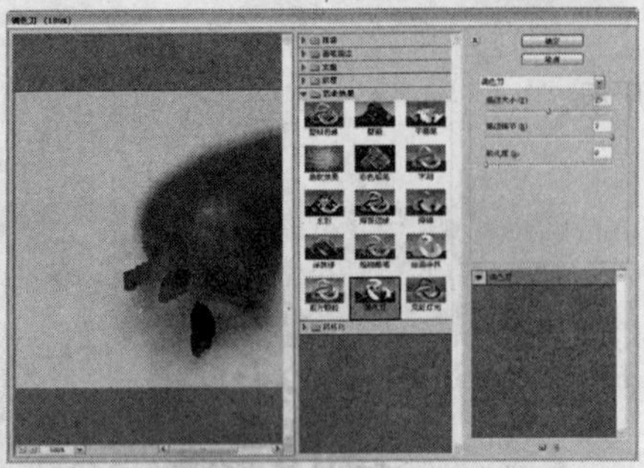

（a）“调色刀”对话框

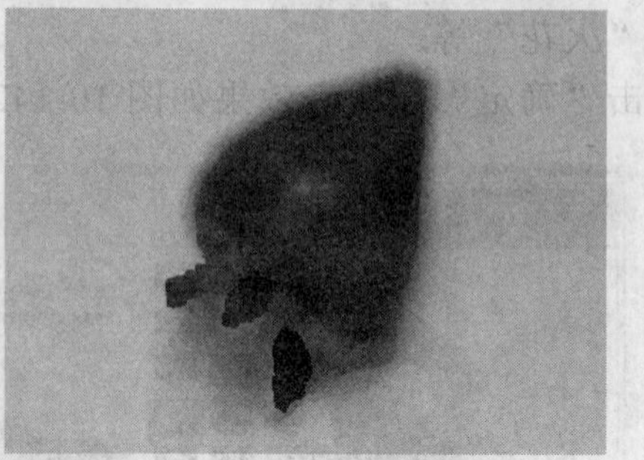

（b）“调色刀”效果

图 10-144

15．霓虹灯光

该滤镜模拟霓虹灯光效果。执行“滤镜→艺术效果→霓虹灯光”命令，弹出如图 10-145（a）“霓虹灯光”对话框，其中各选项含义如下：

【发光大小】　设置霓虹灯的照射范围。

【发光亮度】　设置霓虹灯灯光的亮度。亮度越大，效果越明显。

【发光颜色】　设置霓虹灯灯光的颜色。单击颜色框，打开“拾色器”对话框，在该对话框中可选取任意颜色。

单击“确定”按钮，效果如图 10-145（b）所示。

（a）“霓虹灯光”对话框

（b）“霓虹灯光”效果

图 10-145

实例解析——水彩画

本例将使用强化的边缘、霓虹灯光、调色刀等滤镜制作水彩画效果，如图 10-146 所示。

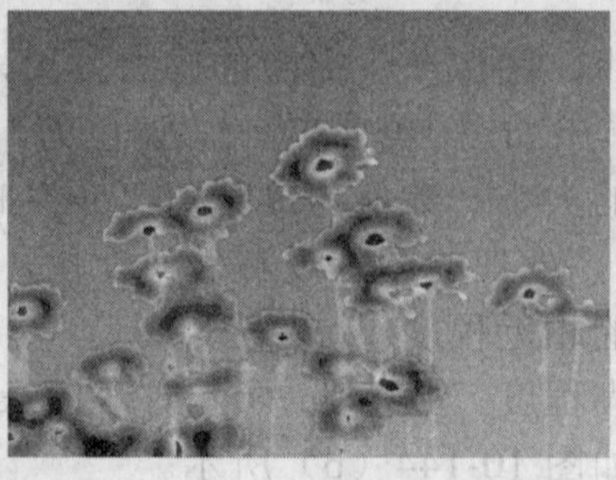

图 10-146　最终效果

（1）按“Ctrl+O”组合键打开一张素材图像文件，如图 10-147 所示。

（2）将“背景层”层复制一个“背景副本”层，图层面板如图 10-148 所示。

（3）执行“滤镜→画笔描边→强化的边缘”命令，弹出“强化的边缘”对话框，设置参数如图 10-149 所示。单击“确定”按钮，效果如图 10-150 所示。

（4）执行“滤镜→艺术效果→霓虹灯光”命令，弹出“霓虹灯光”对话框，设置参数如图 10-151 所示。单击“确定”按钮，效果如图 10-152 所示。

图 10-147　素材图片

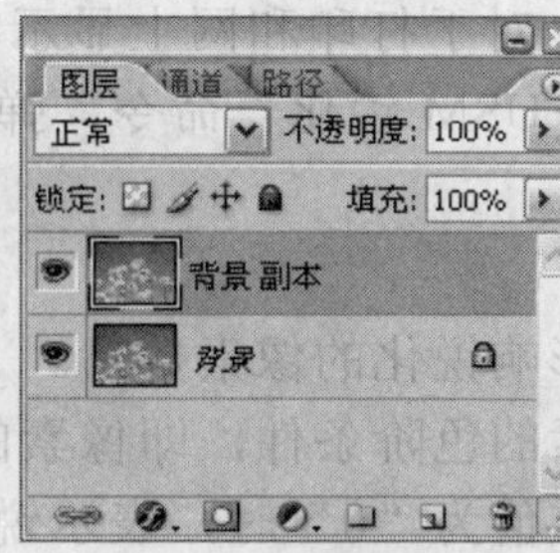

图 10-148　复制背景层

图 10-149　设置强化的边缘参数

图 10-150　应用效果

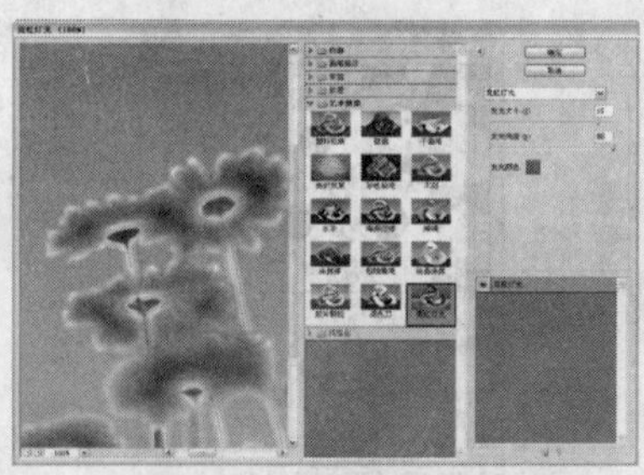

图 10-151　设置霓虹灯光参数

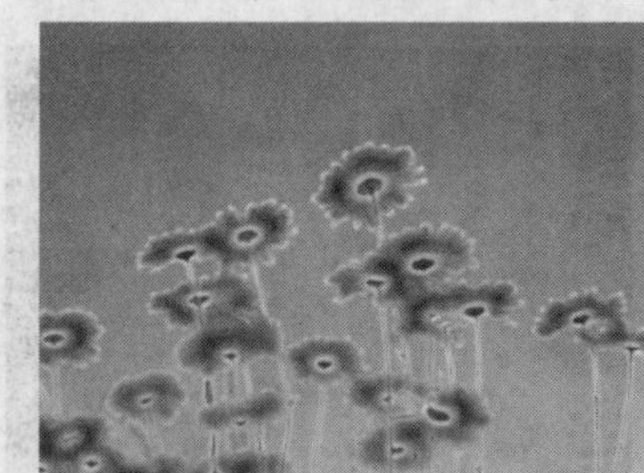

图 10-152　应用效果

（5）执行“滤镜→艺术效果→调色刀”命令，弹出“调色刀”对话框，设置参数如图 10-153 所示。单击“确定”按钮，效果如图 10-154 所示。

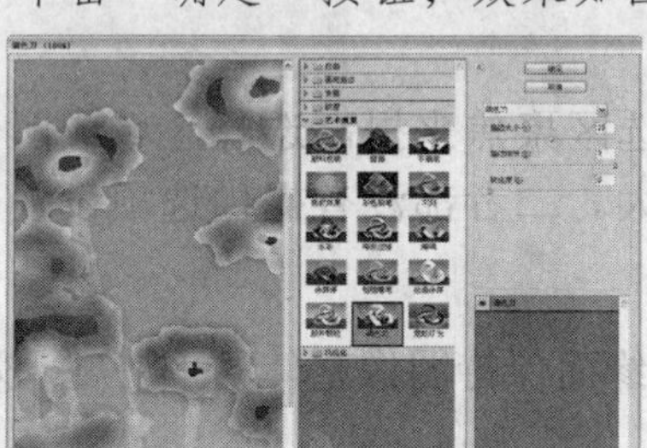

图 10-153　设置调色刀参数

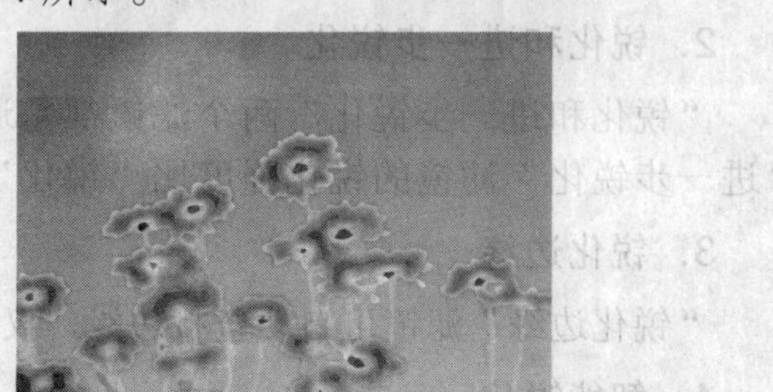

图 10-154　最终效果

10.15　视频滤镜

该滤镜主要将色域限制为电视画面可重现的颜色范围。

“NTSC 颜色”滤镜一般用于制作 VCD 静止帧的图像，创建用于电视或视频中的图像。将图像的色彩范围限制为 NTSC（国际电视标准委员会）制式，电视可以接收并表现的颜色。

“逐行”滤镜可去掉视频图像中的奇数或偶数行，以平滑在视频上捕捉的图像。该滤镜也用于视频中静止图像帧的制作。

10.16 锐化滤镜组

锐化滤镜组通过增加相邻像素的对比度来聚焦模糊的图像。

1．USM 锐化

“USM 锐化”滤镜用于调整图像边缘细节的对比度，并在边缘的每侧制作一条更亮或更暗的线，以强调边缘和产生的模糊，对于打印和网上显示非常有用。打开如图 10-155（a）所示素材图片，执行“滤镜→锐化→USM 锐化”命令，弹出如图 10-155（b）“USM 锐化”对话框，其中各选项含义如下：

【数量】 调整锐化程度。

【半径】 调整边缘像素周围影响锐化的像素数目。

【阈值】 调整被作为边缘像素的色阶条件，即像素的色阶与周围区域相差多少以上时才被滤镜看作边缘像素而被锐化。该值为“0”时，表示锐化所有的像素。

单击“确定”按钮，效果如图 10-155（c）所示。

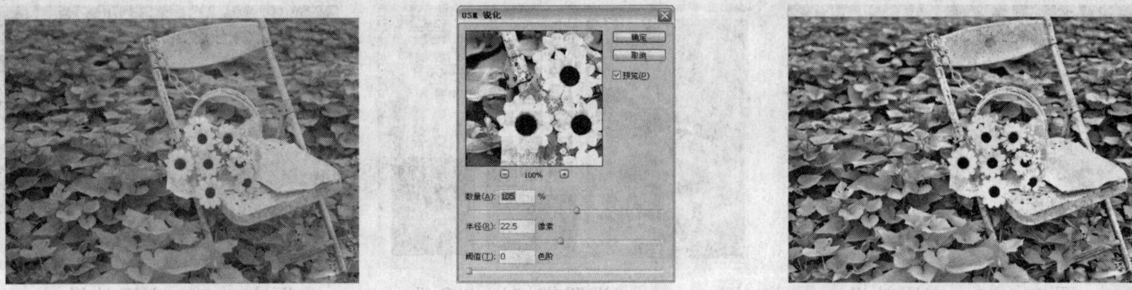

（a）原图　　（b）“USM 锐化”对话框　　（c）“USM 锐化”效果

图 10-155

2．锐化和进一步锐化

“锐化和进一步锐化”两个滤镜都是通过使选区聚焦来提高选择区域或图像的清晰度。“进一步锐化”滤镜的锐化强度比“锐化”滤镜大。二者都没有提供选项设置。

3．锐化边缘

“锐化边缘”滤镜可自动查找边缘，仅锐化边缘而保持图像整体的平滑度，效果轻微细致。

4．智能锐化

“智能锐化”滤镜使用新的算法来锐化图像，以获得更好的边缘检测并减少锐化晕圈。控制高光和阴影中的锐化量。执行“滤镜→锐化→智能锐化”命令，弹出如图 10-156（a）“智能锐化”对话框，其中各选项含义如下：

【数量】 设置锐化量。较大的值将会增强边缘像素之间的对比度，从而看起来更加锐利。

【半径】 确定边缘像素周围受锐化影响的像素数量。半径值越大，受影响的边缘就越宽，锐化的效果也就越明显。

【移去】 设置用于对图像进行锐化的锐化算法。

单击“确定”按钮，效果如图 10-156（b）所示。

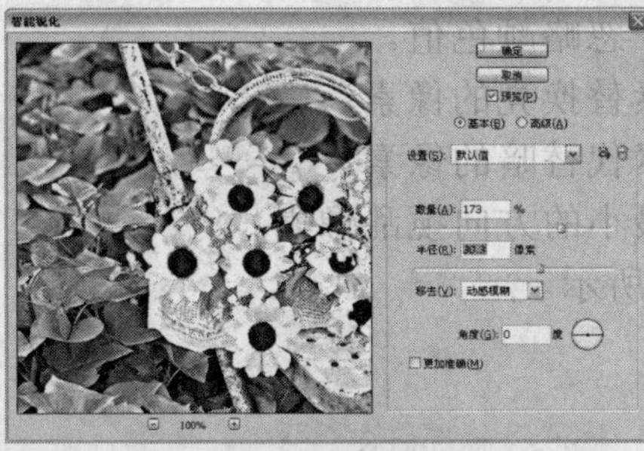

（a）“智能锐化”对话框

（b）“智能锐化”效果

图 10-156

10.17 风格化滤镜组

“风格化”滤镜主要是通过移动和置换图像的像素并提高图像像素的对比度，产生印象派及其他风格化效果。

1．凸出

“凸出”滤镜效果可使选择区域或图层产生一系列块状或金字塔状的三维纹理。打开如图 10-157（a）所示素材图片，执行“滤镜→风格化→凸出”命令，弹出如图 10-157（b）“凸出”对话框，其中各选项含义如下：

【类型】 设置三维块的形状。

【大小】 设置三维块大小。

【深度】 设置凸出深度。

【立方体正面】 勾选此复选框，则对立方体的表面而不是对整个图案填充物体的平均色。此项必须在“类型”单选项中选取“块”类型才有效。

【蒙版不完整块】 勾选此复选框，则生成的图像中将不完全显示三维块。

单击“确定”按钮，效果如图 10-157（c）所示。

（a）原图

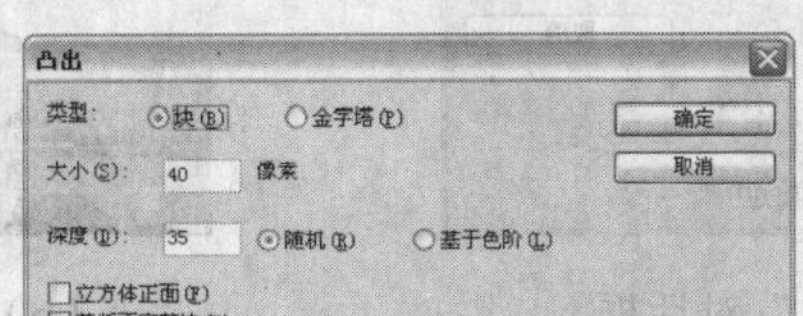

（b）“凸出”对话框

（c）“凸出”效果

图 10-157

2．扩散

“扩散”滤镜是根据所选择的选项使选区内的像素发生变化，使图像看起来有聚焦的感觉。执行“滤镜→风格化→扩散”命令，弹出如图 10-158（a）“扩散”对话框，其中各选项含义如下：

【正常】 选择该选项可使像素随机移动，忽略颜色值。

【变暗优先】 选择该选项可用较暗的像素替换亮的像素。

【变亮优先】 选择该选项可用较亮的像素代替暗的像素。

【各项异性】 选择该选项可向颜色变化最小的方向搅乱像素。

单击“确定”按钮，效果如图 10-158（b）所示。

（a）“扩散”对话框　　（b）“扩散”效果

图 10-158

3．拼贴

“拼贴”滤镜可从选区的原位置开始将图像拆散为一系列的拼贴图像。执行“滤镜→风格化→拼贴”命令，弹出如图 10-159（a）“拼贴”对话框，其中各选项含义如下：

【拼贴数】 设置图像中每行方块的数目。

【最大位移】 设置方块相对于原始位置位移的最大距离。

【填充空白区域用】 设置拼贴块移动后，可留下空白区域。

技 巧

当把“最大位移”选项的参数设置得较小时，可得到网格效果。

单击“确定”按钮，效果如图 10-159（b）所示。

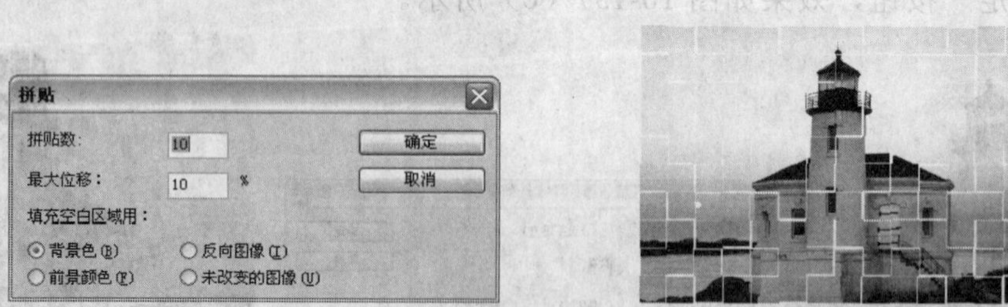

（a）“拼贴”对话框　　（b）“拼贴”效果

图 10-159

4．曝光过度

“曝光过度”滤镜混合正片和负片图像，与冲洗照片过程中加强曝光的效果相似，该滤镜无对话框，效果如图 10-160 所示。

5．查找边缘

“查找边缘”滤镜用于标识图像中有明显过渡的区域并强调边缘。在白色背景上用深色线条绘制图像的边缘，对于在图像周围创建边框非常有用。该滤镜无对话框，效果如图 10-161 所示。

图 10-160　“曝光过度”效果

图 10-161　“查找边缘”效果

6．浮雕效果

“浮雕效果”滤镜通过将选区内或整个图层的填充颜色转换为灰色，并用原填充色勾画边缘，使选区显得凸出或下陷。执行“滤镜→风格化→浮雕效果”命令，弹出如图 10-162（a）“浮雕效果”对话框，其中各选项含义如下：

【角度】　调整光照的方向。

【高度】　调整浮雕突起的高度。

【数量】　调整选区中颜色数量的百分比。

单击“确定”按钮，效果如图 10-162（b）所示。

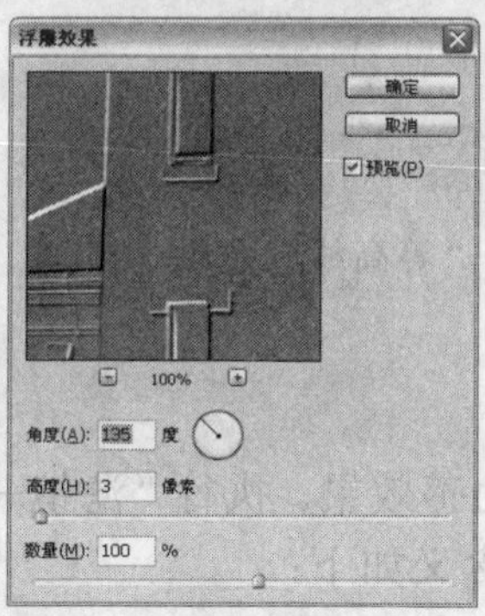

（a）“浮雕效果”对话框

（b）“浮雕效果”效果

图 10-162

7．照亮边缘

“照亮边缘”滤镜是通过查找并标识颜色的边缘，为其增加类似霓虹灯的亮光效果。执行“滤镜→风格化→照亮边缘”命令，弹出如图 10-163（a）“照亮边缘”对话框，其中各选项含义如下：

【边缘宽度】　增加或减少被照亮边缘的宽度。

【边缘亮度】　调整被照亮边缘的亮度。

【平滑度】　调整被照亮边缘的平滑度。

单击“确定”按钮，效果如图 10-163（b）所示。

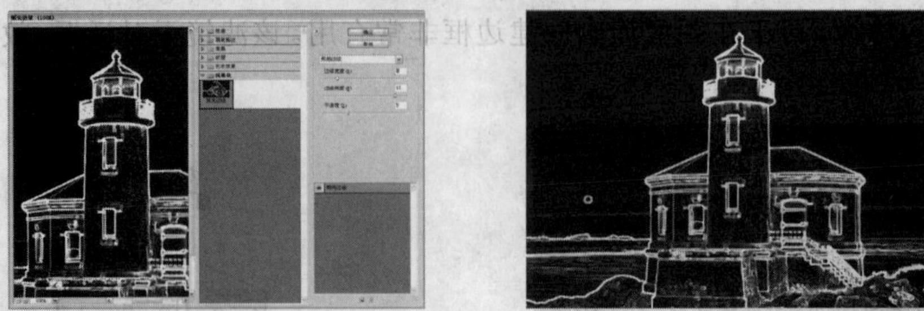

（a）“照亮边缘”对话框　　　　（b）“照亮边缘”效果

图 10-163

8．等高线

“等高线”滤镜查找主要亮度区域的过渡，并用细线勾画每个颜色通道。执行“滤镜→风格化→等高线”命令，弹出如图 10-164（a）“等高线”对话框，其中各选项含义如下：

【色阶】　设置图像中产生最佳细节的阈值。

【边缘】　设置边缘特性。“较低”为低于色阶值的像素；“较高”为高于色阶值的像素。

单击“确定”按钮，效果如图 10-164（b）所示。

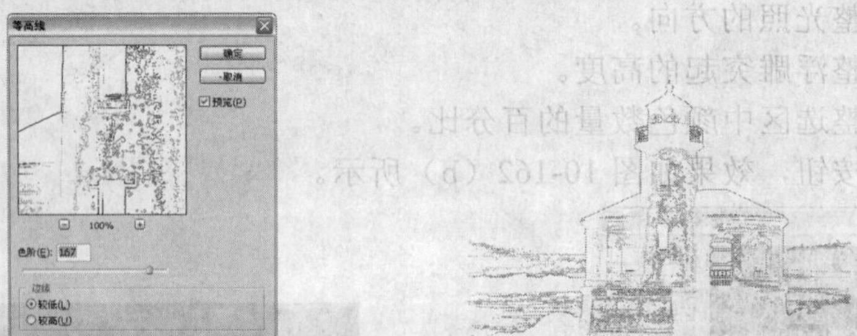

（a）“等高线”对话框　　　　（b）“等高线”效果

图 10-164

9．风

“风”滤镜在图像中创建细小的水平线以模拟风的动感效果。执行“滤镜→风格化→风”命令，弹出如图 10-165（a）“风”对话框，其中各选项含义如下：

【方法】　设置风力大小。

【方向】　设置风的方向。

单击“确定”按钮，效果如图 10-165（b）所示。

（a）“风”对话框　　　　（b）“风”效果

图 10-165

滤镜的使用方法都基本相同，关于“其他滤镜”和“数字水印滤镜”就不再介绍了。

10.18 疑难解答

1. 使用滤镜的时候应该注意些什么？

（1）滤镜只能应用于当前可视图层，且可以反复应用，连续应用。但一次只能应用在一个图层上。

（2）滤镜不能应用于位图模式、索引模式和 16 位通道模式的图像，如果以上几种模式想要应用滤镜效果，可以通过模式菜单将其转换为 RGB 模式。

（3）滤镜对图像的处理是以像素为单位进行的，即使滤镜的参数设置完全相同，有时也会因为图像的分辨率不同而造成效果不同。

（4）在应用一些滤镜时会占有很大的内存空间，特别是图像的分辨率较高时，从而使运行速度变慢。

（5）如果想结束正在生成的滤镜效果，只需按“Esc”键即可。

（6）如果在滤镜设置窗口中对自己调节的效果感觉不满意，希望恢复调节前的参数，可以按住“Alt”键，这时“取消”按钮会变为“复位”按钮，单击此钮就可以将参数重置为调节前的状态。

2. 如何安装 Photoshop 外挂滤镜？

与 Photoshop 内部滤镜不同的是，外挂滤镜需要用户自己动手安装，安装外部滤镜的方法分为两种：一种是进行了封装的外部滤镜，可以让安装程序安装的外挂滤镜；另外一种是直接放在目录下的滤镜文件。

安装滤镜的方法很简单，直接将该滤镜文件及其附属的一些文件拷贝到“Photoshop \\PlugIns”下即可。先找到滤镜所在目录，如光盘根目录下的 PlugIns 下的不同公司出品的滤镜目录，进入这些目录，你会发现除了滤镜文件 8bf 与 8bi 之外，还有一些帮助文件、asf、dll 等文件，一般的安装文件就是将这个目录一起拷贝到 Photoshop 的滤镜目录即可，在下一次进入 Photoshop 时，打开“滤镜”菜单，便会发现新安装的滤镜。

安装封装的滤镜就简单多了，你只需要在安装时选择 Photoshop\\PlugIns 的滤镜目录即可，下次进入 Photoshop 后便可以使用。

10.19 上机实践

通过本章的学习，相信大家对滤镜相关基础知识有了初步的认识和了解，下面通过上机操作来进一步巩固所学知识，达到举一反三的学习效果。

10.19.1 清凉菊花

练习目的

本例将使用多种滤镜制作清凉菊花，效果如图 10-166 所示。

图 10-166　清凉菊花效果

解题思路

本例将练习使用高斯模糊、马赛克、锐化、USM 锐化滤镜制作清凉菊花效果。

操作步骤提示

（1）打开素材图片，复制背景层，对图像进行高斯模糊，效果如图 10-167 所示。

（2）对图像进行马赛克处理，效果如图 10-168 所示。

（3）对图像进行锐化处理，并调整图层混合模式为叠加，效果如图 10-169 所示。

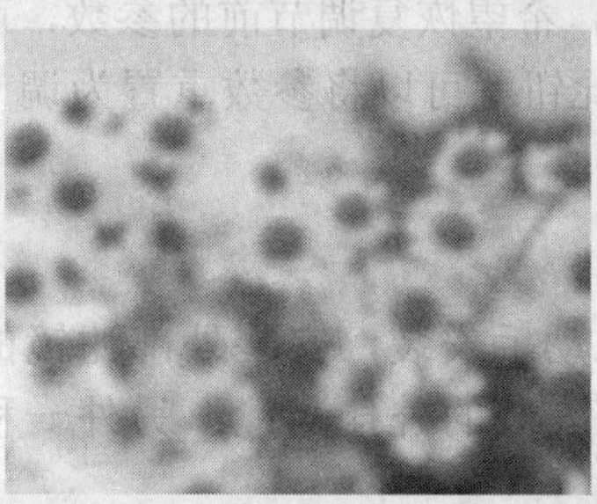

图 10-167　高斯模糊效果

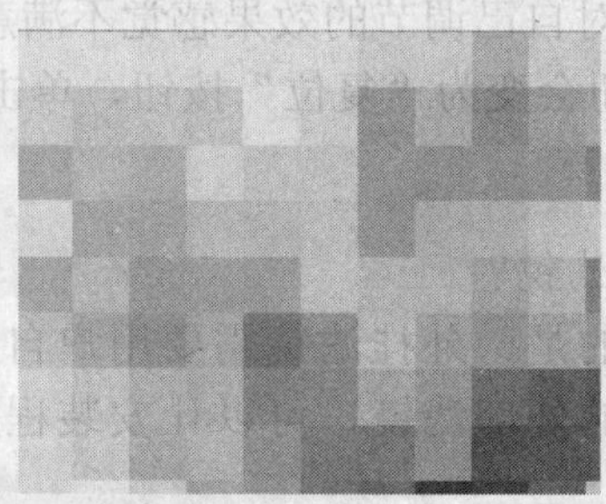

图 10-168　马赛克效果

图 10-169　锐化效果

（4）复制背景层，缩小处理过的图像，得到如图 10-170 所示效果。

（5）进行描边处理，效果如图 10-171 所示。

（6）添加投影效果，再对图像进行 USM 锐化处理，清凉菊花制作完成，如图 10-172 所示。

图 10-170　复制并缩小图像

图 10-171　描边效果

图 10-172　最终效果

10.19.2　毛衣纹理

练习目的

本例将结合多个滤镜的使用制作绒线毛衣纹理，效果如图 10-173 所示。

图 10-173 最终效果

解题思路

本例将练习使用渐变填充工具、纹理、扩散、水波滤镜制作彩色毛衣纹理。

操作步骤提示

（1）新建文件，在图层中创建如图 10-174 所示线性渐变。

（2）使用纹理化滤镜制作毛衣纹理。

（3）对纹理进行扩散处理，参数设置如图 10-175 所示。

（4）用类似的方法再制作一个毛衣纹理，添加投影效果，完成制作，效果如图 10-176 所示。

图 10-174 线性渐变

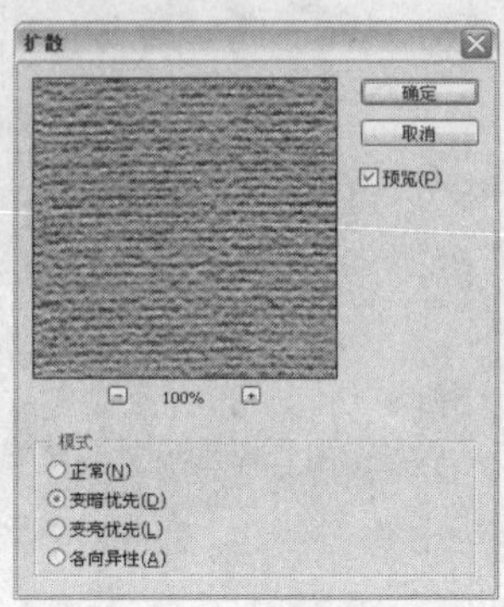

图 10-175 设置扩散参数

图 10-176 最终效果

10.20 综合练习

1. 填空题

（1）________滤镜可以将图像从背景中分离出来。常用于较纤细或有复杂边缘的图像进行选取。

（2）要重复使用上一个滤镜，可通过按下________组合键来实现。

（3）________使用前景色和背景色相融合，随机生成云彩状图案。

（4）滤镜命令________作用于不可见的图层。

（5）消失点滤镜允许在包含有透视平面的图像中进行________编辑。

2．选择题

（1）Photoshop CS2 中有 4 个单独的滤镜，有抽出、图案生成器、消失点和（　）。

A．风　　B．液化　　C．像素化　　D．模糊

（2）滤镜不能应用于下列（　）模式。

A．双色调模式　　B．索引模式　　C．位图模式　　D．灰度模式

（3）执行“滤镜→滤镜库”命令，提供了风格化、画笔描边、扭曲、（　）、（　）和（　）6 组常用的滤镜。

A．素描　　B．锐化　　C．纹理　　D．艺术效果

（4）下列选项中，属于风格化滤镜的有（　）。

A．扩散　　B．查找边缘　　C．位移　　D．风

第 11 章　动作和批处理图像

本章要点

- ☑ 应用预置动作
- ☑ 创建动作
- ☑ 批处理图像

11.1　动　　作

动作就是对单个文件或一批文件回放一系列命令。大多数命令和工具操作都可以记录在动作中。掌握动作面板的应用，对于提高工作效率有很大的帮助。

利用“动作”面板可以记录所执行的一系列操作，记录完成后可以重放这些动作，将其应用到屏幕上的选区或图像中。“动作”面板的缺省显示方式是“序列”模式。在“序列”模式下，不仅可以在面板中看到不同的动作，而且可以看到执行该动作时运行的 Photoshop CS2 命令。

11.2　动作面板

执行“窗口→动作”命令，或按“Alt+F9”组合键，即可以显示动作面板，如图 11-1 所示。动作调板中各组成部分的作用如下：

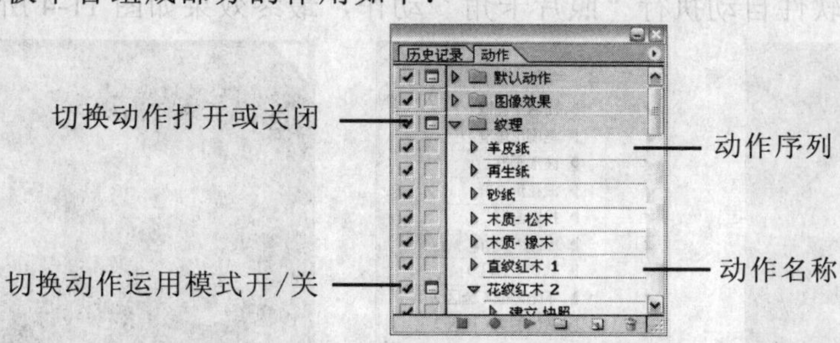

图 11-1　动作面板

【动作序列】　也称动作集，Photoshop 提供了“默认动作”、“图像效果”、“纹理”等多个动作序列，每一个动作序列中又包含多个动作。单击“展开动作”按钮▶，可以展开动作序列或动作的操作步骤及参数设置，展开后单击▼按钮便可再次折叠动作序列。

【动作名称】　每一个动作序列或动作都有一个名称，以便于用户识别。

【切换对话开/关】　▣若为灰色空白框显示，则表示在播放该动作过程中不会暂停显示提示信息；若显示为红色的标记，则表示该动作中会有部分动作设置了暂停时都将会暂停在参数设置对话框中。暂停是指在播放动作过程中若涉及到某个命令的参数设置，则将打开该操作的参数设置对话框，让用户对原设置的参数进行修改确认后再继续播放动作中的下一步操作。

【切换项目开/关】 若该框显示为空白，则表示该动作不能被播放；若显示为红色的√标记，则表示该动作中有部分动作不能正常播放；若显示为黑色的√标记，则表示该动作中的所有动作都能正常播放。

【停止】 按钮单击该按钮，可以停止正在播放的动作，或在录制新动作时单击暂停动作的录制。

【开始录制】 按钮单击该按钮，可以开始录制一个新的动作，在录制的过程中，该按钮将显示为红色。

【播放】 按钮单击该按钮，可以播放当前选定的动作。

【创建新序列】 按钮单击该按钮，可以新建一个动作序列。

【创建新动作】 按钮单击该按钮，可以新建一个动作。

【删除动作】 按钮单击该按钮，可以删除当前选定的动作或动作序列。

"动作"面板就好像使用录像机一样将一系列的动作记录下来，成为一个"动作"，此动作可以应用到所有的图像中去。"动作"面板可以记录编辑图像过程中的每一个步骤，然后在另一个或一批图像中全部或有执行的进行回放，实现与记录相同的效果。对一个文件可以进行多个动作操作。

11.3 应用预置动作

在"动作"面板中，Photoshop CS2 预置了许多动作，执行某动作可得到特殊效果。在图像窗口中开启一张图片，如图 11-2 所示。在"动作"面板中单击按钮，在弹出的菜单中执行"画框"命令，将预置画框样式添加到动作列表中，执行"照片卡角"，如图 11-3 所示。单击播放动作按钮，软件自动执行"照片卡角"动作，最终效果如图 11-4 所示。

图 11-2 原图

图 11-3 画框动作

图 11-4 照片卡角效果

实例解析——霓虹灯光效果

本例将应用动作面板中已有动作为图片制作霓虹灯光效果。

（1）按"Ctrl+O"组合键打开如图 11-5 所示素材图片。

（2）打开动作面板，单击面板右上角的按钮，载入图像效果动作序列。

（3）在动作面板中选择图像效果下方的霓虹灯光效果动作，如图 11-6 所示。

图 11-5　素材图片

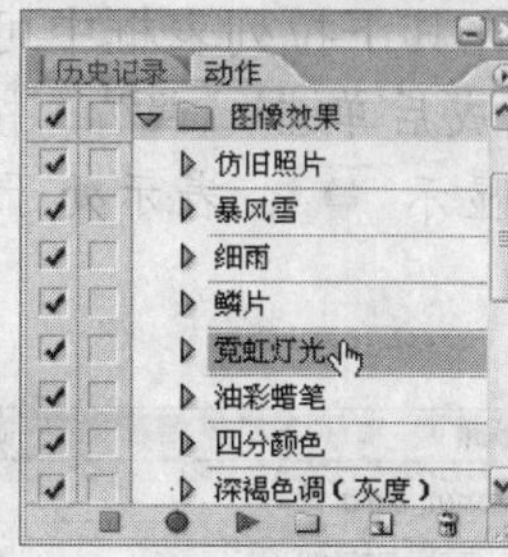

图 11-6　选择动作

（4）单击播放动作按钮，软件自动执行“霓虹灯光效果”动作，最终效果如图 11-7 所示。

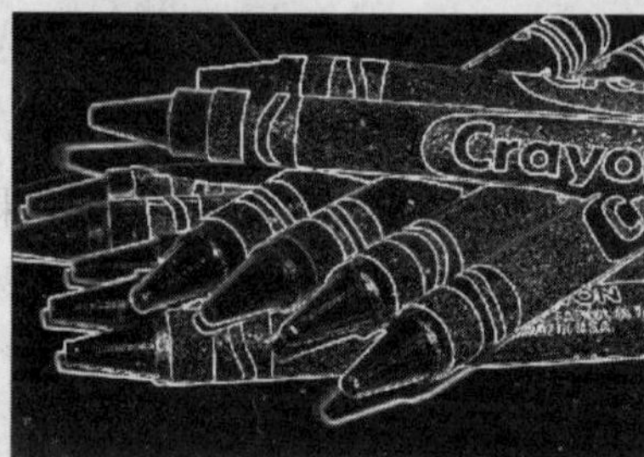

图 11-7　霓虹灯光效果

11.4　创建动作

在动作面板中可以创建一个自己建立的新动作，操作方法如下：

（1）打开需要制作动作范例的图像文件，切换到动作面板，单击面板底部中的“创建新序列”按钮，打开如图 11-8 所示的“新建组”对话框。

图 11-8　“新建组”对话框

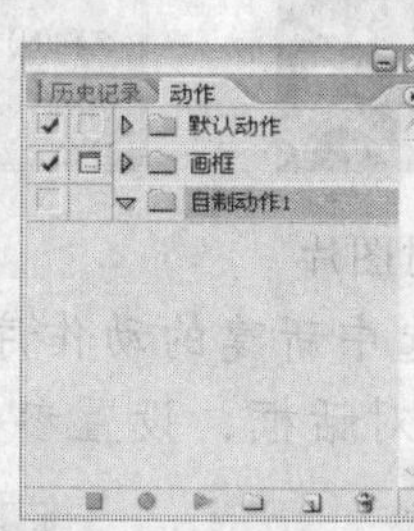

图 11-9　新建的动作序列

（2）在“新序列”对话框的“名称”文本框中输入新动作序列的名称，如“自制动作 1”，单击“确定”按钮，将在动作调板中所有动作序列之后显示新建的动作序列，如图 11-9 所示。

（3）确认选中新建的动作序列，单击动作调板底部的“创建新动作”按钮，打开如图 11-10 所示的“新建动作”对话框。其中各选项含义如下：

【名称】　在其文本框中输入新动作的名称。

【序列】　在其下拉列表框中选择用于放置该动作的动作序列，这里选择前面创建的“自制动作 1”。

【功能键】 在其下拉列表框中可以选择以后播放该动作的快捷键。

【颜色】 在其下拉列表框中可设置在按钮模式下该动作按钮的显示颜色。

（4）设置完成后单击 记录 按钮，动作调板中将显示出新建的动作，同时“开始录制”按钮将变成红色显示，表示处于录制状态，如图 11-11 所示。

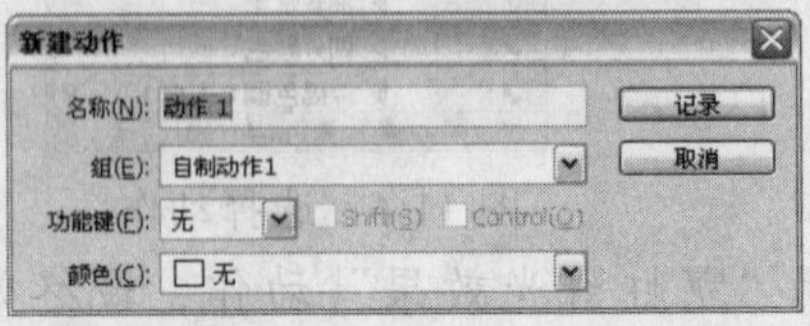

图 11-10 “新建动作”对话框

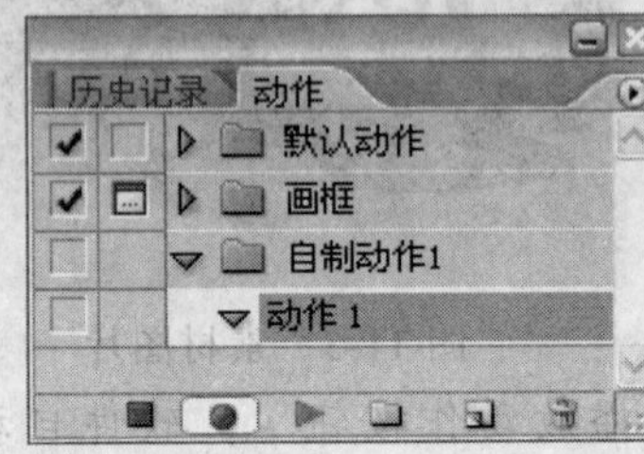

图 11-11 动作面板

实例解析——创建黑白照片效果

本例将通过创建新动作，在动作面板中创建黑白照片效果。

（1）按“Ctrl+O”组合键打开如图 11-12 所示素材图片。

（2）单击面板底部中的“创建新序列”按钮，打开“新建组”对话框，设置名称如图 11-13 所示。

（3）单击“确定”按钮，将在动作调板中所有动作序列之后显示新建的动作序列，如图 11-14 所示。

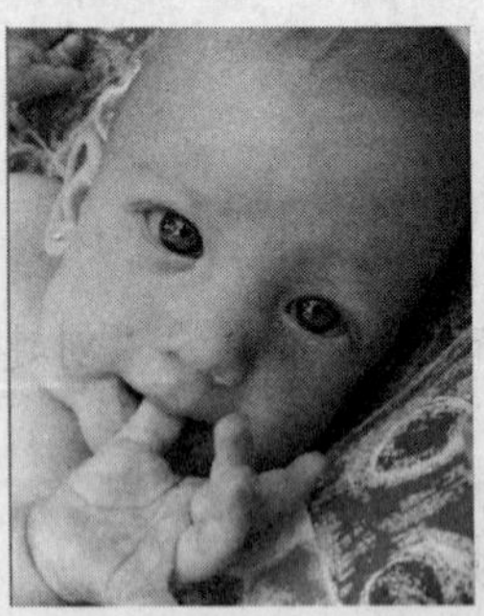

图 11-12 素材图片

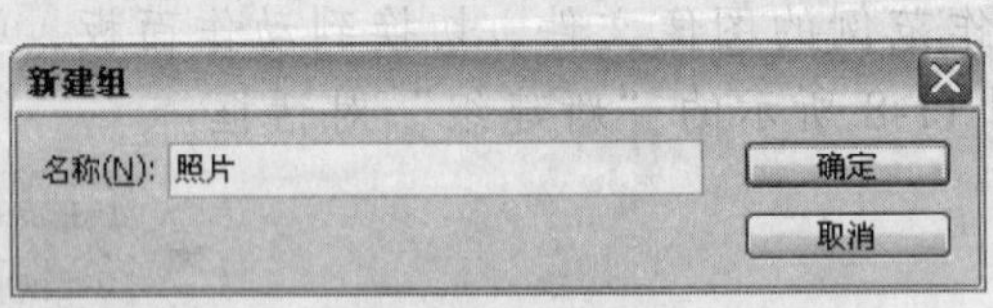

图 11-13 设置新建组名称

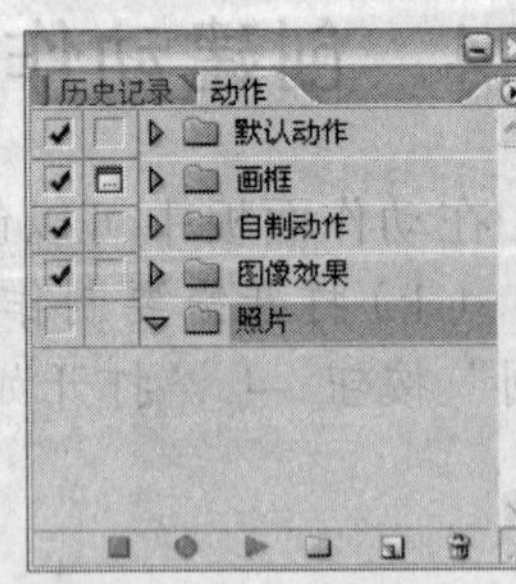

图 11-14 新建动作序列

（4）确认选中新建的动作序列，单击动作调板底部的“创建新动作”按钮，打开如图“新建动作”对话框，设置参数如图 11-15 所示。

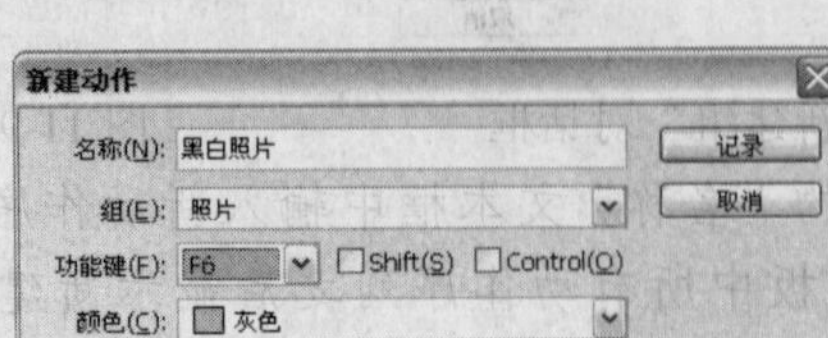

图 11-15 设置新动作参数

（5）单击“记录”按钮，开始记录动作，执行“图像→调整→去色”命令，图像效果如图 11-16 所示。

（6）按“Ctrl+L”组合键打开“色阶”对话框，设置参数如图 11-17 所示，单击“确定”按钮，效果如图 11-18 所示。

（7）创建动作后，在“动作”面板中可以看到前面的所有操作都被记录下来，如图 11-19 所示，用鼠标单击停止播放/记录按钮，黑白照片动作创建完成。

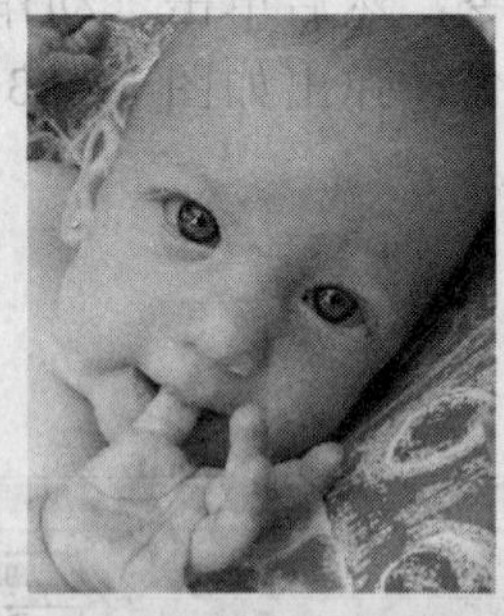

图 11-16 去色效果

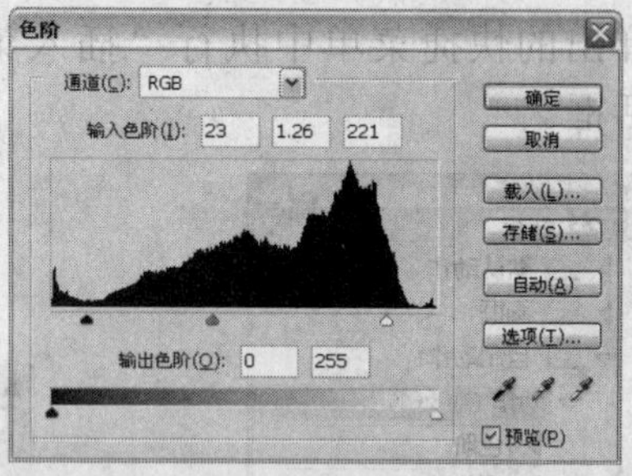

图 11-17 设置色阶参数

图 11-18 调整图像效果

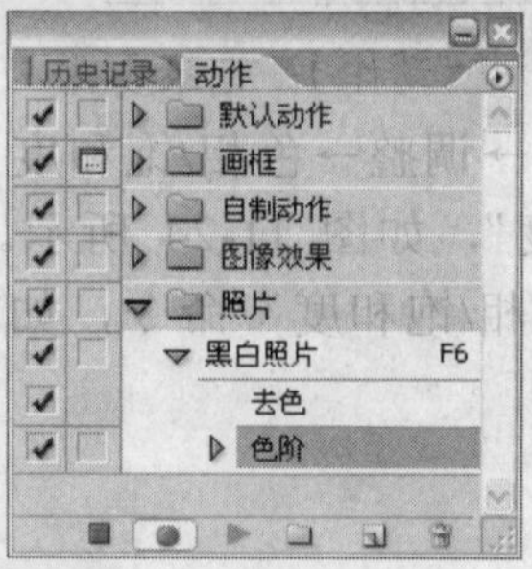

图 11-19 记录动作

11.5 存储动作

创建动作后，在“动作”面板中可以看到前面的所有操作都被记录下来了，如图 11-20 所示。用鼠标单击停止播放/记录按钮，“动作 1”的动作记录完成。在“动作”面板中单击右上角的按钮，在弹出的菜单中执行“存储动作”命令，开启“存储”对话框，如图 11-21 所示。在“文件名”文本框中为该动作命名，也可用默认名称，单击保存(S)按钮完成动作的存储。

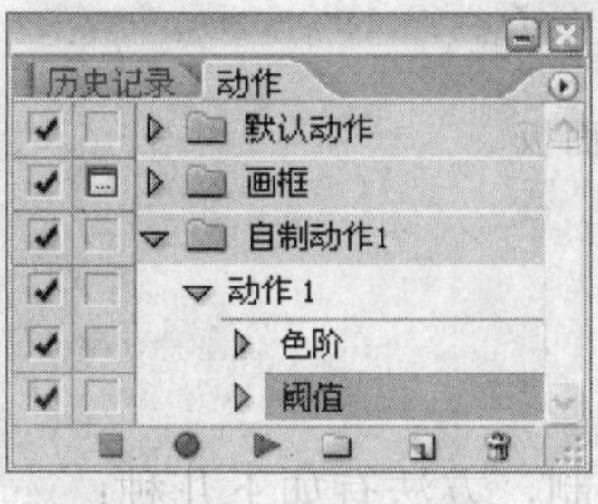

图 11-20 动作列表

图 11-21 “存储”对话框

11.6 插入菜单项目

在动作面板中还可以插入菜单命令。在“动作”面板中找到记录的“动作 1”，如图 11-22 所示。在“动作 1”的操作步骤中执行“色相/饱和度”命令，然后单击“动作”面板右上角的按钮，在弹出的快捷菜单中执行“插入菜单项目”命令，弹出如图 11-23 所示的“插入菜单项目”对话框。

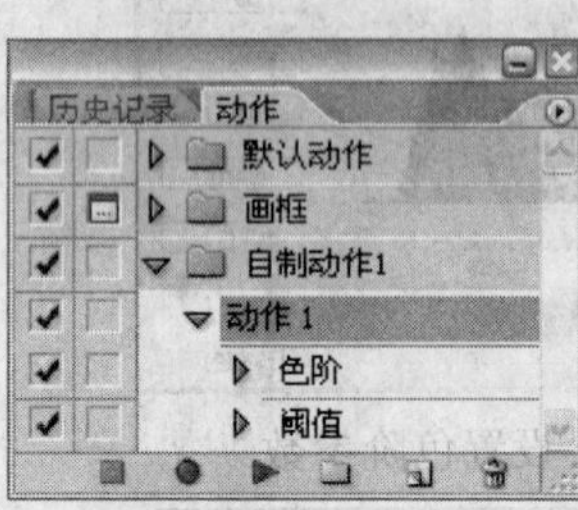

图 11-22 “动作 1”记录步骤

图 11-23 “插入菜单项目”对话框

执行“图像→调整→色相/饱和度”命令，在“插入菜单项目”对话框中的“无执行”变成“色相/饱和度”，如图 11-24 所示。单击“确定”按钮，在“动作”面板中的“阈值”下增加了一个“色相/饱和度”命令，如图 11-25 所示。

图 11-24 “插入菜单项目”对话框

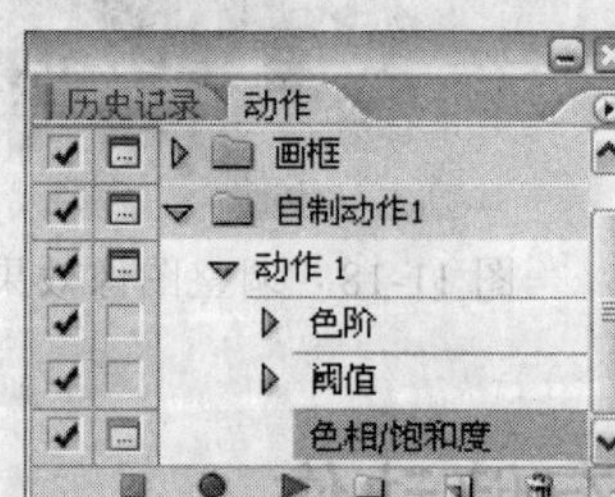

图 11-25 插入“色相/饱和度”

此时，“色相/饱和度”命令还没有执行，单击播放按钮或双击动作中的“色相/饱和度”，开启“色相/饱和度”对话框，设置参数，单击“确定”按钮，图像颜色发生变化，动作面板中的“色相/饱和度”前增加了一个▸按钮，如图 11-26 所示，表示已执行了该动作。

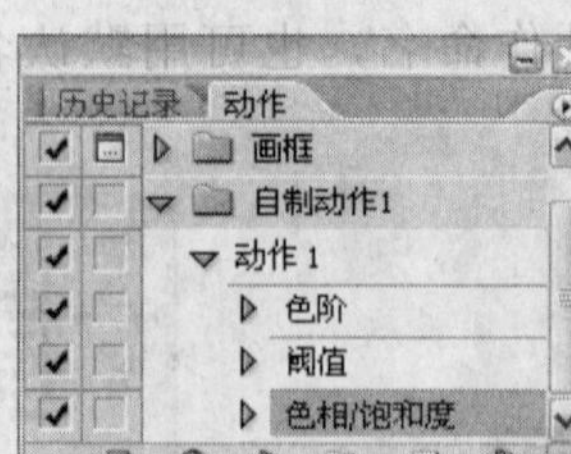

图 11-26 “动作”面板

11.7 复制序列、动作或命令

动作面板中同样可以对序列、动作和命令进行复制，方法有如下几种：

- 按住“Alt”键用鼠标拖动一个序列、动作和命令到新的位置，释放鼠标，即可以复制。
- 选中需要复制的序列、动作和命令，单击动作面板右上角的按钮，在弹出的快捷菜单中执行“制作副本”命令。
- 拖动动作到动作面板下方的创建新动作按钮，也可以进行复制。

11.8 删除序列、动作或命令

动作面板中也可以对不需要的序列、动作和命令进行删除，方法有如下几种：

- 选择需要删除序列、动作或命令，单击删除动作按钮，弹出如图 11-27 所示的提示对话框，单击“确定”按钮，即可删除选择的动作，如图 11-28 所示。

图 11-27 提示框

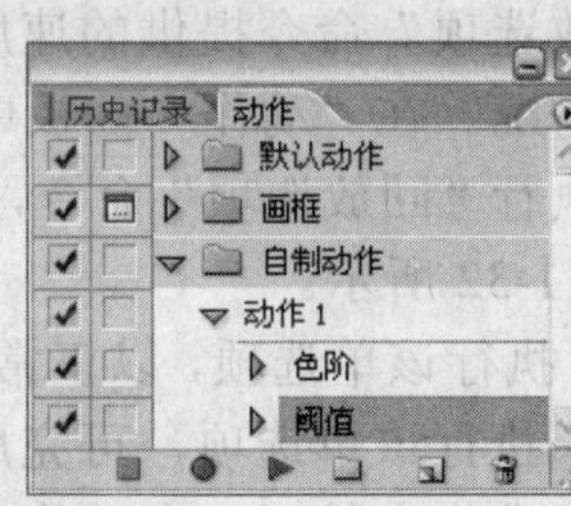

图 11-28 删除动作

- 选中需要复制的序列、动作和命令，单击动作面板右上角的按钮，在弹出的快捷菜单中执行“删除”命令。
- 单击动作面板右上角的按钮，在弹出的快捷菜单中执行“清除全部动作”命令，弹出如图 11-29 所示提示框，单击“确定”按钮，即可以删除动作面板中的所有动作及动作序列。

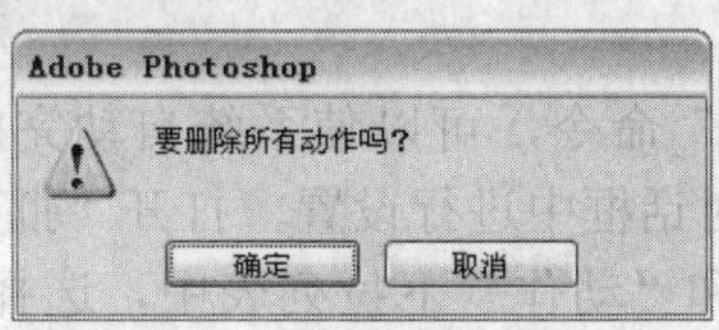

图 11-29 提示框

11.9 播放动作

播放动作将执行已记录的一系列命令。播放动作的方法以下几种：

- 在面板中单击播放按钮，可执行播放整个动作。
- 用快捷键播放动作。播放动作的快捷键在创建的“新建动作”对话框中设置，如图 11-30 所示。
- 在“动作”面板上单击按钮，在弹出的菜单中执行“按钮模式”命令，动作以按钮模式显示，如图 11-31 所示，单击要执行的动作名称就可执行动作。

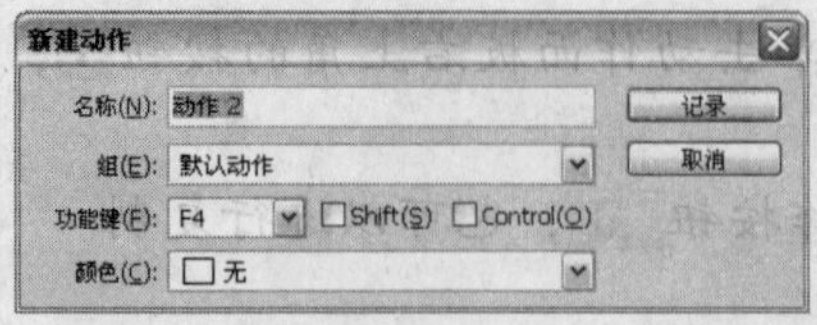

图 11-30　“新建动作”对话框

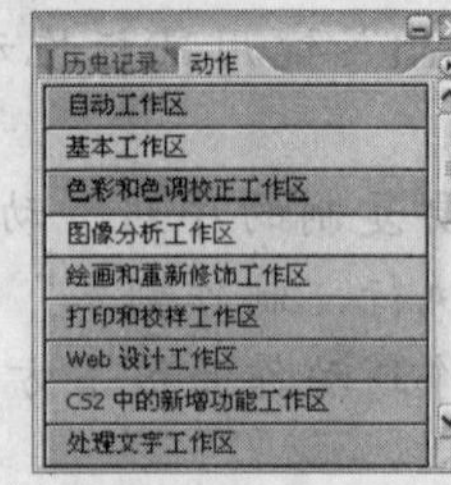

图 11-31　动作的按钮模式

11.10　回放选项

动作有时不能正确播放，但难以断定问题发生在何处，使用“回放选项”命令提供的速度设置可看到每一条命令的执行情况。在“动作”面板中单击按钮，在弹出的菜单中执行“回放选项”命令，开启“回放选项”对话框，如图 11-32 所示。

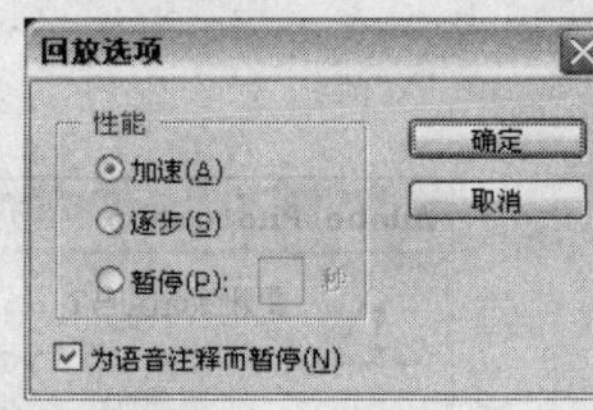

图 11-32　“回放选项”对话框

【加速】　执行该单选项，以正常的速度播放动作。

【逐步】　执行该单选项，可完成每个命令并重绘图像，然后进行动作中的下一个动作。

【暂停用于】　执行该单选项，可输入 Photoshop 在执行动作中各命令之间暂停的时间。

【为语音注释而暂停】　执行该复选框，当处理包含语音注释的动作时，可以指定在播放语音注释时动作是否暂停。

11.11　批处理图像

执行“文件→自动→批处理”命令，可以使系统自动完成大量机械而繁琐的图像操作。批处理图像的操作在“批处理”对话框中进行设置，打开“批处理”对话框，如图 11-33 所示。

在“播放”设置栏的“组”和“动作”下拉列表中，选择要播放动作所在的组和动作名。在“源”设置栏中设置源文件的位置以及打开文件的方式，如图 11-34 所示。

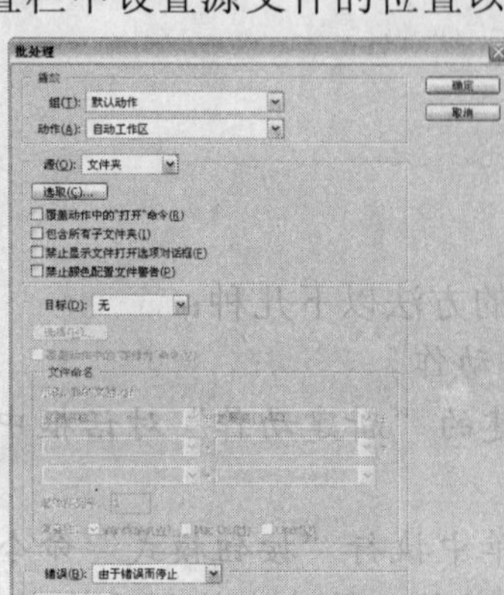

图 11-33　“批处理”对话框

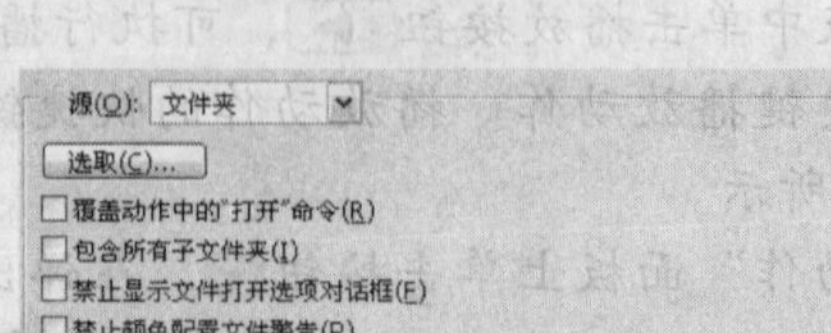

图 11-34　“源”设置栏

【源】 包括“文件夹”、“输入”、“打开的文件”和“Bridge ”4 个选项。

选取(C)... 单击此按钮选择源文件所在的文件夹。

【覆盖动作打开命令】 选择此复选框，若在指定的动作中包含“打开”命令的话，批处理操作时就会自动跳过该命令。

【包括所有文件夹】 选择此复选框，表示指定的文件夹若包含有子文件夹的话，也会一并执行批处理作业。

【禁止打开文件选项对话框】 选择此复选框，表示执行批处理文件操作时不弹出文件选项对话框。

【禁止颜色配置文件警告】 选择此复选框，表示打开文件的颜色与原来定义的文件不同时，不弹出提示对话框。

在“目的”设置栏指定批处理图像保存的位置，如图 11-35 所示。

图 11-35 “目的”设置栏

选择(H)... 单击此按钮，指定要保存的位置，若未指定目标文件夹，则执行动作后会覆盖源文件。

【覆盖动作“保存在”】 选择此复选框，表示指定生成目标文件时，覆盖动作保存在用保存为或保存副本命令来记录的位置。

在“文件命名”设置栏中设置目标文件的名称，“文件命名”设置栏如图 11-36 所示。

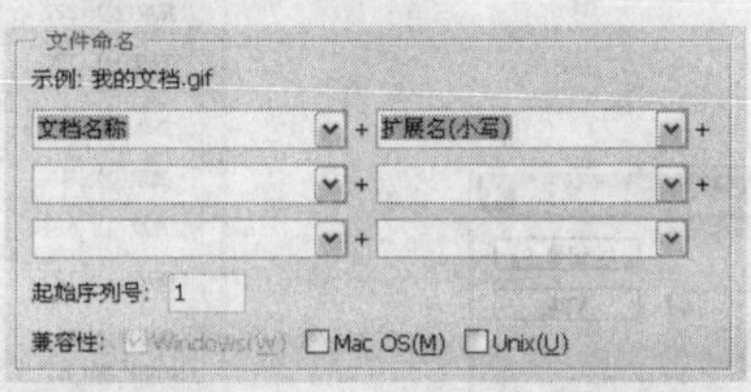

图 11-36 “文件命名”设置栏

【文件名称】 在该区域内，可通过下拉列表来指定目标文件生成时的命名规则。

【兼容性】 指定文件名的兼容性，是否对 Windows、Mac OS 及 Unix 操作系统的兼容等。

“错误”选项用于设定批处理操作发生错误时的处理方法。在“错误”下拉列表中有两个选项，如图 11-37 所示。

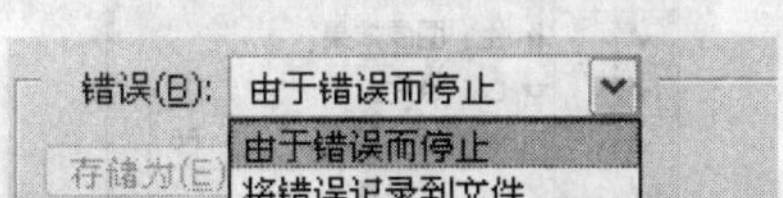

图 11-37 “错误”下拉列表

【由于错误而停止】 表示遇到错误时停止。

【将错误记录到文件】 表示把错误信息记录到指定的文件中。如果选择“将错误记录到文件”，则可单击下面的 存储为(E)... 按钮，指定错误信息文件存放的文件夹。

实例解析——批处理图片

本例将使用批处理命令将指定的多个图像文件作批处理。

（1）先将要批处理的图片保存在一个文件夹中，本例待处理的图片如图 11-38 所示。

（2）在 Photoshop 中开启其中一张图片，如图 11-39 所示。在“动作”面板中单击新建动作按钮，开启“新建动作”对话框，在动作列表中设置名称为“图像大小”，如图 11-40 所示。

（3）单击 记录 按钮，软件开始录制操作。执行“图像→图像大小”命令，在弹出的“图像大小”对话框中调整图像大小如图 11-41 所示。

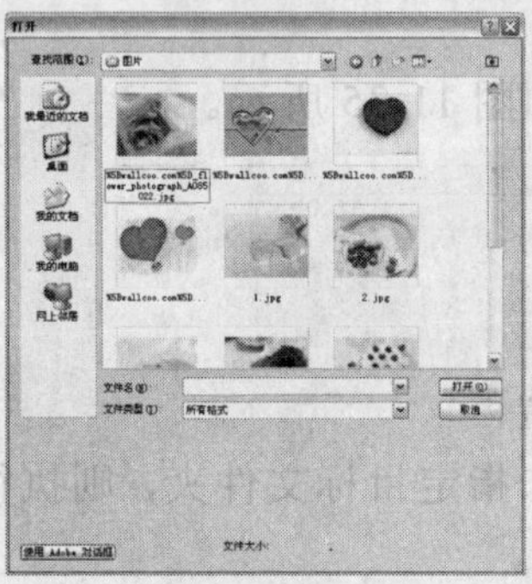

图 11-38　批处理前的图片

图 11-39　原图

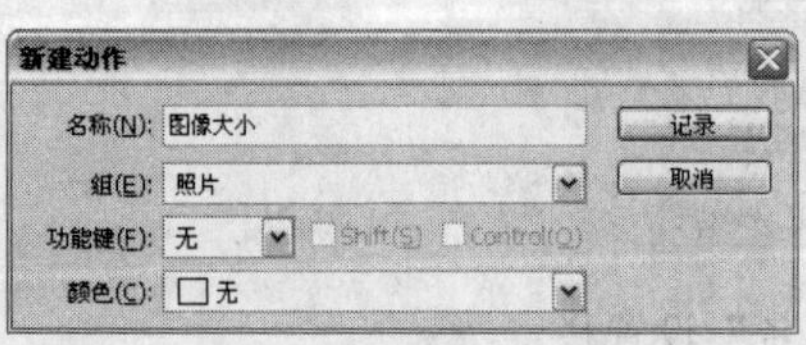

图 11-40　“新建动作”对话框

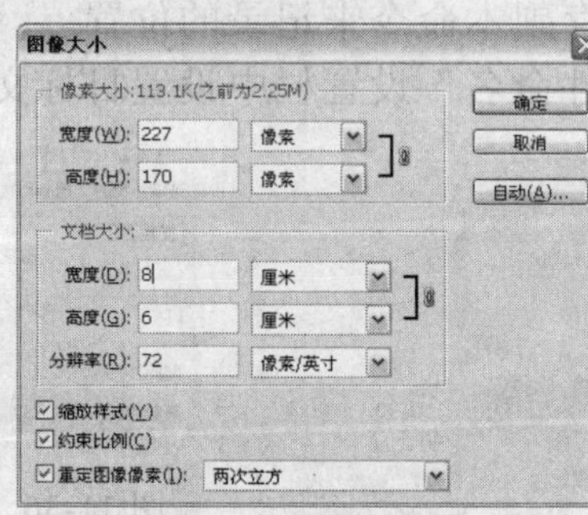

图 11-41　调整图像大小

（4）单击“确定”按钮，然后关闭图像文件。单击“动作”面板下端的停止按钮，结束动作的录制，如图 11-42 所示，所有操作都被记录在动作列表中。

图 11-42　记录动作

（5）执行“文件→自动→批处理”命令，在“动作”选项中选择“图像大小”，单击“源”选项下面的 选取(C)... 按钮指定源图像的位置，即待处理的图片位置，然后在“目的”选项中执行“文件夹”，单击 选取(C)... 按钮，指定要保存的位置，如图 11-43 所示。若未指定目标文件夹，则执行动作后会覆盖源文件。

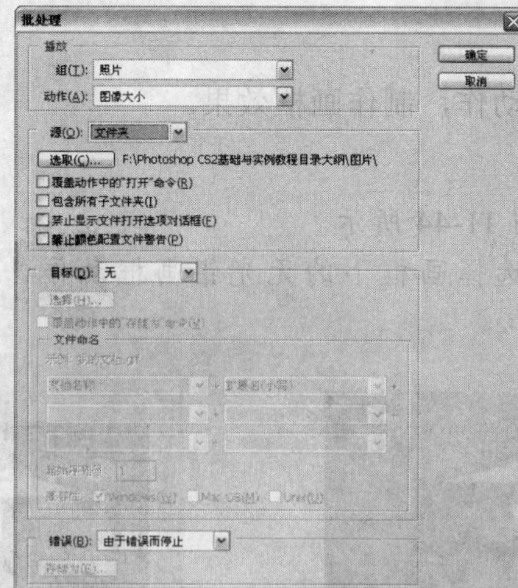

图 11-43　“批处理”对话框

（6）设置完成后，单击“确定”按钮，源文件夹中的图片会分别执行“图像大小”中记录的动作，执行动作后，文件被自动保存并关闭在目标文件夹中。

11.12　疑难解答

1．如何使用选区工具选取不同的图像选区？

在进行简单的选择区域时，使用选框工具组中的矩形选框工具、椭圆选框工具、单行选框工具和单列选框工具等四个基本选框工具可以实现简单选区的创建及图像区域的选取；使用套索工具组中套索工具、多边形套索工具及弹性套索工具可以在图像中进行精确选取；使用魔棒工具可以一次性选择相似颜色的图像区域；使用色彩范围命令可以对指定颜色进行选取。

2．如何快速制作多种颜色的效果？

在 Photoshop CS 中，有多种方法对图像进行颜色填充。渐变工具是最好的填充颜色工具，它能快速地创建出很多颜色的填充效果。可以从前景色到背景色进行渐变效果的填充，也可以创建任意颜色进行渐变效果填充，还可以根据需要使用不同的渐变填充方式创建出特殊效果的渐变填充。

11.13　上机实践

通过本章的学习，相信大家对动作和批处理相关基础知识有了初步的认识和了解，下面通过上机操作来进一步巩固所学知识，达到举一反三的学习效果。

11.13.1 添加画框

练习目的

本例将快速为图像添加画框。

解题思路

使用在动作面板自带画框动作，制作画框效果。

操作步骤提示

（1）打开素材图片，如图 11-44 所示。

（2）切换到动作面板，选择画框下的无光铝画框动作，为图像添加画框，效果如图 11-45 所示。

图 11-44 素材图片

图 11-45 画框效果

11.13.2 改变图像颜色模式

练习目的

将大量的 RGB 颜色模式的图像快速改为 CMYK 模式图像。

解题思路

本例将使用批处理命令快速更改大量图像模式。

操作步骤提示

（1）先将要批处理的图片保存在一个文件夹中。

（2）打开一张图片，创建 RGB 颜色模式转换为 CMYK 模式动作。

（3）使用“文件→自动→批处理”命令改变文件夹中的图像模式。

11.14 综合练习

1．填空题

（1）__________就是对单个文件或一批文件回放一系列命令。

（2）按__________组合键，可以显示动作面板。

（3）________动作将执行已记录的一系列命令。

2．选择题

（1）在默认情况下，（　）调板中只有一个默认动作。

A．动作　　　　　　　　B．历史记录

C．画笔　　　　　　　　D．图层

（2）执行“批处理”命令，可以使系统自动完成大量机械而繁琐的图像操作。（　）

A．图层　　　　　　　　B．批处理

C．动作调板　　　　　　D．历史记录调板

第 12 章　综合实例制作

本章要点

- ☑ 名片制作
- ☑ 制作吸塑灯箱广告
- ☑ 制作婚纱艺术照

通过前面基础章节的学习，相信大家已经掌握了 Photoshop 的基础操作技巧和使用方法，本章将以实例的形式介绍 Photoshop 在实际工作中的应用，进一步巩固和学习 Photoshop 的知识。

12.1　实例制作

下面将通过 3 个实例来介绍 Photoshop 在名片、广告、照片处理等领域中的应用。

12.1.1　名片制作

本例将制作效果如图 12-1 所示的“名片设计”图片。

图 12-1　最终效果

制作步骤：

1. 制作名片背景构图

（1）执行“文件→新建”命令或按“Ctrl+N”组合键，打开“新建”对话框，设置“名称”为“名片”，“宽度”为“9 厘米”，“高度”为“5.5 厘米”，“分辨率”为“250 像素/英寸”，“颜色模式”为“RGB 颜色”，“背景内容”为“白色”，如图 12-2 所示，单击“确定”按钮。

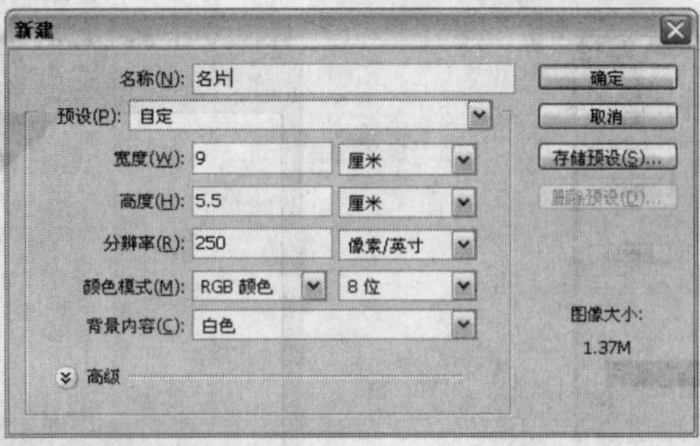

图 12-2　“新建”对话框

提　示

名片设计的常规尺寸是 9 厘米×5.5 厘米。通常情况下，名片都是单张胶印制作，所以不用担心出血线的设置。但是如果需要彩印，大量印刷后切割而成的名片，则需要在作品四周多增加 3 毫米的出血单位。这样可以避免切割时产生的误差，而导致效果不好的状况。

（2）选择工具箱中的矩形选框工具，绘制一个矩形选区，按“Ctrl+J”组合键，复制选区内容为图层 1，按住“Ctrl”键不放，单击图层 1 的“图层缩览框”，载入图层 1 的图像选区，按“Ctrl+T”组合键，打开“自由变换”调节框，旋转调节框和调节其大小和位置如图 12-3 所示。按“Enter”键确定。

提　示

在此，绘制矩形选框后复制其选区内容。与绘制矩形选框后，新建图层，填充颜色像素，效果是一样的。由此可以看出，条条大路通罗马。在软件操作上，采用任何方法都是可以的，只要能达到用户想要的效果即可。

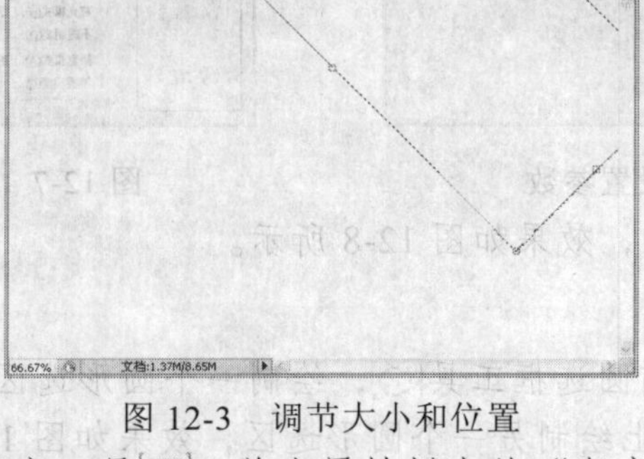

图 12-3　调节大小和位置

（3）选择工具箱中的渐变工具，单击属性栏上的“渐变编辑器”按钮，打开“渐变编辑器”对话框，设置参数为：

位置：0　　颜色（R：83，G：2，B：93）；

位置：100　颜色（R：135，G：22，B：126），如图 12-4 所示。

（4）按住“Shift”键不放，在“图层 1”中垂直拖动，填充渐变色，效果如图 12-5 所示。按“Ctrl+D”组合键取消选区。

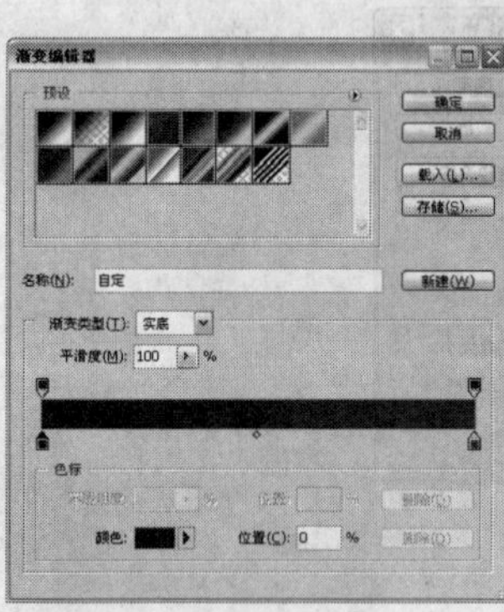

图 12-4　设置参数

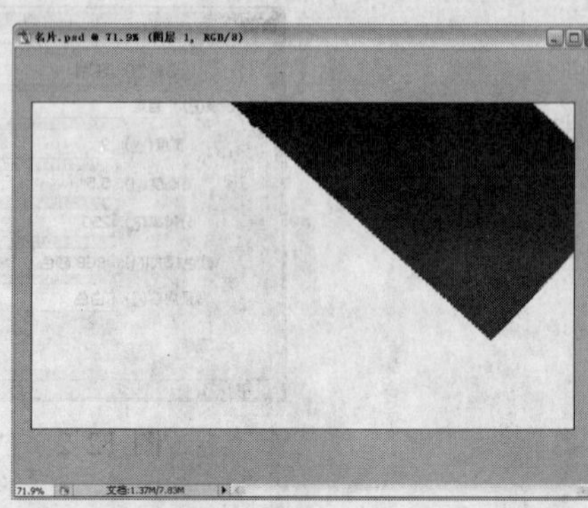

图 12-5　填充颜色

提　示

在有选区的情况下，选择任意的选区工具，在选区外单击，也可取消选区。

（5）双击“图层 1”后面的空白处打开“图层样式”对话框，选择“投影”项，设置“不透明度”为“76”，“角度”为“120”，“距离”为“30”，“扩展”为“100”，“大小”为“0”，如图 12-6 所示。

（6）继续选择“斜面和浮雕”项，设置“深度”为“121”，“大小”为“6”，“角度”为“120”，“高度”为“30”，如图 12-7 所示。

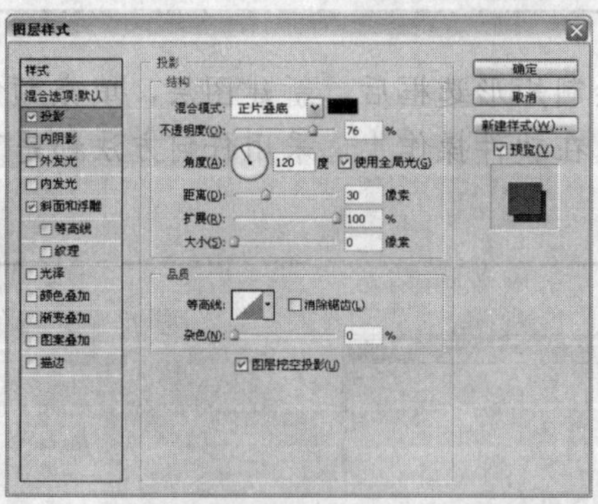

图 12-6　设置参数

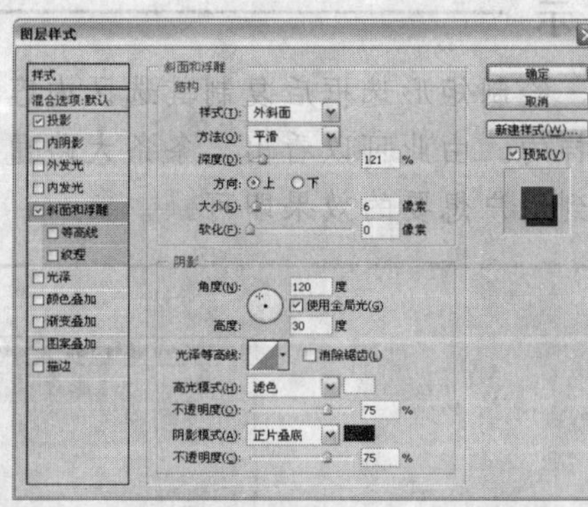

图 12-7　设置参数

（7）单击“确定”按钮，效果如图 12-8 所示。

2. 制作名片上的标志

（1）选择工具箱中的椭圆选框工具，绘制一个圆形选区。单击属性栏中的从选区减去按钮，在该选区的基础上绘制另一个圆形选区，效果如图 12-9 所示。

提　示

矩形选框工具的减选选区，同椭圆选框工具的使用方法是一样的。同样的，加选选区、相交选区等的使用方法也是一样的。

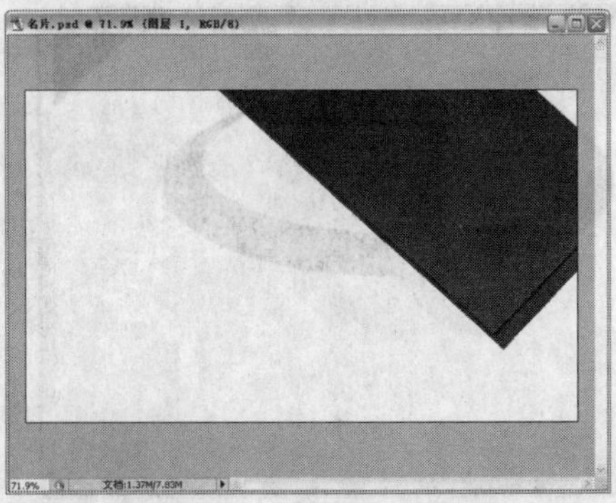

图 12-8 设置"图层样式"后的效果

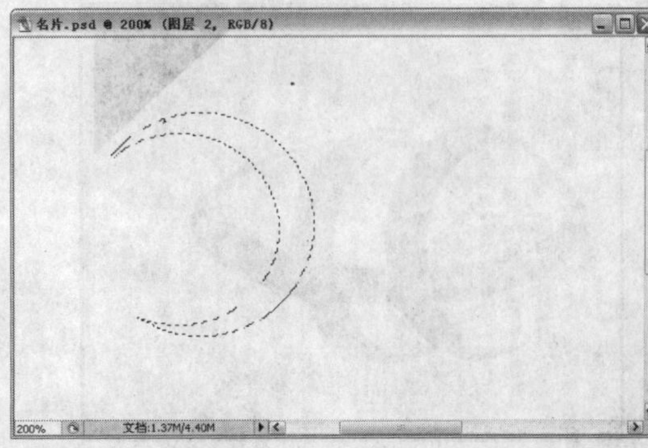

图 12-9 绘制选区

（2）单击"图层面板"下方的"创建新图层"按钮，新建图层并更改图层名称为"图层 2"。设置前景色为黄色（R：255，G：209，B：47），按"Alt+Delete"组合键，填充颜色，效果如图 12-10 所示。按"Ctrl+D"组合键取消选区。

提 示

新建图层，既可以双击该图层的名字后进行更改，也可以在该图层单击右键，选择"图层属性"，进行更改，也可以在"图层"菜单中，选择"图层属性"命令。

（3）拖动"图层 2"到图层面板下方的创建新图层按钮，执行两次。生成"图层 2 副本"和"图层 2 副本 2"图层。选择工具箱中的移动工具，将"图层 2 副本"图层移动到如图 12-11 所示的位置。

图 12-10 填充颜色

图 12-11 复制并移动图层

（4）将"图层 2 副本 2"重命名为"图层 3"。按"Ctrl+T"组合键打开"自由变换"调节框，右键单击调节框，打开"自由变换"快捷菜单，选择"旋转 90 度（顺时针）"命令并调节其长宽，效果如图 12-12 所示。

（5）选择"图层 2 副本"载入"图层 2 副本"选区，填充其颜色为黄色（R：255，G：250，B：2）。选择"图层 3"载入"图层 3"选区，填充其颜色为"渐变色"默认上次"渐变色"，效果如图 12-13 所示。按"Ctrl+D"组合键取消选区。

图 12-12　复制图层调节位置

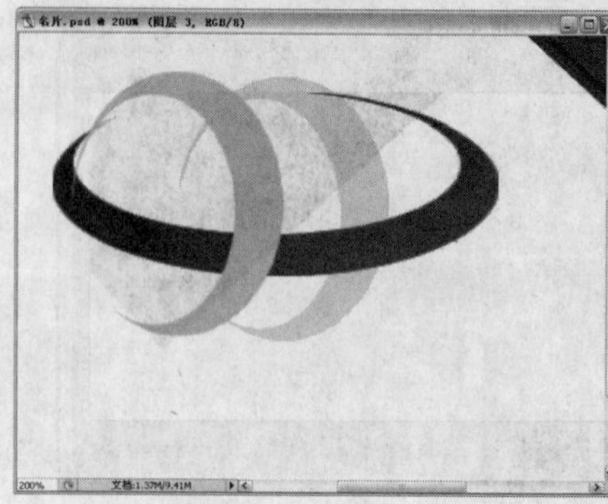

图 12-13　填充颜色

（6）按住“Ctrl”键不放，同时选中“图层 2”、“图层 2 副本 2”和“图层 3”，按“Ctrl+E”组合键合并图层为“图层 2”，选择“图层 2”的“图层样式”，选择“外发光”项，设置“扩展”为“4”，“大小”为“8”，如图 12-14 所示。

（7）继续选择“斜面和浮雕”项，设置“大小”为“7”，其他为默认设置，如图 12-15 所示。

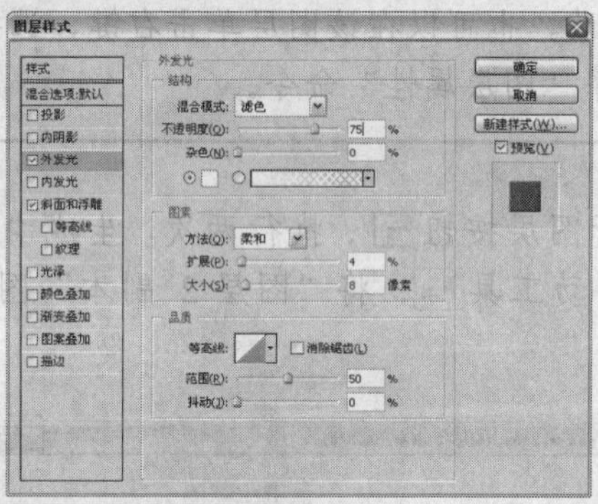

图 12-14　设置参数

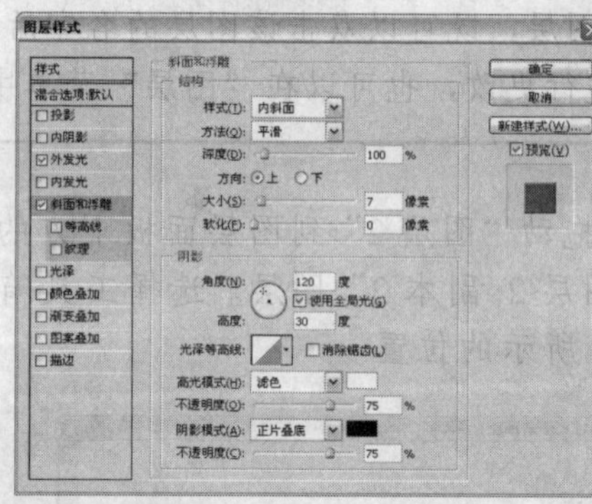

图 12-15　设置参数

（8）单击“确定”按钮，效果如图 12-16 所示。

（9）按“Ctrl+T”组合键，打开“自由变换”调节框，调节“图层 2”的位置和大小效果如图 12-17 所示。双击确定。

图 12-16　设置“图层样式”后的效果

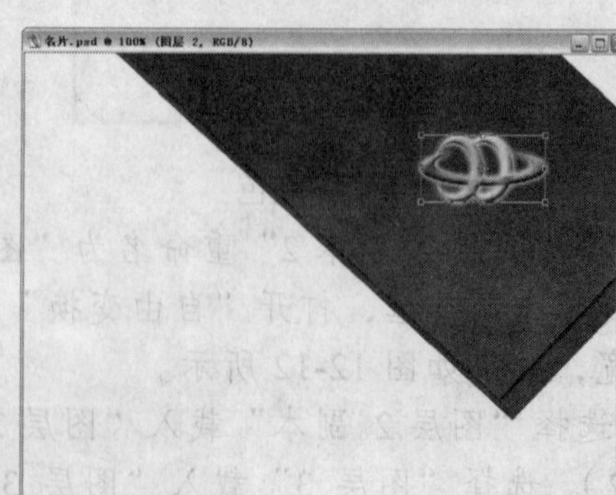

图 12-17　调节位置和大小

3. 输入名片文字信息

（1）选择工具箱中的横排文字工具T，设置前景色为“白色”，在属性栏中设置“字体”为“方正黄草简体”，“字体大小”为“10”点，输入文字，效果如图 12-18 所示。

提　示

文字的颜色可以在输入之前设置前景色，也可以输入文字后，利用属性栏中的字体列表，或属性栏后方的颜色按钮进行更改。

（2）设置前景色为紫色（R：114，G：20，B：114）。设置“字体”为“方正行楷简体”，“字体大小”为“9”点，输入文字。“设置前景色”为“白色”，输入文字，效果如图 12-19 所示。

图 12-18　输入文字

图 12-19　输入文字

（3）设置前景色为紫色（R：114，G：20，B：114）。设置“字体”为“方正综艺简体”，“字体大小”为“12”点，输入文字。效果如图 12-20 所示。

（4）设置“字体”为“方正小标宋简体”，“字体大小”为“6”点，输入文字。效果如图 12-21 所示。

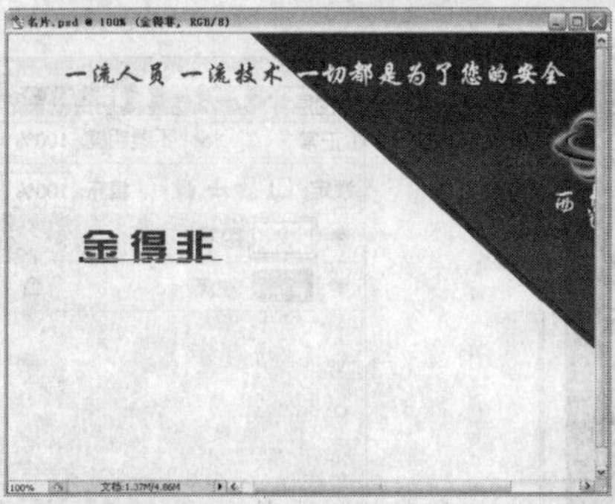

图 12-20　输入文字

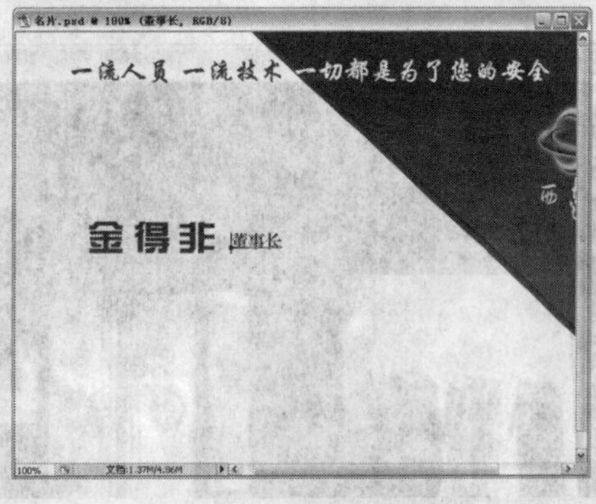

图 12-21　输入文字

（5）设置“字体”为“隶书”，“字体大小”为“20”点，输入文字。效果如图 12-22 所示。

（6）设置“字体”为“方正北魏楷书简体”，“字体大小”为“8”点，输入文字。继续设置“字体大小”为“6”点，输入文字，名片制作完成。效果如图 12-23 所示。

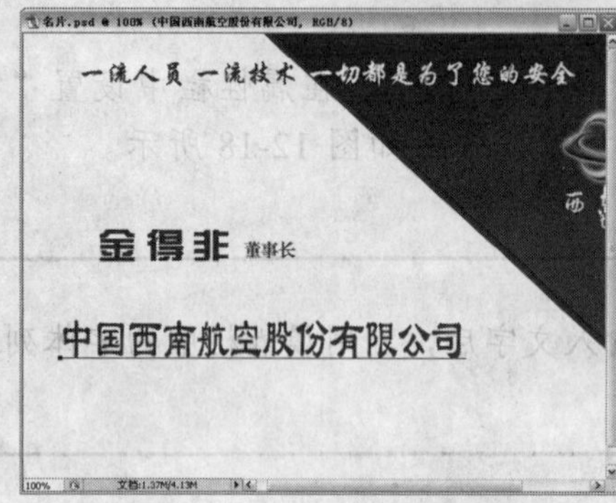

图 12-22　输入文字

图 12-23　最终效果

12.1.2　制作吸塑灯箱广告

本例将制作效果如图 12-24 所示的吸塑灯箱。

图 12-24　最终效果

制作步骤：

（1）按“Ctrl＋O”组合键，打开素材图片，如图 12-25 所示。

（2）单击图层面板下方的“创建新图层”按钮，新建“图层 1”，如图 12-26 所示。

图 12-25　打开文件

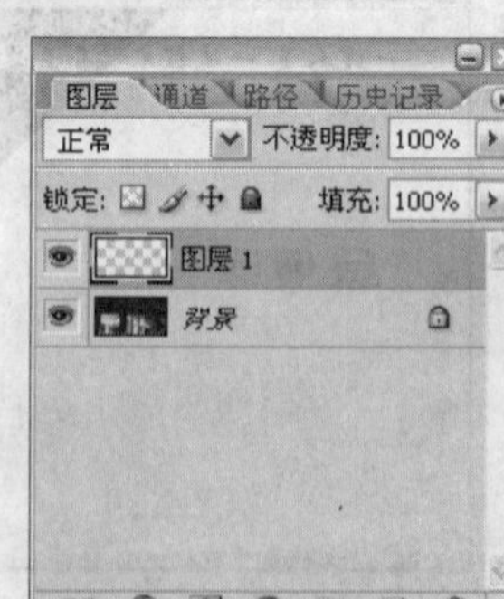

图 12-26　创建新图层

（3）单击工具箱中的“矩形选择工具”按钮，在“图层 1”中，画出矩形选区，如图 12-27 所示。

图 12-27　用矩形选择工具创建选区

（4）保持选区不变，用黑色将选区填充，取消选区，效果如图 12-28 所示。

（5）双击此层，打开“图层样式”对话框，选择“投影”项，设置参数如图 12-29 所示。

图 12-28　填充选区

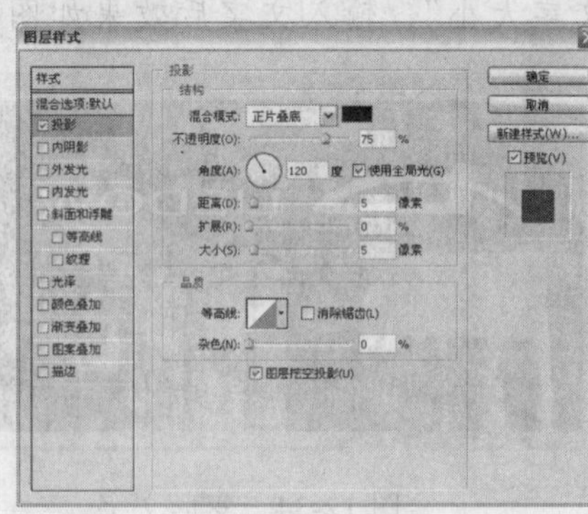

图 12-29　设置“投影”参数

（6）单击图层面板下方的“创建新图层”按钮 ，新建“图层 2”，如图 12-30 所示。

（7）在新建“图层 2”中，选择工具箱中的钢笔工具 创建如图 12-31 所示工作路径。

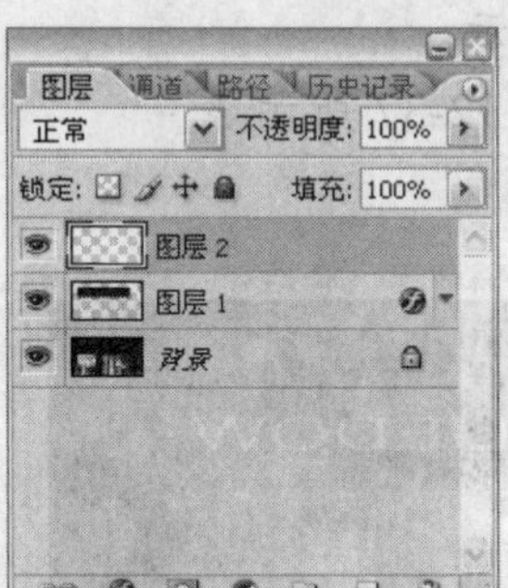

图 12-30　新建图层

图 12-31　创建工作路径

（8）按“Ctrl+Enter”组合键将路径转换为选区，用白色将选区填充，取消选区，效果如图 12-32 所示。

（9）选择工具箱中的横排文字工具 T，设置文本颜色为“白色”，设置合适的“字体”和“文字大小”，输入文字后效果如图 12-33 所示。

图 12-32　填充选区

图 12-33　输入文字

（10）选择文字图层，按“Ctrl+T”组合键变形文字。按“Enter”键确定，如图 12-34 所示。

（11）选择工具箱中的横排文字工具T，设置文本颜色为“白色”，设置合适的“字体”和“文字大小”，输入文字后效果如图 12-35 所示。

图 12-34　变形文字

图 12-35　输入文字

（12）按住“Shift”键单击所有文字图层，按“Ctrl+E”组合键合并文字图层。用同样的方法合并文字图层和“图层 2”。

（13）按“Ctrl+J”组合键复制合并后的文字图层，建立文字图层副本。

（14）将文字图层副本移至“图层 1”之下，如图 12-36 所示。

（15）按住“Ctrl”键单击文字图层副本，载入选区，如图 12-37 所示。

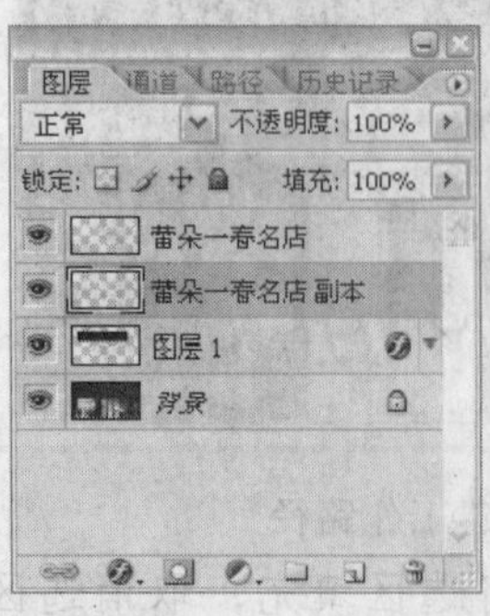

图 12-36　移动文字图层副本

图 12-37　载入选区

（16）执行“选择→修改→扩展”命令，扩展量 2 像素。

（17）执行“选择→羽化”命令，羽化半径 2 像素，效果如图 12-38 所示。

（18）在工具箱中，调整前景色为“# d4fcff”，背景颜色为“# 9cf7fd”，如图 12-39 所示。

图 12-38　羽化

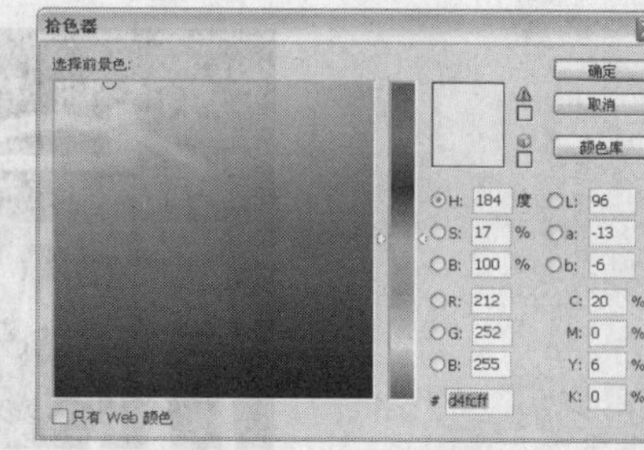

图 12-39　调整颜色

（19）执行“滤镜→渲染→云彩”命令，效果如图 12-40 所示。

图 12-40　执行“云彩”命令后的效果

（20）单击文字图层，更改不透明度为 75%。

（21）单击“图层 1”，执行“滤镜→杂色→添加杂色”命令，设置参数，如图 12-41 所示。效果如图 12-42 所示。

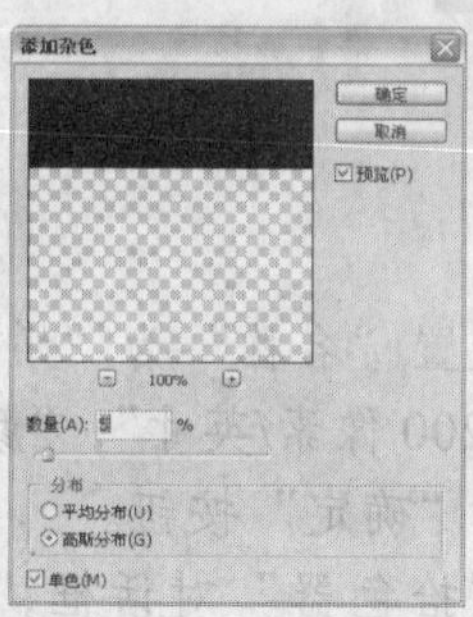

图 12-41　添加杂色

图 12-42　添加杂色后效果

（22）合并除背景外的所有图层。

（23）按“Ctrl+T”组合键变形图像，在图像中单击鼠标右键，选择“透视”命令。调整透视关系，如图 12-43 所示。

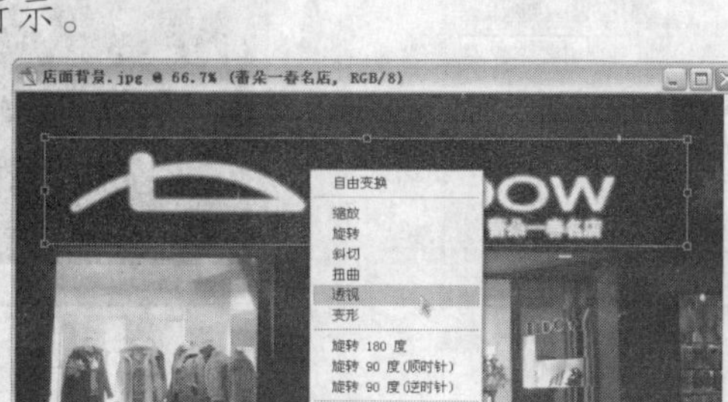

图 12-43　调整透视关系

（24）按“Enter”键确定。最终效果如图 12-44 所示。

图 12-44　最终效果

12.1.3　制作婚纱艺术照

本例将制作效果如图 12-45 所示的“婚纱艺术照”。

图 12-45　处理后的效果

制作步骤：

1．制作背景与调整照片颜色

（1）执行“文件→新建”命令，打开“新建”对话框，设置“名称”为“婚纱艺术照”，“宽度”为“14 厘米”，“高度”为“10 厘米”，“分辨率”为“200 像素/英寸”，“颜色模式”为“RGB 颜色”，“背景内容”为“白色”，如图 12-46 所示，单击“确定”按钮。

（2）单击工具箱下方的“设置前景色”按钮，打开“拾色器”对话框，设置颜色为棕色（R：65，G：45，B：36），如图 12-47 所示，单击“确定”按钮。

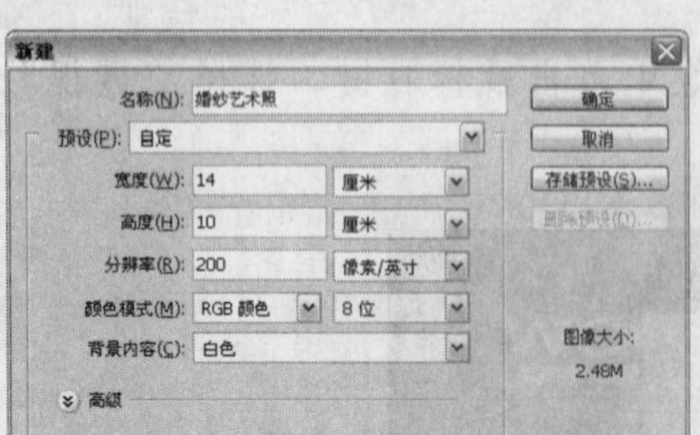

图 12-46　“新建”对话框

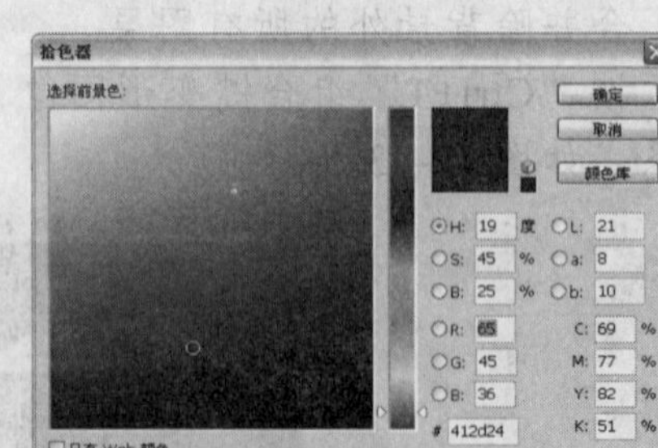

图 12-47　设置前景色

（3）新建图层 1，按“Alt+Delete”组合键，将“图层 1”填充前景色，效果如图 12-48 所示。

（4）按“Ctrl+O”组合键，打开素材图片，如图 12-49 所示。

图 12-48　填充前景色

图 12-49　素材文件

（5）选择工具箱中的移动工具，拖动“相片 1.tif”文件中的图形到“特色服饰艺术照.psd”文件中，图层面板自动生成图层 2，按“Ctrl+T”组合键，打开“自由变换”调节框，调整图形的大小和位置，如图 12-50 所示。

图 12-50　自由变换

（6）选择工具箱中的橡皮工具，设置属性栏中的参数如图 12-51 所示。

图 12-51　设置参数

（7）利用橡皮工具，在图形的边缘涂抹，制作出图像效果如图 12-52 所示。

（8）执行“图像→调整→色阶”命令或按“Ctrl+L”组合键，弹出“色阶”对话框，设置参数如图 12-53 所示。

图 12-52　橡皮涂抹效果

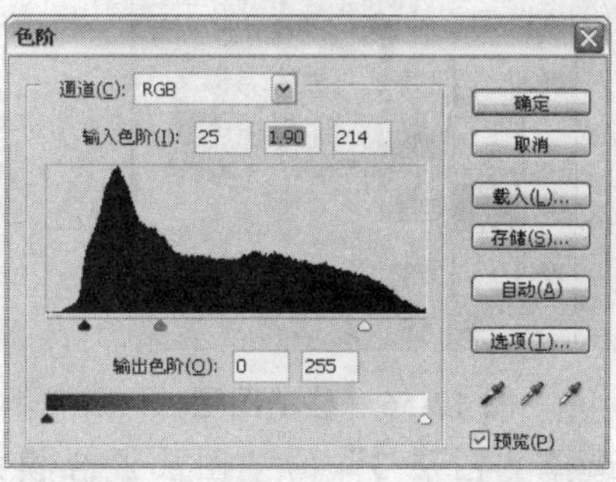

图 12-53　设置参数

（9）单击“确定”按钮，效果如图 12-54 所示。

图 12-54　调整“色阶”

2. 制作其余的照片

（1）按“Ctrl+O”组合键，打开素材图片，如图 12-55 所示。

图 12-55　素材文件

（2）选择工具箱中的移动工具，拖动“建筑.tif”文件中的图形到“婚纱艺术照.psd”文件中，图层面板自动生成“图层 3”，拖动该图层到“图层 2”的下一层，如图 12-56 所示。

（3）按“Ctrl+T”组合键，打开“自由变换”调节框，调整图形的大小和位置，如图 12-57 所示。

图 12-56　移动图层

图 12-57　自由变换

（4）选择“图层 3”的“图层混合模式”为“柔光”，如图 12-58 所示。

（5）选择“柔光”后的效果，如图 12-59 所示。

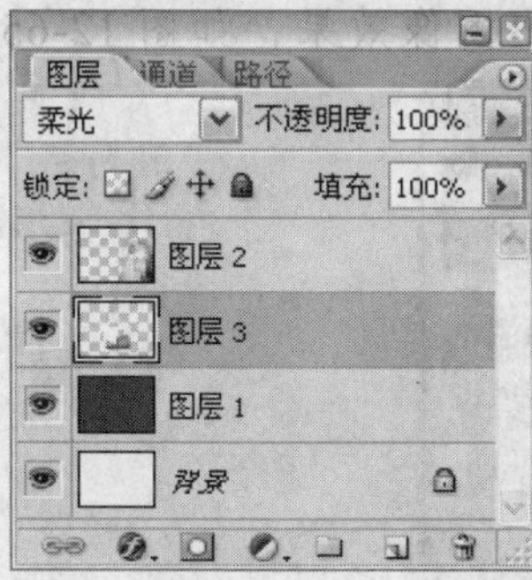

图 12-58　设置图层混合模式

图 12-59　柔光效果

（6）执行“图像→调整→色阶”命令或按“Ctrl+L”组合键，弹出“色阶”对话框，设置参数如图 12-60 所示。

（7）单击“确定”按钮，效果如图 12-61 所示。

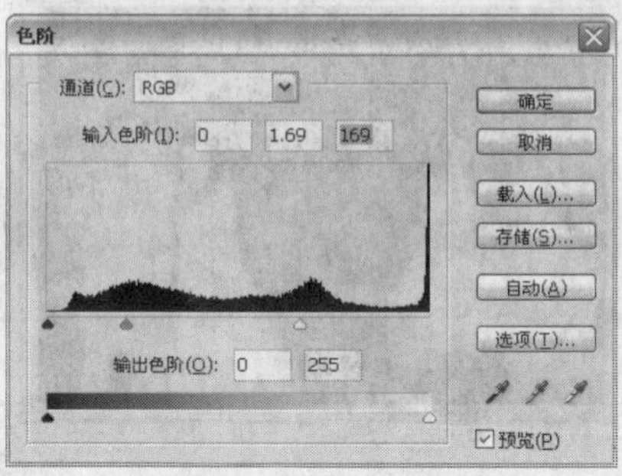

图 12-60　设置参数

图 12-61　调整“色阶”

（8）选择工具箱中的橡皮工具，在图形的边缘涂抹后按“Ctrl+O”组合键，打开素材图片，如图 12-62 所示。

（9）选择工具箱中的移动工具，拖动“相片 2.tif”文件中的图形到“特色服饰艺术照.psd”文件中，图层面板自动生成图层 4，按“Ctrl+T”组合键，打开“自由变换”调节框，调整图形的大小和位置，如图 12-63 所示。

图 12-62　素材文件

图 12-63　自由变换

（10）选择工具箱中的橡皮工具，设置属性栏中的参数如图 12-64 所示。

图 12-64　设置参数

（11）利用橡皮工具，在图形的边缘涂抹，制作出图像效果，如图 12-65 所示。

图 12-65　橡皮涂抹效果

（12）按“Ctrl+L”组合键，弹出“色阶”对话框，设置参数如图 12-66 所示。

（13）单击“确定”按钮，效果如图 12-67 所示。

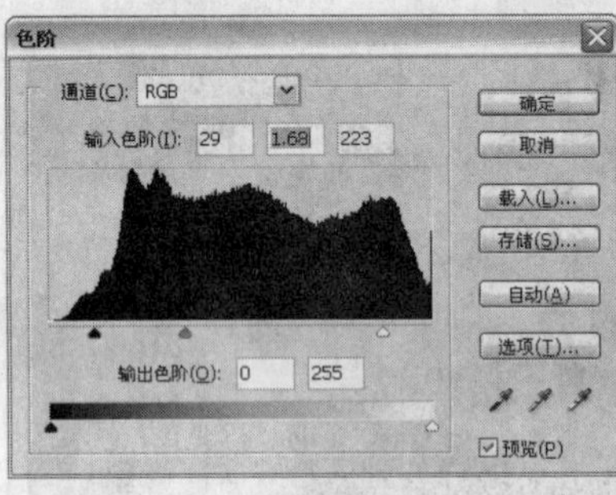

图 12-66　设置参数

图 12-67　调整“色阶”

（14）按“Ctrl+O”组合键，打开素材图片，如图 12-68 所示。

（15）选择工具箱中的移动工具，拖动“相片 1.tif”文件中的图形到“婚纱艺术照.psd”文件中，图层面板自动生成“图层 5”，拖动该图层到“图层 3”的下一层，如图 12-69 所示。

图 12-68　素材文件

图 12-69　移动图层

（16）按“Ctrl+T”组合键，打开“自由变换”调节框，调整图形的大小和位置，如图 12-70 所示。

（17）设置“图层 5”的“不透明度”为 30%，效果如图 12-71 所示。

图 12-70 自由变换

图 12-71 设置“不透明度”

（18）选择工具箱中的橡皮工具，设置属性栏中的参数如图 12-72 所示。

图 12-72 设置参数

（19）利用橡皮工具，在图形的边缘涂抹，制作出图像效果，如图 12-73 所示。

图 12-73 橡皮涂抹效果

（20）按“Ctrl+L”组合键，弹出“色阶”对话框，设置参数如图 12-74 所示。

（21）单击“确定”按钮，效果如图 12-75 所示。

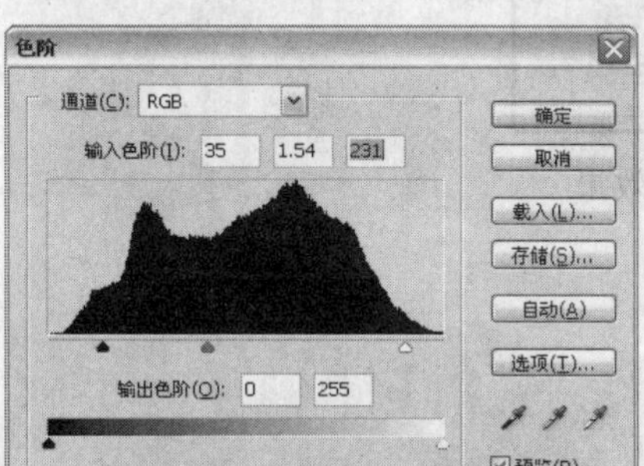

图 12-74 设置参数

图 12-75 调整“色阶”

（22）选择工具箱中的文字工具，在图中输入相关文字，并调整文字的字体、颜色和位置，最终效果如图 12-76 所示。

图 12-76　最终效果

12.2　上机实践

通过本章的学习，相信大家对 Photoshop 在实际应用领域有了初步的认识和了解，下面通过上机操作来进一步巩固所学知识，达到举一反三的学习效果。

12.2.1　房产广告

本例将制作效果如图 12-77 所示的“地产广告”。

图 12-77　最终效果

解题思路

（1）新建文件后处理素材图片。

（2）处理纹理特效和文字信息。

操作步骤提示

（1）按“Ctrl+N”组合键，打开“新建”对话框，设置参数如图 12-78 所示。单击“确定”按钮。

（2）按“Ctrl+O”组合键，打开素材图片：游泳池.tif。选择移动工具，拖动“游泳池.tif”图层到新建文件“地产广告”，按“Ctrl+T”组合键，打开“自由变换”调节框，调节“图层 1”的大小和位置，效果如图 12-79 所示。

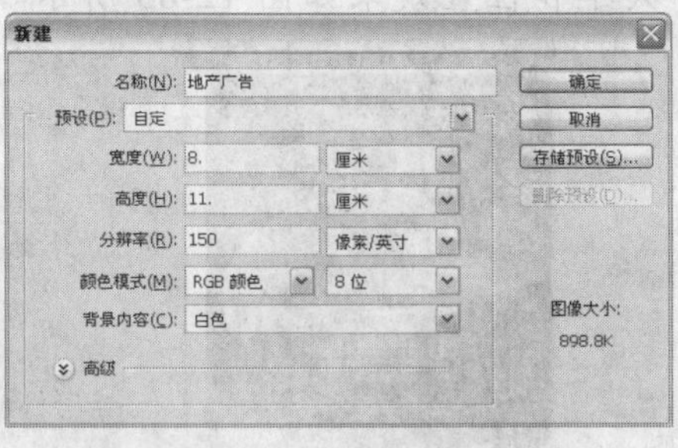

图 12-78　“新建”对话框

图 12-79　自由变换

（3）打开素材：别墅.tif，选择钢笔工具，绘制路径，按“Ctrl+Enter”组合键，将路径转换为选区，按“Delete”键，删除选区内容，效果如图 12-80 所示。

（4）选择移动工具，拖动“楼房”的图层到新建文件“地产广告”，按“Ctrl+T”组合键，打开“自由变换”调节框，调节“图层 2”的大小和位置。选择多边形套索工具，绘制选区，效果如图 12-81 所示。

图 12-80　删除选区

图 12-81　绘制选区

（5）执行“滤镜→扭曲→波纹”命令，打开“波纹”对话框。设置“数量”为“688”，“大小”为“中”，选择“图层 1”。绘制选区，按“Delete”键，删除选区内容，效果如图 12-82 所示。

（6）继续使用多边形套索工具，绘制选区，按“Ctrl+F”组合键，重复执行“波纹”命令，效果如图 12-83 所示。

图 12-82　删除选区

图 12-83　波纹命令

（7）选择矩形选框工具，绘制矩形选区，选择“背景”图层，利用渐变工具，垂直填充渐变色，效果如图 12-84 所示。

（8）打开素材。填充其颜色为“白色”，大小和位置效果如图 12-85 所示。

图 12-84　填充渐变

图 12-85　自由变换

（9）选择横排文字工具T，设置前景色为“白色”，输入文字。选择圆角矩形工具，新建图层 4。设置前景色为黄色（R：253，G：234，B：211），绘制路径，填充其颜色效果如图 12-86 所示。

（10）选择横排文字工具T，设置前景色为“黑色”，输入文字。合并所有图层为图层 1。执行“编辑→描边”命令，效果如图 12-87 所示。

图 12-86　输入文字

图 12-87　最终效果

12.2.2　纸品包装

本例将制作效果如图 12-88 所示的包装。

（a）纸品包装平面展开图　　（b）纸品包装立体效果

图 12-88　纸品包装效果图

解题思路

（1）制作平面展开图的各个平面设计。

（2）制作立体效果。

操作步骤提示

（1）制作平面展开图形。执行“文件→新建”命令，设置参数如图 12-89 所示。单击“确定”按钮。

（2）填充“背景”为“黑色”，利用工具箱中的矩形选框工具，在窗口中绘制矩形图形如图 12-90 所示。

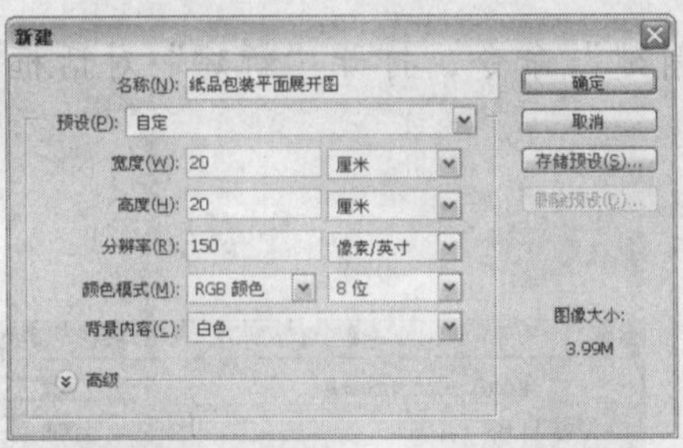

图 12-89　“新建”对话框

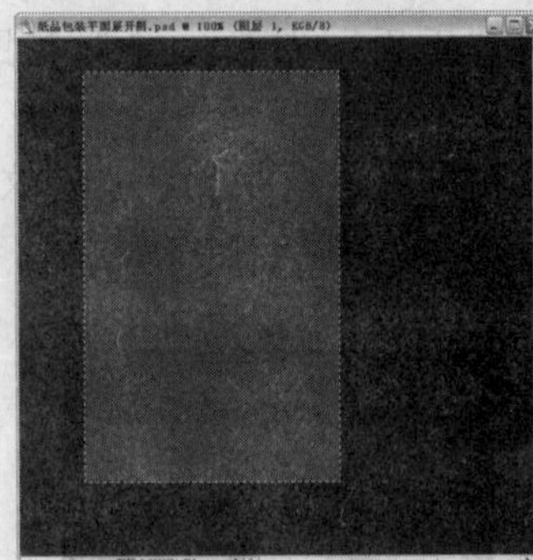

图 12-90　绘制矩形图形

（3）利用工具箱中的钢笔工具，绘制如图 12-91 所示的图形，并在“图层样式”中为图形描深绿色边。

（4）导入“花.tif”素材图片，去掉图片颜色。并利用画笔工具，绘制效果如图 12-92 所示。

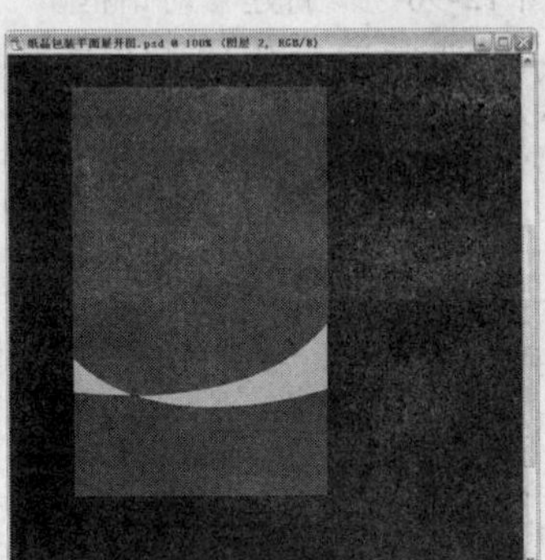

图 12-91　绘制图形

图 12-92　绘制水彩画效果

（5）在窗口中输入文字，并调整“图层样式”中的“投影”和“斜面和浮雕”命令，制作出如图 12-93 所示的浮雕文字效果，并“合并图层”。

（6）利用工具箱中的矩形选框工具，在窗口中绘制“白色”矩形图形，并在矩形中输入相关信息文字如图 12-94 所示。

图 12-93　浮雕文字效果

图 12-94　输入相关信息文字

（7）复制“正面”图形，并调整图形的位置。利用工具箱中的钢笔工具，绘制如图 12-95 所示的图形。

（8）下面制作立体效果。执行“文件→新建”命令，打开“新建”对话框，设置参数如图 12-96 所示。单击“确定”按钮。

图 12-95　绘制图形

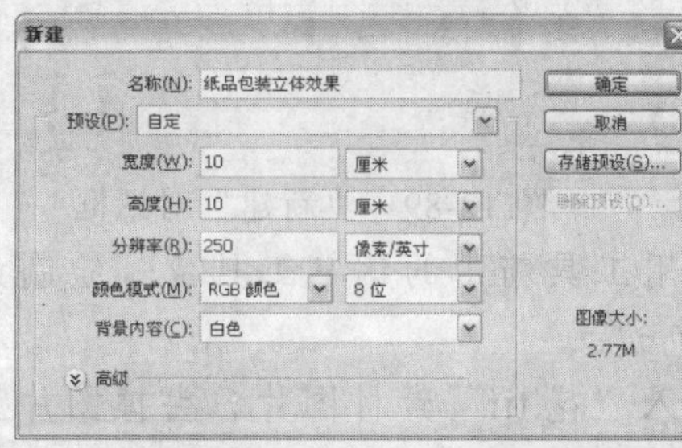

图 12-96　“新建”对话框

（9）导入制作好的“正面”和“侧面”图形，并分别调整图形的透视角度如图 12-97 所示。

（10）用同样的方法，导入制作好的“正面”、“侧面”和“底面”图形，并分别调整各图形的透视角度如图 12-98 所示。

图 12-97　分别调整各图形的透视角度

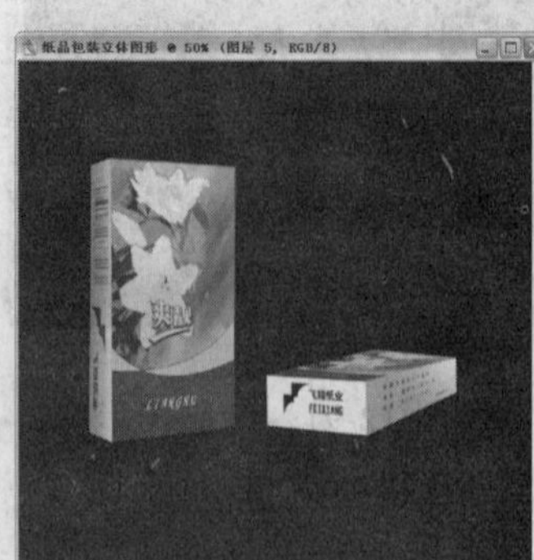

图 12-98　分别调整各图形的透视角度

（11）用同样的方法，导入制作好的“正面”、“侧面”和“上面”图形，并分别调整各图形的透视角度如图 12-99 所示。

（12）用同样的方法，制作出图形的“倒影”效果，如图 12-100 所示。

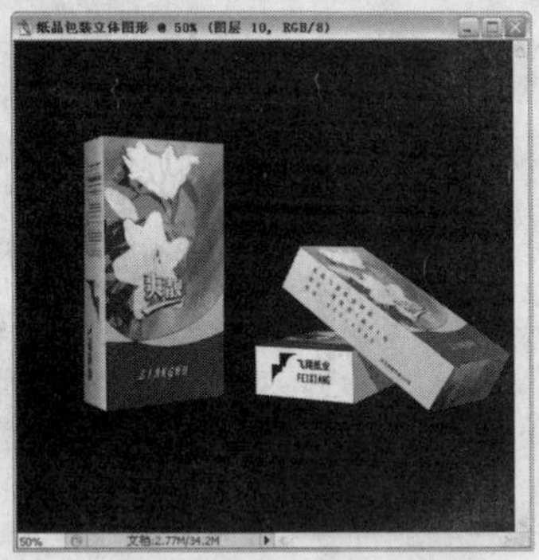

图 12-99　分别调整各图形的透视角度

图 12-100　最终效果

12.3　综合练习

在了解了广告设计与制作后，下面提供两个实例自己练习，以提高读者的动手能力。

1. 制作珠宝海报

本例制作“珠宝海报”效果图如图 12-101 所示。

图 12-101　最终效果

2. 制作房产广告

本例制作“房产广告”效果图如图 12-102 所示。

图 12-102　最终效果